Fundamente
| der Mathematik |

Sachsen-Anhalt

Gymnasium · Klasse 8

Herausgegeben von
Dr. Andreas Pallack

Fundamente
| der Mathematik |

Autoren Kathrin Andreae, Dr. Frank Becker, Dr. Wolfram Eid, Dr. Ralf Benölken, Dr. habil. Lothar Flade, Daniel Geukes, Anna-Kristin Kracht, Brigitta Krumm, Dr. Hubert Langlotz, Martina Müller, Dr. Andreas Pallack, Dr. habil. Manfred Pruzina, Melanie Quante, Dr. Ulrich Rasbach, Nadeshda Rempel, Reinhard Schmidt, Christian Theuner, Dr. Christian Wahle, Florian Winterstein, Anne-Kristina Wolff, Dr. Wilfried Zappe

Berater Thomas Brill (Naumburg), Dr. Wolfram Eid (Möckern), Dr. habil. Lothar Flade (Halle/Saale), Andrea Penne (Zahna-Elster), Dr. habil. Manfred Pruzina (Petersberg), Dr. Wilfried Zappe (Ilmenau)
Herausgeber Dr. Andreas Pallack
Redaktion Felix Arndt, Maya Brandl, Nils Dörffer, Torsten Gebauer, Dr. Günter Liesenberg, Julian Voigt
Illustration Gerlinde Keller, Matthias Pflügner, Niels Schröder
Technische Zeichnungen Christian Böhning, zweiband.media, Berlin
Umschlaggestaltung havemannundmosch GbR
Layoutkonzept klein & halm GbR
Technische Umsetzung zweiband.media, Berlin

Begleitmaterialien zum Lehrwerk	
für Schülerinnen und Schüler	
Arbeitsheft Klasse 8	978-3-06-009365-6
für Lehrerinnen und Lehrer	
Serviceband Klasse 8	978-3-06-040389-9
Lösungen	978-3-06-009482-0

www.cornelsen.de

Die Webseiten Dritter, deren Internetadressen in diesem Lehrwerk angegeben sind, wurden vor Drucklegung sorgfältig geprüft. Der Verlag übernimmt keine Gewähr für die Aktualität und den Inhalt dieser Seiten oder solcher, die mit ihnen verlinkt sind.

1. Auflage, 5. Druck 2024

Alle Drucke dieser Auflage sind inhaltlich unverändert und können im Unterricht nebeneinander verwendet werden.

© 2016 Cornelsen Schulverlag GmbH, Berlin
© 2017 Cornelsen Verlag GmbH, Mecklenburgische Str. 53, 14197 Berlin

Das Werk und seine Teile sind urheberrechtlich geschützt. Jede Nutzung in anderen als den gesetzlich zugelassenen Fällen bedarf der vorherigen schriftlichen Einwilligung des Verlages.
Hinweis zu §§ 60a, 60b UrhG: Weder das Werk noch seine Teile dürfen ohne eine solche Einwilligung an Schulen oder in Unterrichts- und Lehrmedien (§ 60b Abs. 3 UrhG) vervielfältigt, insbesondere kopiert oder eingescannt, verbreitet oder in ein Netzwerk eingestellt oder sonst öffentlich zugänglich gemacht oder wiedergegeben werden.
Dies gilt auch für Intranets von Schulen und anderen Bildungseinrichtungen.

Der Anbieter behält sich eine Nutzung der Inhalte für Text und Data Mining im Sinne § 44b UrhG ausdrücklich vor.

Allgemeiner Hinweis zu den in diesem Lehrwerk abgebildeten Personen:

Soweit in diesem Buch Personen fotografisch abgebildet sind und ihnen von der Redaktion fiktive Namen, Berufe, Dialoge und Ähnliches zugeordnet oder diese Personen in bestimmte Kontexte gesetzt werden, dienen diese Zuordnungen und Darstellungen ausschließlich der Veranschaulichung und dem besseren Verständnis des Buchinhalts.

Druck: Mohn Media Mohndruck, Gütersloh

Inhaltsverzeichnis

Bauplan zu „Fundamente der Mathematik" 5

1. Arbeiten mit Variablen ... 7
Dein Fundament ... 8
- 1.1 Termstrukturen untersuchen ... 10
- 1.2 Summen addieren und subtrahieren ... 13
- 1.3 Produkte multiplizieren und dividieren ... 15
- 1.4 Terme ausmultiplizieren und ausklammern ... 17
- 1.5 Summen mit Summen multiplizieren ... 20
- 1.6 Binomische Formeln anwenden ... 22
- 1.7 Arithmetische Aussagen beweisen ... 26
- 1.8 Vermischte Aufgaben ... 29

Streifzug: Das pascalsche Dreieck ... 32
Prüfe dein neues Fundament ... 34
Zusammenfassung ... 36

2. Lineare Funktionen ... 37
Dein Fundament ... 38
- 2.1 Zusammenhänge erkennen und beschreiben ... 40
- 2.2 Lineare Funktionen erkennen und darstellen ... 43
- 2.3 Eigenschaften linearer Funktionen untersuchen ... 45
- 2.4 Nullstellen linearer Funktionen ermitteln ... 48
- 2.5 Gleichungen linearer Funktionen ermitteln ... 51
- 2.6 Betragsfunktionen beschreiben und darstellen ... 54
- 2.7 Anwendungsaufgaben lösen ... 56
- 2.8 Vermischte Aufgaben ... 59

Streifzug: Abschnittsweise lineare Funktionen untersuchen ... 62
Prüfe dein neues Fundament ... 64
Zusammenfassung ... 66

3. Mehrstufige Zufallsversuche ... 67
Dein Fundament ... 68
- 3.1 Sachverhalte mit Baumdiagrammen beschreiben ... 70
- 3.2 Wahrscheinlichkeiten mit Pfadregeln berechnen ... 74
- 3.3 Zufallsversuche mit Urnenmodellen simulieren ... 80

Streifzug: Bananensuche ... 82
- 3.4 Vermischte Aufgaben ... 84

Prüfe dein neues Fundament ... 86
Zusammenfassung ... 88

4. Aufgabenpraktikum (Teil 1) ... 89

5. Ähnlichkeit ... 97
Dein Fundament ... 98
- 5.1 Maßstäbliches Vergrößern und Verkleinern ... 100
- 5.2 Eigenschaften zueinander ähnlicher Figuren ... 102
- 5.3 Zueinander ähnliche Figuren konstruieren ... 106
- 5.4 Dreiecke auf Ähnlichkeit untersuchen ... 109
- 5.5 Anwendungsaufgaben lösen ... 112

Streifzug: Ähnlichkeitsbeweise ... 114
- 5.6 Vermischte Aufgaben ... 116

Prüfe dein neues Fundament ... 120
Zusammenfassung ... 122

6.	**Satzgruppe des Pythagoras**	**123**
	Dein Fundament	124
6.1	Zusammenhänge am rechtwinkligen Dreieck erkennen	126
6.2	Seitenlängen am rechtwinkligen Dreieck berechnen	129
6.3	Konstruktionen mithilfe der Satzgruppe des Pythagoras durchführen	131
6.4	Satz des Pythagoras umkehren	134
6.5	Anwendungsaufgaben lösen	136
6.6	Vermischte Aufgaben	139
	Streifzug: Dreiecke mit einer Geometriesoftware untersuchen	142
	Prüfe dein neues Fundament	144
	Zusammenfassung	146
7.	**Körperberechnung**	**147**
	Dein Fundament	148
7.1	Berechnungen an Prismen und Kreiszylindern	150
7.2	Berechnungen an Pyramiden und Kreiskegeln	156
7.3	Berechnungen an Kugeln	161
7.4	Bestimmungsstücke von Prismen und Kreiszylindern berechnen	164
	Streifzug: Bestimmungsstücke von Pyramiden berechnen	168
7.5	Zusammengesetzte Körper und Restkörper	170
7.6	Vermischte Aufgaben	173
	Prüfe dein neues Fundament	176
	Zusammenfassung	178
8.	**Aufgabenpraktikum (Teil 2)**	**179**
9.	**Komplexe Aufgaben**	**187**
10.	**Methoden**	**197**
11	**Anhang**	**201**
	Lösungen	202
	Wichtige Tätigkeiten im Mathematikunterricht	219
	Stichwortverzeichnis	221
	Bildquellenverzeichnis	224

* Streifzüge sind fakultative Inhalte.

Bauplan zu „Fundamente der Mathematik"

Aktivieren

Dein Fundament:
An die Auftaktseite eines Kapitels schließt sich eine Doppelseite mit Wiederholungsaufgaben zur Vorbereitung auf das Kapitel an. Die Lösungen dazu findest du im Anhang.

---

148 **Dein Fundament** 7. Körperberechnung

Lösungen ↗ S. 217

Figuren erkennen

1. Welche der abgebildeten Vierecke sind Parallelogramme, Trapeze, Rechtecke, Quadrate, Rhomben und Drachenvierecke? Begründe jeweils deine Entscheidung.

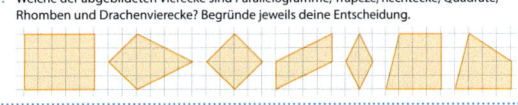

Aufbauen

Einstiegsaufgaben:
Jede Lerneinheit beginnt mit einer Aufgabe, die dich an das neue Thema heranführt.

6.3 Konstruktionen mithilfe der Satzgruppe des Pythagoras durchführen 131

6.3 Konstruktionen mithilfe der Satzgruppe des Pythagoras durchführen

■ Die nebenstehende Skizze zeigt die Lage einer Brücke $\overline{AB}$ über einen Fluss. Der Winkel S_2BS_1 soll dabei unter Berücksichtigung der bereits abgesteckten Strecken $\overline{S_1A} = 15$ m und $\overline{AS_2} = 75$ m ein rechter Winkel sein.

Ermittle die Länge von $\overline{AB}$ näherungsweise durch Konstruktion. ■

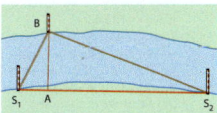

Wissenskästen:
Hier findest du wichtigen Merkstoff.

Wissen: Ausmultiplizieren und Ausklammern
Ein Produkt $a \cdot (b + c)$ kann aufgrund des Distributivgesetzes durch **Ausmultiplizieren** in eine **Summe** umgeformt werden.

ausmultiplizieren
$a \cdot (b + c) = a \cdot b + a \cdot c$

Eine Summe $a \cdot b + a \cdot c$ kann aufgrund des Distributivgesetzes durch **Ausklammern** in ein **Produkt** umgeformt werden.

ausklammern
$a \cdot b + a \cdot c = a \cdot (b + c)$

Die Regeln gelten auch, wenn a, b, c durch beliebige Terme ersetzt werden.

Beispiel:
Neues wird an Beispielaufgaben mit Musterlösungen erklärt.

Terme ausmultiplizieren

Beispiel 1: Forme das Produkt $-4b \cdot (-2a + 3b)$ in eine Summe um, und vereinfache.

Lösung:
Multipliziere den Faktor vor der Klammer mit jedem Summanden in der Klammer, und vereinfache. Beachte die Vorzeichenregeln.

$-4b \cdot (-2a + 3b)$
$= -4b \cdot (-2a) + (-4b) \cdot 3b$
$= 8ab - 12b^2$

Erinnere dich:
In Produkten können gleiche Variablen zu Potenzen zusammengefasst werden.

Basisaufgaben:
Du kannst die Aufgaben nutzen, um dein neu erworbenes Wissen und Können sofort auszuprobieren.

Basisaufgaben

1. Forme das Produkt in eine Summe um und vereinfache so weit wie möglich.
   a) $8 \cdot (2x - 5z)$ b) $2a \cdot (3a + 2b)$ c) $-3 \cdot (6u + 4w)$ d) $-2b \cdot (0{,}5a - 2b)$
   e) $(-5a - 9v) \cdot 3$ f) $\frac{3}{4}x \cdot (4x - \frac{2}{3}y)$ g) $3a \cdot (a - 2b + 3c)$ h) $-1 \cdot (a - 2b)$

Weiterführende Aufgaben:
Die Aufgaben werden anspruchsvoller.

Zwei der Aufgaben sind besonders gekennzeichnet:

Stolperstelle und **Ausblick**

 Stolperstelle:
Bei diesen Aufgaben sollst du typische Fehler erkennen.

Etwas schwierigere Aufgaben sind mit einem blauen Kreis ● gekennzeichnet.

Weiterführende Aufgaben

5. Gib, falls möglich, für jedes Dreieck eine Gleichung nach dem Satz des Pythagoras an.

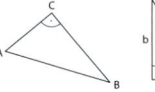   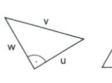

6. Gib an, welche Gleichungen auf das abgebildete Dreieck zutreffen.
   a) $c^2 - a^2 = b^2$ b) $y^2 = h^2 + x^2$
   c) $y^2 = x \cdot z$ d) $h^2 = b \cdot p$
   e) $h^2 = x \cdot y$ f) $q^2 = a \cdot z$
   g) $p = h^2 : q$ h) $h^2 = p \cdot b$

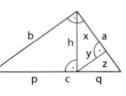

7. **Stolperstelle:** Lisa ist der Meinung, dass sie mit 24 gleich langen Streichhölzern ein rechtwinkliges Dreieck legen kann, ohne dass ein Streichholz übrig bleibt. Prüfe, ob dies möglich ist und gib dann an, aus wie vielen Streichhölzern jede Dreieckseite bestehen müsste.

● 8. Zeige, dass für ein gleichschenklig-rechtwinkliges Dreieck ABC mit γ = 90° gilt:
   a) $a^2 = \frac{c^2}{2}$ b) $h^2 = \frac{1}{4}c^2$ c) $c = b\sqrt{2}$

14. Ermittelt, wie viel Zentimeter der Durchmesser einer Röhre haben kann, die ihr aus einem DIN-A4-Blatt (ohne Überlappung) herstellen könnt.
Biegt das Blatt und legt dabei die gegenüberliegenden Kanten aneinander.
Beachtet, dass es dafür immer zwei Möglichkeiten gibt.
a) Ermittelt die Angaben experimentell durch Messen.
b) Ermittelt die Angaben rechnerisch.

Maße der DIN-Reihe A		
A1	594	841
A2	420	594
A3	297	420
A4	210	297
A5	148	210

15. Ausblick: Ein zylinderförmiger Ring wird komplett vergoldet. Die Innenseite des Rings hat einen Umfang von 59,5 mm. Der Ring ist 1 mm dick und 2,5 mm breit.
a) Berechne wie groß die Oberfläche ist, die vergoldet wird.
b) Stelle eine allgemeine Formel für den Oberflächeninhalt eines Ringes mit dem Innenradius r_1 und dem Außenradius r_2 sowie der Breite b auf.

Die mit 👥 gekennzeichneten Aufgaben sollten in Partner- oder in Gruppenarbeit gelöst werden.

Ausblick:
Die letzte Aufgabe in der Lerneinheit ist schwierig. Viel Spaß beim Knobeln.

---

116   5. Ähnlichkeit

5.6 Vermischte Aufgaben

1. a) Erläutere an einem Beispiel, was es bedeutet, wenn an einer Zeichnung steht: Maßstab 1 : 100
   b) Vergleiche *Maßstab* und *Ähnlichkeit* an einem praktischen Beispiel.
   c) Was bedeutet die Angabe 4 : 1? In welchem Zusammenhang könnte man solch eine Angabe finden?
   d) Ein Grundstücksplan wurde im Maßstab 1 : 125 gezeichnet. Das Grundstück ist in Wirklichkeit 81,25 m lang und 20 Meter breit. Gib die Größe des Grundstücks auf dem Plan an.

Vermischte Aufgaben:
Für diese Aufgaben benötigst du das Wissen aus allen Lerneinheiten des Kapitels.
Bei „Blütenaufgaben" kannst du selbst entscheiden, in welcher Reihenfolge du die Teilaufgaben lösen willst.

Sichern

---

176   7. Körperberechnung

Prüfe dein neues Fundament

Lösungen ↗ S.218

1. Entscheide, welcher Körper ein Prisma, eine Pyramide, ein Würfel, ein Kreiszylinder, ein Quader, ein Kreiskegel, eine Kugel ist. Begründe deine Aussage.

(1) (2) (3) (4) (5) (6) (7) (8)

a) Ordne jede Volumenformel einem der Körper zu.
b) Skizziere die Körper und markiere in der Skizze die in der Formel auftretenden Größen.

$V = A_G \cdot h_K$	$V = \frac{(a+c)}{2} \cdot h_a \cdot h_K$	$V = \pi r^2 \cdot h_K$	$V = \frac{a \cdot b}{3}$	$V = \frac{\pi}{6} \cdot r^3$
$V = l \cdot b \cdot h_K$	$V = \frac{4}{3} \pi \cdot r^3$	$V = \frac{g \cdot h_g}{2} \cdot h_K$	$V = \frac{\pi}{4} d^2 \cdot h_K$	$V = a^3$

Hinweis: h_K ist jeweils die Höhe des Körpers

Prüfe dein neues Fundament:
Hier kannst du dein Wissen selbstständig überprüfen, auch in Vorbereitung auf Tests und Klassenarbeiten. Die Lösungen der Aufgaben findest du im Anhang.

---

146   6. Satzgruppe des Pythagoras

Zusammenfassung

Satzgruppe des Pythagoras

Satz des Pythagoras
In jedem rechtwinkligen Dreieck ist die Summe der Flächeninhalte beider Quadrate über den Katheten gleich dem Flächeninhalt des Quadrates über der Hypotenuse.
Für Dreiecke ABC mit $\gamma = 90°$ gilt:
$a^2 + b^2 = c^2$

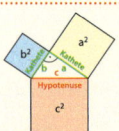

Zusammenfassung:
Die letzte Seite eines Kapitels enthält kurz und knapp das Wichtigste aus dem Kapitel. Sie dient dem schnellen Nachschlagen des gelernten Stoffes.

Zusätzliches

---

62   2. Lineare Funktionen

Streifzug

Abschnittsweise lineare Funktionen untersuchen

Laura und Jule haben mit einem Funktionenplotter experimentiert. Dabei ist der abgebildete Graph entstanden.

Ermittle eine Zuordnungsvorschrift, die diesen Graphen möglichst genau beschreibt.

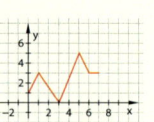

Streifzüge:
Es gibt auch Sonderseiten, die Ergänzungen zum regulären Lernstoff beinhalten.

1. Arbeiten mit Variablen

Der Flächeninhalt eines rechteckigen Moduls in einem Solarstrompark kann mit dem Term a · b beschrieben werden.
Durch welchen Term könnte der Flächeninhalt mehrerer zusammengesetzter Module beschrieben werden?

Dein Fundament

1. Arbeiten mit Variablen

Lösungen
↗ S. 202

Termwerte ermitteln

1. Berechne die Termwerte im Kopf.
   a) $3 \cdot (-7)$
   b) $-7 - (-1{,}7)$
   c) $-2{,}7 : (-0{,}3)$
   d) $-0{,}2 + (-2{,}8)$
   e) $0{,}3 + 0{,}7 \cdot (-0{,}3)$
   f) $-1{,}5 : 0{,}5 - 0{,}5$
   g) $-2 \cdot (0{,}3 - 1{,}5)$
   h) $3{,}2 - 0{,}2 : (-0{,}1)$

2. Berechne die Termwerte im Kopf.
   a) $2 \cdot 0{,}79 \cdot 50$
   b) $-2{,}45 - 1{,}99 + 0{,}45$
   c) $-1{,}7 + 2{,}87 - 0{,}3$
   d) $-4 \cdot (-1{,}79) \cdot \frac{1}{4}$
   e) $3 \cdot 16 + 3 \cdot 4$
   f) $5 \cdot (-8) - 2 \cdot (-8)$
   g) $(-4) \cdot 7{,}5 - (-4) \cdot (-2{,}5)$
   h) $\left(7 - \frac{5}{8}\right) \cdot 4$

3. Bestimme den Wert des Terms.
   a) $3a + 7a + 7$ (für $a = 5$)
   b) $0{,}5x - 5y$ (für $x = 4$ und $y = 2$)
   c) $(a + b) \cdot (a - b)$ (für $a = 7$ und $b = 5$)
   d) $8y \cdot (3x + y)$ (für $x = 0{,}5$ und $y = 0{,}25$)

4. Berechne die Termwerte.

	$2x + 0{,}5$	$(0{,}5 - x) \cdot (-1)$	$x + x + x$	$x \cdot x \cdot x$	$(-1{,}5 + x) \cdot x$
$x = 1$					
$x = 2$					
$x = 3$					
$x = 4$					

5. Fülle alle Leerstellen im Rechenbaum aus. Gib auch den zu berechnenden Term an.

   a)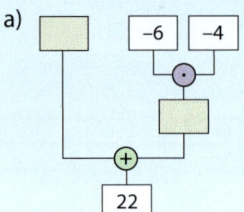
   b)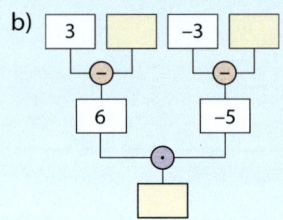

Terme vereinfachen

6. Fasse zusammen.
   a) $x + x + 2x$
   b) $4 + 3x - 7$
   c) $2a + 3 - 3a - 5{,}5$
   d) $b - 2 - 2b + b$
   e) $-4y + 3 + 0{,}2y + 0{,}5$
   f) $-0{,}7 - 4x - x + 2 + 3{,}5x$

7. Vereinfache den Term.
   a) $2a \cdot 4$
   b) $6x \cdot (-2)$
   c) $8x \cdot \frac{3}{4}$
   d) $-6b \cdot (-2)$
   e) $24a : 4$
   f) $-2x : (-2)$

8. Übertrage ins Heft und ersetze ■ sinnvoll.
   a) $6a - 3 - ■ = 2a - 3$
   b) $5c \cdot ■ = 15c$
   c) $3 \cdot ■ + ■ = 15c + 3$
   d) $■ - 5b + 5 + ■ = 2b + 2$
   e) $\frac{2}{3}a \cdot ■ = 4a$
   f) $-39y : ■ = 13y$

9. Vereinfache und berechne für $x = 3$ den Termwert.
   a) $2x + 3 - x$
   b) $x + 4 \cdot 5x - 21$
   c) $x + 3x \cdot 2 - 6x$
   d) $6x : 3 - 2$
   e) $x \cdot x + 2x$
   f) $x \cdot 3 - 3 + 2x$
   g) $0{,}5x - 0{,}5 - \frac{1}{2}x$
   h) $5 \cdot (-3) + 5x$

Dein Fundament

Flächeninhalt und Umfang von Figuren

10. Berechne den Umfang und den Flächeninhalt der gegebenen Figur.
 a) Rechteck mit den Seitenlängen $a = 4\,cm$ und $b = 7\,cm$
 b) Quadrat mit der Seitenlänge $a = 3\,cm$
 c) Rechtwinkliges Dreieck mit den Seitenlängen $a = 5\,cm$, $b = 4\,cm$, $c = 3\,cm$ und $\alpha = 90°$

11. Zeichne zwei verschiedene Figuren mit der gegebenen Eigenschaft.
 a) Rechtecke mit einem Umfang von $16\,cm$
 b) Rechtwinklige Dreiecke mit einem Flächeninhalt von $6\,cm^2$
 c) Parallelogramme mit einem Flächeninhalt von $12\,cm^2$

12. Übertrage die Figuren ins Heft und ermittle jeweils die angegebene Größe.
 a) den Flächeninhalt b) den Umfang
 Entnimm die erforderlichen Maße deiner Zeichnung.

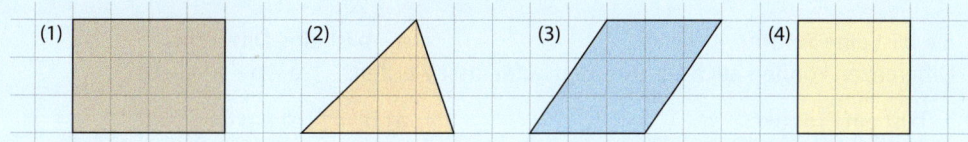

13. Gib einen Term an, mit dem man den Flächeninhalt des Rechtecks ermitteln kann.

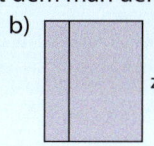 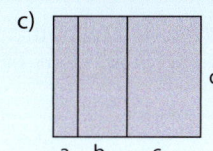 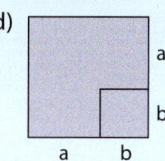

Vermischtes

14. Übertrage die Multiplikationstabelle ins Heft und fülle sie aus.

·	3,2 m		50 cm	$\frac{1}{4}$ m		
2 m	6,4 m²				90 cm²	$\frac{2}{5}$ m²
3 m		900 dm²				
0,5 m						

15. Gib einen Term zur Berechnung des Flächeninhalts der Figur an.

a) 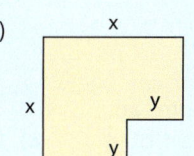 b)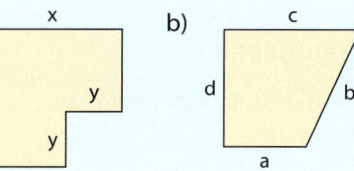

16. Übersetze den Text in einen Term und berechne den Termwert für $x = 2$.
 a) Das Fünffache von x vermindert um das Dreifache von x.
 b) Die Summe aus dem Dreifachen von x und 4 wird halbiert.

17. Gib den Flächeninhalt eines Rechtecks an, dessen eine Seite $7\,cm$ lang ist und dessen Umfang $32\,cm$ beträgt.

1.1 Termstrukturen untersuchen

■ Katja soll für die Berechnung der Umfänge der nebenstehenden Figuren jeweils einen Term angeben. Sie notiert:
(1) $4 \cdot x$ (2) $3 \cdot y$ (3) $2 \cdot x + 2 \cdot y$
Nadja meint, dass offensichtlich alle drei Terme Produkte sind.

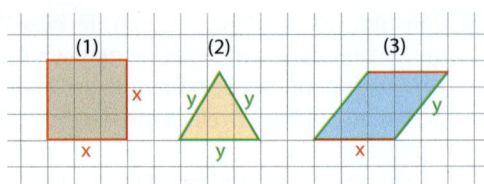

Was meinst du, hat Nadja Recht? Begründe deine Aussage. ■

Erinnere dich:
Ein Term ist eine sinnvolle Zusammensetzung von Variablen, Zahlen, Klammern und Operationszeichen.

Termstrukturen erkennen

Beim Arbeiten mit Termen, beispielsweise beim Berechnen von Termwerten, ist das Erkennen von Termstrukturen wichtig.

Hinweis:
Zusammengesetzter Term: $x + y : 7^2$

Teilterme:
$T_1 = x$; $T_2 = y$; $T_3 = 7^2$

Die Struktur des Terms ist eine Summe.

> **Wissen: Termstrukturen**
>
> $a + b$ ist eine **Summe**. $\qquad$ $a - b$ ist eine **Differenz**.
> Differenzen können auch als Summen aufgefasst werden: $\quad a - b = a + (-b)$
>
> $a \cdot b$ ist ein **Produkt**. $\qquad$ $a : b = \frac{a}{b}$ ist ein **Quotient**.
> Quotienten können auch als Produkte dargestellt werden: $\quad a : b = a \cdot \frac{1}{b}$
>
> a^n ($n \in \mathbb{N}$) ist eine **Potenz**.
>
> Bei Termen, die aus verschiedenen Teiltermen bestehen, bestimmt die zuletzt auszuführende Rechenoperation die Struktur des gegebenen Terms.

Erinnere dich:
„Eselsbrücke" (**KLAPS**)
Klammer
Punktrechnung
Strichrechnung

> **Beispiel 1:** Gib die Struktur der Teilterme und die Struktur des Terms $(5 + y) \cdot 3^2$ an.
>
> **Lösung:**
> Ermittle die Teilterme und gib $\quad T_1 = 5 + y \quad$ (**Summe** aus 5 und y)
> deren Struktur an. $\qquad\qquad\qquad T_2 = 3^2 \qquad$ (**Potenz**, Basis 3, Exponent 2)
>
> Analysiere, welche Vorrangregeln $\quad (5 + y) \cdot 3^2 \quad$ (Potenzieren geht vor Punkt-
> anzuwenden sind. $\qquad\qquad\qquad\qquad\qquad\qquad\qquad$ und vor Strichrechnung.)
>
> Bestimme die zuletzt auszuführende $\quad (5 + y) \cdot 9 \quad$ (In einer Klammer wird
> Rechenoperation und gib die Struktur $\qquad\qquad\qquad\qquad\qquad$ zuerst gerechnet.)
> des Terms an. $\qquad\qquad\qquad\qquad\qquad$ Multiplikation → Struktur: **Produkt**

Basisaufgaben

1. Gib die Struktur des Terms an.
   a) $a + 2b$ b) $(a + b) \cdot \frac{1}{2}$ c) $(a + b) : 2$ d) $a^2 \cdot 3 + c^2$ e) $2x + 3y$

2. Gib die Struktur des Terms und die Struktur der Teilterme an. Erläutere dein Vorgehen.
   a) $x : 3 + y^2$ b) $(3 - y) \cdot (x + 3)$ c) $(a - 6)^2 : 3$ d) $(a - 6)^3$ e) $2a - 6^2$

3. Gib die Struktur des Terms an und berechne den Termwert.
   a) $4{,}5 + 0{,}5 : 5$ b) $(4{,}5 + 0{,}5) : 5$ c) $-\frac{1}{4} \cdot \left(\frac{1}{2} - 1\right)^2$ d) $0{,}7 : (-0{,}1) + \left(2 \cdot -\frac{1}{5}\right)$

1.1 Termstrukturen untersuchen

Variablengrundbereiche für Bruchterme ermitteln

Terme, bei denen im Nenner Variablen auftreten, werden als **Bruchterme** bezeichnet.
Bruchterme sind beispielsweise:

$$\frac{a}{b} \qquad \frac{2x}{3y} \qquad \frac{a}{a+2b} \qquad \frac{3+2a}{a+3}$$

> **Wissen: Termstrukturen**
> Ein Bruchterm ist nicht definiert, wenn der Nenner Null ist. Vom Grundbereich der Variablen sind alle Zahlen auszuschließen, für die der Nenner Null wird.

Erinnere dich:
Ist kein Grundbereich angegeben, so ist der größtmögliche Grundbereich zu verwenden, den wir kennen, also die Menge der reellen Zahlen $\mathbb{R}$.

Beispiel 2: Bestimme den größtmöglichen Grundbereich für die Variablen des Bruchterms.
a) $\frac{x}{x+1}$ b) $\frac{3}{a \cdot (a+1)}$ c) $\frac{a}{b^2 - 4}$

Lösung:

a) Setze den Nenner gleich Null und löse die Gleichung. Gib den Grundbereich der Variablen des Bruchterms an.

$x + 1 = 0 \quad | -1$
$x = -1$
Variablengrundbereich:
$x \in \mathbb{R}$ mit $x \neq -1$

b) Gehe wie bei a) vor.

$a \cdot (a+1) = 0$ | (Faktoren müssen Null sein.)
$a = 0$ oder $a = -1$
Variablengrundbereich:
$a \in \mathbb{R}$ und $a \neq 0$ und $a \neq -1$

c) Gehe wie bei a) vor.

$b^2 - 4 = 0 \quad | +4$
$b^2 = 4 \quad \rightarrow \quad b = -2$ oder $b = 2$
Variablengrundbereich:
$b \in \mathbb{R}$ mit $b \neq -2$ und $b \neq 2$

Im Nenner keine Null!

Basisaufgaben

4. Bestimme den größtmöglichen Grundbereich für die Variablen des Bruchterms.
   a) $\frac{2a}{a+3}$ b) $\frac{1}{3(b-2)}$ c) $\frac{a}{a(a-1)}$ d) $\frac{y}{(y-1)(y+1)}$ e) $\frac{2 \cdot x}{a-2}$

5. Bestimme den größtmöglichen Grundbereich für die Variablen des Bruchterms.
   a) $\frac{y}{y(y-0{,}5)}$ b) $\frac{2}{u+2} \cdot \frac{u+2}{u}$ c) $\frac{a+5}{(a+5)(a-5)}$ d) $\frac{3}{-9+a^2}$ e) $\frac{k}{k^2 - 0{,}16}$

Weiterführende Aufgaben

6. Gib sowohl die Struktur des Terms als auch die Struktur der Teilterme an.
   a) $5(0{,}2 + 3{,}5y)$ b) $a + 11^2 : b$ c) $(x+2)^2$ d) $\frac{a}{bc}$ e) $\frac{a}{b} \cdot c$

7. Entscheide, welche Werte der Variablen vom Variablengrundbereich des Terms auszuschließen sind.
   a) $\frac{1}{1+x}$ b) $\frac{a}{(a+0{,}7)a}$ c) $\frac{a+3}{a^2 - 1}$ d) $\frac{2x}{(x-5)(x+3)}$ e) $\frac{x}{2x+1} + \frac{2}{2x-1}$

Hinweis zu 7:
Hier findest du die Lösungen:

8. Berechne den Termwert, falls dies möglich ist, für:
   $x = -2 \; (-3; \; -0{,}5; \; 3)$
   a) $\frac{x}{x+3}$ b) $\frac{x-3}{2(x-3)}$ c) $\frac{1}{2x+1}$ d) $2 \cdot \frac{x+2}{x+2}$ e) $(x-3) : (x-3)$

9. Gib zu jedem Rechenbaum sowohl einen passenden Term ohne Variablen als auch die Struktur dieses Terms an. Ermittle dann den Termwert.

a)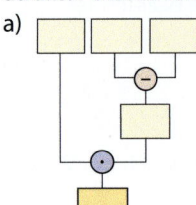

b)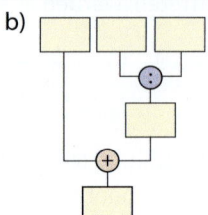

c)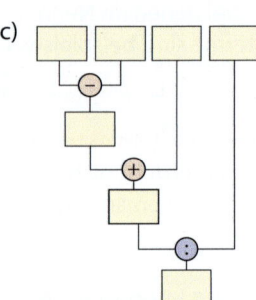

d)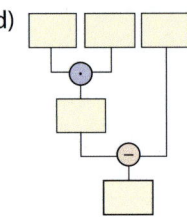

e)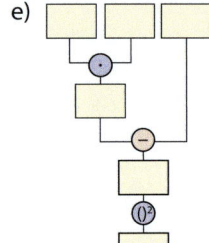

f)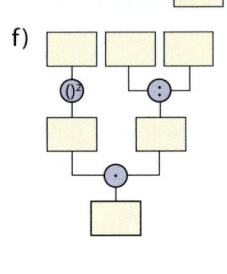

10. Gib zu jedem Term einen passenden Rechenbaum und die Termstruktur an. Beschreibe den Term mit Worten.

   a) $b : 7 + 3$ b) $-0{,}7 - xy$ c) $a^2 + 3 \cdot a$ d) $\dfrac{1{,}2}{3 \cdot a}$ e) $(a+b)^2$

11. **Stolperstelle:** Entscheide, welche der Wortformulierungen (1), (2) oder (3) zu folgendem Term passt: $a + 3 \cdot a^2$
    Gib zu den anderen Wortformulierungen einen passenden Term an.
    (1) Die Summe aus einer Zahl a und 3 multipliziert mit dem Quadrat von a.
    (2) Das Quadrat der Summe aus einer gedachten Zahl a und dem Dreifachen der Zahl a.
    (3) Die Summe aus einer Zahl a und dem dreifachen Quadrat dieser Zahl.

12. Berechne den Termwert für: $x = 2{,}91$; $y = 13{,}2$ und $z = -5{,}8$
    Runde das Ergebnis auf Hundertstel. Du kannst deinen Taschenrechner nutzen.
    Kontrolliere durch einen Überschlag.

    a) $x^2 + y : z$ b) $\dfrac{x^2}{y+z}$ c) $\dfrac{x}{y \cdot z}$ d) $\dfrac{x+y}{y \cdot z}$ e) $x + \dfrac{y}{z}$

13. Stelle zum Text einen passenden Term auf und gib die Struktur des Terms an.
    a) Die Summe zweier unterschiedlicher Zahlen vermindert um 7.
    b) Zu einem Preis von p Euro kommt noch die Mehrwertsteuer von 19 % hinzu.
    c) Durch 5 % Rabatt verringert sich der Preis von p Euro.
    d) Das Produkt aus den Seitenlängen eines Rechtecks von x cm und 2x cm.
    e) Die Hälfte der Summe zweier Seitenlängen.

14. Gib einen Term mit dem Termwert -7 an, dessen Struktur eine Summe (ein Produkt, eine Potenz) ist.

15. **Ausblick:** Gib zwei verschiedene Formeln an, die folgende Struktur haben:
    a) $T_1 \cdot T_2$ b) $\dfrac{T_1}{T_2}$ c) $\dfrac{T_1 \cdot T_2}{T_3}$

1.2 Summen addieren und subtrahieren

■ Murat hat zum Geburtstag 50 € bekommen. Er möchte sich davon eine CD seiner Lieblingsband zu 12,75 € und ein Computerspiel für 26,99 € kaufen. Nun will er ermitteln, wie viel Euro nach den Käufen noch übrig bleiben.
Er rechnet: 50 € − (12,75 € + 26,99 €)
Er kontrolliert: 50 € − 12,75 € − 26,99 €

Was meinst du, hat Murat alles richtig gemacht? Begründe deine Aussage. ■

Wissen: Klammern auflösen

Wenn vor einer Klammer das Zeichen „+" steht, kann die Klammer wie folgt weggelassen werden: $a + (b − c) = a + b − c$ $a + (−b + c) = a − b + c$

Wenn vor einer Klammer das Zeichen „−" steht, kann die Klammer wie folgt weggelassen werden: $a − (b + c) = a − b − c$ $a − (b − c) = a − b + c$

Das heißt, das Zeichen „−" und die Klammer werden weggelassen und das **Vorzeichen** bei jedem Glied **in der Klammer** wird **geändert**.

Erinnere dich:
Eine rationale Zahl b wird von einer rationalen Zahl a subtrahiert, indem man zu a die entgegengesetzte Zahl von b addiert:
$a − b = a + (−b)$

Beispiel 1: Löse die Klammern auf und fasse zusammen.
a) $7a + (4a − 3b)$ b) $5x − (8y − 2x)$

Lösung:

a) Prüfe, welches Zeichen vor der Klammer steht und löse die Klammern auf.
   $7a + (4a − 3b)$
   Vor der Klammer steht „+".
   Lasse die Klammer und das „+" vor der Klammer weg.
   Vor der Klammer steht das Zeichen „+".
   $7a + (4a − 3b) = 7a + 4a − 3b$

   Fasse gleichartige Glieder zusammen.
   $7a + 4a − 3b = 11a − 3b$

b) Prüfe, welches Zeichen vor der Klammer steht und löse die Klammern auf.
   $5x − (8y − 2x)$
   Vor der Klammer steht „−".
   Lasse die Klammer und das Zeichen „−" vor der Klammer weg und ändere bei jedem Glied in der Klammer das Vorzeichen.
   Vor der Klammer steht das Zeichen „−".
   $5x − (8y − 2x) = 5x − 8y + 2x$

   Fasse gleichartige Glieder zusammen.
   $5x − 8y + 2x = 7x − 8y$

Erinnere dich:
Nach dem Distributivgesetz gilt:
$7a + 4a = (7 + 4) \cdot a = 11a$

Basisaufgaben

1. Löse die Klammern auf und fasse zusammen.
   a) $7a + (6a + 3)$ b) $7y + (13x − 11y)$ c) $−7x + (5 − 3x)$
   d) $x − (7,8 − x)$ e) $(−a − b) + a + 3b$ f) $\left(\frac{1}{4} + \frac{1}{2}\right) − \frac{3}{4}$

2. Vereinfache den Term.
   a) $34 − (34 + 0,9)$ b) $−5 − (x + 5)$ c) $0 − (3,4 − z)$ d) $−(3,4 + 2k) − 3,7$
   e) $−a + (b − c) − c$ f) $−(0,1 − m) − (0,9 + m)$ g) $−(−0,5 + x) − \left(\frac{1}{2} + 2x\right)$

Hinweis zu 2:
Auch beim „Vereinfachen" sind Klammern aufzulösen und gleichartige Glieder zusammenzufassen.

3. Vereinfache den Term und erkläre dein Vorgehen.
   a) $\frac{12}{5} + \left(-\frac{2}{5} - x\right) + 2x$ b) $(1,4x^2 + y) - (1,4x^2 - y)$ c) $-(5a^2 + 10a - b) + (-5a^2 + 10a) + 10a^2$
   d) $-(a + a^2) - (a - a^2)$ e) $(x^2 - 2x) - (x + 2) - x^2$ f) $-(a^2 + 2ab + b^2) - (2a - b^2) + 2a^2$

Weiterführende Aufgaben

4. Bilde die Summe $T_1 + T_2$ (die Differenz $T_1 - T_2$) und vereinfache dann soweit wie möglich.
   a) $T_1 = 7 - 9x$ und $T_2 = 3 + 3x$ b) $T_1 = y + 10$ und $T_2 = -1,5 - y$
   c) $T_1 = 2x - z^2$ und $T_2 = -x + z^2 - 3$ d) $T_1 = -a + b + 2$ und $T_2 = -a + b + 2$

5. Übertrage ins Heft und ersetze ■ sinnvoll.
   a) ■ $+ (1,2 - 0,5x) = 1,2$ b) $3a + (5b - ■) = 5a + 5b$ c) $3x^2 - (■ + ■) = 2x^2 + y$
   d) $a^2 - (■ - ■)) = 3a^2 + 2b$ e) $-\left(■ + \frac{3}{2}b\right) + \frac{3}{2} = \frac{1}{2} - \frac{3}{2}b$ f) ■ $- (■ - 3z) = 3y + 3z - 7$

6. Schreibe als Term auf und vereinfache ihn soweit wie möglich.
   a) Subtrahiere von $3a$ die Summe $a + 7$.   b) Subtrahiere $x - y$ von $-3x$.
   c) Addiere zum Fünffachen einer gedachten Zahl die Differenz aus 7 und dieser Zahl.
   d) Vermindere das Dreifache einer Zahl um das Siebenfache dieser Zahl.

7. Übertrage ins Heft und setze im linken Term Klammern sinnvoll.
   a) $3a - 3b + 2a = a - 3b$ b) $3 - 5x + 9y = -5x - 9y + 3$ c) $-3x + 7 + 3x - 7 = -14$
   d) $-2c + 3 - 2c - 5 = -4c + 2$ e) $-2 + 3a - 2 + a = -4 + 2a$ f) $5a + 3b - 5a + 3b = 0$

8. **Stolperstelle:** Überprüfe die Aufgaben. Korrigiere die Fehler.

   Martin: Tanja: Kurt:
   $(a + b) - (2a + b)$ $-(2x - 3) + (-3 + 2x)$ $-(2 - (x - 2))$
   $= a + b - 2a + b$ $= -2x - 3 + 3 + 2x$ $= -(2 - x - + 2)$
   $= -a + 2b$ $= 6$ $= -2 + x - 2 = -4 + x$

Hinweis zu 9:
Hier findest du die Lösungen.

9. Vereinfache und berechne den Termwert für $x = 2$; $y = 3$ und $z = -1$.
   a) $x - (x + y + z)$ b) $-(2x + 3) - (x - 2z - 4)$ c) $-2x + (-3x - 2z)$ d) $-(3y - z) + (3y - z)$

10. Gib an, welche zwei der gegebenen Terme $T_1 = 3x + 2y$; $T_2 = -3x + 3$; $T_3 = -x + y$;
    $T_4 = -2x + y$ addiert oder subtrahiert werden müssen, um folgendes Ergebnis zu erhalten:
    a) $x + 3y$ b) $6x + 2y - 3$ c) $-3x + 2y$ d) $-x$ e) $2x + y - 3$

11. Vom Konto der Familie Schmidt mit einem Guthaben von x Euro werden ein Betrag von y
    Euro und nochmals ein Betrag von $3z$ Euro abgehoben.
    a) Erstelle verschiedene Terme für das Restguthaben auf dem Konto.
    b) Ermittle das Restguthaben für $x = 300,75$; $y = 22,98$ und $z = 34,57$.

12. Löse die Gleichung.
    a) $x + (200 + 4x) = 500$ b) $2 - (2x + 3) = 15$ c) $(3a + 5) - (2a - 7) = 0$
    d) $3v - 10 = 2 - (5v - 12)$ e) $4v + 3 = -(2 - 8v)$ f) $a - (5a + 1) = 2a - (6a + 1)$
    g) $-(3u + 0,5) - (3u + 1,5) = -(2u + 7)$ h) $2x - (3x + x^2) = -x^2 - (4 - 3x)$

13. **Ausblick:** Löse die Klammern auf und fasse zusammen.
    a) $3a - (-2 - 2a) + (4a - 6) - 4$ b) $-[3a - (2 + 2a) + (4a - 6) + 4]$
    c) $-[3a + (2 - 2a) - (-4a + 6) - 4]$ d) $-[-3a - (-2 - 2a) - (-4a - 6) - 4]$

1.3 Produkte multiplizieren und dividieren

■ Mustafa gibt zur Berechnung des Flächeninhalts vom Rechteck ABCD den Term $3b \cdot 2a$ an und Tanja den Term $6ab$. Die fehlende Kantenlänge des Quaders ermitteln beide folgendermaßen:

Mustafa: $2{,}5a^2 : a^2$

Tanja: $\dfrac{2{,}5a^3}{a^2} = 2{,}5\,a$

Prüfe, ob Angaben von Mustafa und Tanja korrekt sind. ■

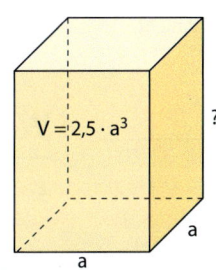

Wissen: Produkte multiplizieren und dividieren

Produkte werden **multipliziert**, indem man unter Beachtung der Vorzeichenregeln die Zahlen (Koeffizienten) **multipliziert** und dieses Ergebnis vor das Produkt der Variablen setzt. Produkte gleicher Variablen werden als Potenz geschrieben.

Produkte werden **dividiert**, indem man den Quotienten unter Beachtung der Vorzeichenregeln als Bruch schreibt und ihn so weit wie möglich kürzt.

Die Variablen werden zur besseren Übersicht in alphabetischer Reihenfolge geordnet.

Hinweis:
Bei Termen wie $2a$ und $-\frac{1}{2}x$ werden die Zahlen 2 und $-\frac{1}{2}$ als Koeffizienten bezeichnet.

Erinnere dich:
$a \cdot a = a^2$
$a \cdot a \cdot a = a^3$
$a : b = \frac{a}{b};\ (b \neq 0)$

Beispiel 1: Vereinfache die Terme.
a) $-7a \cdot 3ab$
b) $-15xz : (-3yz)$ mit $y \neq 0;\ z \neq 0$

Lösung:

a) Bestimme das Vorzeichen vom Produkt. $-7a \cdot 3ab$

Bilde das Produkt der Zahlen. Schreibe das Produkt gleicher Faktoren der Variablen als Potenz.

Das Produkt hat das Vorzeichen „$-$".
$-7a \cdot 3ab = -21 \cdot a \cdot a \cdot b$
$ = -21\,a^2 b$

b) Bestimme das Vorzeichen vom Quotienten. $-15xz : (-3yz)$

Schreibe den Quotienten als Bruch und kürze so weit wie möglich.

Der Quotient hat das Vorzeichen „$+$".
$-15xz : (-3yz) = \dfrac{15xz}{3yz} = \dfrac{5xz}{yz} = 5\,\dfrac{x}{y}$

Basisaufgaben

1. Vereinfache den Term.
   a) $1{,}1a \cdot 6$
   b) $-1{,}2 \cdot 2b$
   c) $-3c \cdot \left(-\dfrac{2}{3}c\right)$
   d) $-3{,}5x \cdot 2y$
   e) $5x \cdot 3y$
   f) $-7a \cdot 3ab$
   g) $\dfrac{2}{5}xy \cdot (-5yz)$
   h) $0{,}1a \cdot (-0{,}5ab)$
   i) $\dfrac{3}{2}x \cdot (-4xy)$

2. Vereinfache den Term.
   a) $3a \cdot 2b \cdot 5a$
   b) $x \cdot (-y) \cdot (-2x)$
   c) $-2u \cdot (-3uv) \cdot (-v)$
   d) $-1 \cdot 2ab \cdot b$
   e) $\dfrac{3}{5}x \cdot (5z) \cdot \left(-\dfrac{1}{3}z\right)$
   f) $0{,}73ab \cdot 0 \cdot 2ab$

3. Schreibe den Quotienten als Bruch und kürze so weit wie möglich.
   a) $6ab : 15$
   b) $7xy : x$
   c) $12\,ab : (-3a)$
   d) $-24xy : (-12xy)$
   e) $3mn^2 : (-6m)$
   f) $1{,}6xyz : yz$
   g) $-6abc : (-6\,bc)$
   h) $36a^2c : (-18\,c)$
   i) $-\dfrac{1}{3}x^2 : \left(-\dfrac{1}{3}x^3\right)$

Hinweis:
Kommen im Divisor eines Quotienten Variablen vor, sollen diese stets für von Null verschiedene Zahlen stehen.

1. Arbeiten mit Variablen

Hinweis zu 4:
6a : 2b bedeutet
6a : (2b) und nicht
6a : 2 · b

4. Vereinfache den Term.
   a) $9x^2y : 6x^2$
   b) $9x^2y : (-6xy^2)$
   c) $-3ef : (-6e^2)$
   d) $2a^2b^3c : 6a^2b$
   e) $10x^2y : (-2x)$
   f) $0 : (-3a^3b)$
   g) $-a^2bc : abc$
   h) $14xy : 7xy$

Weiterführende Aufgaben

5. Vereinfache den Term und erkläre dein Vorgehen.
   a) $2xy \cdot \frac{3}{2}x$
   b) $2x \cdot (-5x)$
   c) $-ab \cdot (-2a^2)$
   d) $\frac{1}{4}xy \cdot (-\frac{1}{2}x) \cdot 8yz$
   e) $2x \cdot 2x \cdot 2x$
   f) $-3xy \cdot \frac{5}{6}y^2z$
   g) $-1 \cdot 0{,}5uv^2 \cdot u$
   h) $7a \cdot 2b + 2ab$

6. Fasse den Term als Produkt zweier Faktoren auf. Gib zwei mögliche Faktoren an.
   a) $3x^2y$
   b) $12a^2$
   c) $-36x^2$
   d) $-16ab^2$

7. Ermittle den Termwert von $3a \cdot \frac{1}{3}b^2$ für $a = 1{,}6$ und $b = 0{,}1$.

Hinweis zu 8:
Hier findest du die Lösungen der Aufgaben a bis d.

$-0{,}5 \quad \frac{2a^2}{3c} \quad -\frac{5uv}{100w^2} \quad \frac{2}{b^2}$

8. Vereinfache den Term.
   a) $-2a^2b : (-3bc)$
   b) $4x^3yz : (-8x^3yz)$
   c) $-0{,}25uvw : 5w^3$
   d) $0{,}6a : 0{,}3ab^2$
   e) $\frac{2ab}{4ab^2}$
   f) $-\frac{9xyz}{3yz^2}$
   g) $\frac{0{,}2uvw^3}{-2u^2v^3}$
   h) $\frac{-2^3ab^2c}{-2abc}$

9. Vereinfache den Term.
   a) $\frac{(3a)^2}{3a^2}$
   b) $2ab : 8ab$
   c) $\frac{x(x+y)}{y(x+y)}$
   d) $\frac{4(a+b)}{2(c+d)}$
   e) $\frac{a^2(a+b)}{-ab}$
   f) $24x^2y : (-48xy)$
   g) $(-2a)^2 : (-2a)$
   h) $\frac{(x-y)(x+y)}{2(x+y)}$

10. Berechne mit einem Taschenrechner den Wert des Terms $\frac{-25xy^2}{-20x^2y}$ für $x = 0{,}35$ und für $y = \pi$. Runde das Ergebnis auf Hundertstel.

11. **Stolperstelle:** Überprüfe. Korrigiere, falls erforderlich.
    a) $3xyz \cdot 0{,}5xyz = 1{,}5x^2yz$
    b) $9ab : (-3ab) = 3$
    c) $-6x^2 : (-3x^2y) = 2\frac{x}{y}$
    d) $3ab \cdot (-7ac) = -21a^2bc$
    e) $5x^2y \cdot 0{,}2y^2 = x^2y^2$
    f) $12x^2yz : 4xyz = 3x$

12. Ergänze den linken Term so, dass aus ihm durch Umformen der rechte Term hervorgeht.
    a) $3ab \cdot \square = 6a^2b$
    b) $2xy^2 \cdot \square = -xy^2$
    c) $\square \cdot (-8mn) = 2mn^2o$
    d) $-2a^2b : \square = a^2$
    e) $\square : 2xy = -\frac{2x}{y}$
    f) $12x^2y : \square = \frac{2}{y}$

13. In einem Test soll der Quotient aus den Produkten $2a \cdot 3b$ und $a \cdot 3b$ aufgeschrieben werden. Folgende Lösungen wurden angegeben:
    (1) $(2a \cdot 3b) : (a \cdot 3b)$
    (2) $(2a \cdot 3b) : a \cdot 3b$
    (3) $2a \cdot 3b : (a \cdot 3b)$
    (4) $2a \cdot 3b : a \cdot 3b$

    a) Gib alle Terme an, die der gestellten Aufgabe entsprechen.
    b) Berechne jeweils den Termwert für $a = 2$ und $b = 4$.

14. Gib einen Term für den Flächeninhalt und einen Term für den Umfang der nebenstehenden Figur an. Vereinfache, wenn möglich, den jeweiligen Term.

15. **Ausblick:** Vereinfache die Terme und fasse, wenn möglich, zusammen.
    a) $5mn \cdot 2n + 3mn^2$
    b) $-2xy^2 \cdot 2x + 2xy \cdot \frac{1}{2}y$
    c) $-3a \cdot (-5ab) + (-2ab) \cdot 7a$
    d) $\frac{18a^2b^3}{9ab^2} + \frac{40a^2b^2}{8ab}$
    e) $-\frac{0{,}9u^3v}{0{,}3uv} + \frac{2{,}5u^2vw}{5uw}$
    f) $-4a \cdot 0{,}5ab - \frac{6a^2b^2c}{-2bc}$

1.4 Terme ausmultiplizieren und ausklammern

■ Frau Klein möchte prüfen, ob alle 24 Schülerinnen und Schüler ihrer Klasse das Workbook und die Englischlektüre bezahlt haben. Frau Klein rechnet mit dem Taschenrechner:
24 · 11,50 + 24 · 8,50
Sarah meint, das könnte man auch im Kopf nachprüfen. Sie rechnet:
24 · (11,50 + 8,50) = 24 · 20.

Begründe, warum Sarah Recht hat. ■

Wissen: Ausmultiplizieren und Ausklammern
Ein **Produkt** a · (b + c) kann aufgrund des Distributivgesetzes durch **Ausmultiplizieren** in eine **Summe** umgeformt werden.

ausmultiplizieren
a · (b + c) = a · b + a · c

Eine **Summe** a · b + a · c kann aufgrund des Distributivgesetzes durch **Ausklammern** in ein **Produkt** umgeformt werden.

ausklammern
a · b + a · c = a · (b + c)

Die Regeln gelten auch, wenn a, b, c durch beliebige Terme ersetzt werden.

Terme ausmultiplizieren

Beispiel 1: Forme das Produkt −4b · (−2a + 3b) in eine Summe um, und vereinfache.

Lösung:
Multipliziere den Faktor vor der Klammer mit jedem Summanden in der Klammer, und vereinfache. Beachte die Vorzeichenregeln.

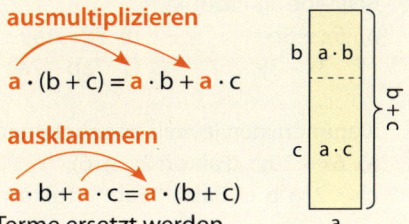

$-4b \cdot (-2a + 3b)$
$= -4b \cdot (-2a) + (-4b) \cdot 3b$
$= 8ab - 12b^2$

Erinnere dich:
In Produkten können gleiche Variablen zu Potenzen zusammengefasst werden.

Basisaufgaben

1. Forme das Produkt in eine Summe um und vereinfache so weit wie möglich.
   a) 8 · (2x − 5z)
   b) 2a · (3a + 2b)
   c) −3 · (6u + 4w)
   d) −2b · (0,5a − 2b)
   e) (−5a − 9v) · 3
   f) $\frac{3}{4}$x · (4x − $\frac{2}{3}$y)
   g) 3a · (a − 2b + 3c)
   h) −1 · (a − 2b)
   i) 0,4 · (2x + 5y)
   j) (x − 2y) · 4
   k) 0,5a · (10a − 0,1b)
   l) $\frac{1}{5}$ · (15x − 35y)

2. Multipliziere aus und und vereinfache so weit wie möglich.
   a) 9(5a − 7b)
   b) (3x − y) · (−2x)
   c) $\frac{2}{3}$ab(2 − 4b)
   d) (4a − 1) · 2b²
   e) 0,2v · (3 − 4u)
   f) (30kl − 40k) · $\frac{1}{2}$
   g) 0,5u · (−v + $\frac{1}{2}$w)
   h) (u − 3v) · (−1)

3. Hier sind Klammern mit mehr als zwei Summanden gegeben. Löse die Klammern auf und vereinfache soweit wie möglich.
   a) 2 · (12x − 25y + 17z)
   b) 3a · (14a + 3b − 7c)
   c) (7x − 12y + 14) · (−2x)
   d) −3 · (−x + 5y − 2z)
   e) 3 + (2x − 5y + 3z) · (−x)
   f) (a + b + c) · (−2a)

4. Setze für x = 2a + 1 und für y = 3a − 5 und vereinfache dann.
   a) 2 · x + y
   b) x + 2 · y
   c) 2 · x + 2 · y
   d) x − 2y
   e) 2 · (x + y)
   f) 2 · (y − x)
   g) 2 · (2x + 2y)
   h) (x + y) · 0,5

Terme ausklammern

Hinweis:
Ermittle zuerst einen gemeinsamen Teiler der Koeffizienten und dann einen gemeinsamen Teiler der Variablen.

Beispiel 2: Schreibe $-6xy + 9xz$ als Produkt.

Lösung:

	$-6xy + 9xz$
Ermittle einen gemeinsamen Faktor.	$3x$ ist ein gemeinsamer Faktor der beiden Summanden.
Dividiere jeden Summanden durch den Faktor. Beachte die Vorzeichenregeln.	$-6xy : 3x = -2y \qquad 9xz : 3x = 3z$
Notiere das Produkt.	$-6xy + 9xz = 3x \cdot (-2y + 3z)$

Basisaufgaben

5. Schreibe als Produkt.
 a) $5x + 5b$
 b) $7x - 14y$
 c) $2x - 3xy$
 d) $0{,}5a + \frac{1}{2}b$
 e) $-3x - 3y$
 f) $7ab - 7ac$
 g) $2\pi a - 2\pi b$
 h) $5a^2 - 5ab$

6. Klammere den jeweils angegebenen Faktor aus.
 a) $6x + 30y$; (Faktor: 2; 3; 6)
 b) $8x^2 - 4xy$; (Faktor: 4; -4; 2x; 4x)
 c) $-21a^2b + 28ab - 35ab^2$; (Faktor: 7ab; -7ab)
 d) $-4a - 3b + 5c^2$; (Faktor: -1; 2)

7. Begründe, dass die Aussage wahr ist. Gib einen weiteren gemeinsamen Faktor an.
 a) $12xy + 6x$ kann als Produkt mit dem Faktor 3 angegeben werden.
 b) $4a^2 - 8a^3$ kann als Produkt mit dem Faktor a angegeben werden.
 c) $1{,}6b^3 - 3{,}2ab^2$ kann als Produkt mit dem Faktor $0{,}8b$ angegeben werden.

Weiterführende Aufgaben

8. Überführe das Produkt in eine Summe. Erkläre, wie du vorgegangen bist.
 a) $3 \cdot (a - 2b)$
 b) $-5 \cdot (-2a + c)$
 c) $-3a \cdot (2a - b)$
 d) $2x \cdot (a - 2b + 3x)$

9. Übertrage die Tabelle ins Heft. Multipliziere die Terme in der linken Spalte mit den Termen in der oberen Zeile. Trage dann die Ergebnisse in die Tabelle ein.

·	$5x - 6$	$-6 + 7a$	$-1 - 10x$	$0{,}5x - 2{,}5y$
-1				
$4x$				
$-2xy$				

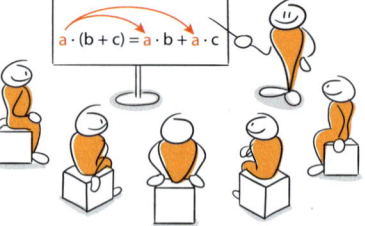

10. Löse die Klammern auf und fasse, wenn möglich, zusammen.
 a) $-3a(2ab + 3b)$
 b) $0{,}5x(-2xy + 4y) - 2xy$
 c) $-\frac{2}{3}(-3u + 6v) - 3u$
 d) $-3t + 7(t - u)$
 e) $4x^2 + 2x(x - y) + xy$
 f) $1{,}2ab + 2a^2 + 2a(a - b)$

Hinweis zu 11:
Hier findest du die Lösungen.

$3t \cdot (3s - r + 5)$
$5y \cdot (x + 3)$
$a \cdot (b - c)$
$3 \cdot (a + 2b)$

11. Überführe die Summe in ein Produkt. Erkläre, wie du vorgegangen bist.
 a) $3a + 6b$
 b) $ab - ac$
 c) $5xy + 15y$
 d) $9st - 3tr + 15t$

12. Schreibe als Produkt.
 a) $8ab + 7a$
 b) $81u - 9uv$
 c) $42xy - 35y^2$
 d) $-8rs - 4st$

1.4 Terme ausmultiplizieren und ausklammern

13. Setze für a = x, für b = x + 1 und für c = 2x. Löse die Klammern auf und vereinfache.
    a) a · b
    b) b · c
    c) a · c
    d) a · b + b · c

14. Übersetze den Text in einen Term und gib den Termwert an, wenn die gedachte Zahl – 2 ist.
    a) Multipliziere das Zweifache einer gedachten Zahl mit der Summe aus dem Sechsfachen dieser Zahl und fünf.
    b) Multipliziere die Differenz aus fünfzehn und dem Vierfachen einer gedachten Zahl mit dem Fünffachen dieser Zahl.

15. Lea stellt folgende Aufgabe: „Denke dir eine natürliche Zahl, multipliziere sie mit 5 und addiere 2. Zum Vierfachen des Ergebnisses addiere 3 und zum Schluss multipliziere das Ganze noch mit 5. Sage mir das Ergebnis, dann nenne ich dir die gedachte Zahl."
    a) Führe die Rechnung nacheinander für 3; 20 und 237 aus. Wie kommt Lea auf die gedachte Zahl?
    b) Begründe, warum das immer gut funktioniert.

Tipp zu 15 b:
Schreibe zum Zahlenrätsel einen Term auf und vereinfache ihn.

16. **Stolperstelle:** Überprüfe und erläutere, welche Fehler gemacht wurden. Korrigiere, wenn nötig.
    a) $-2(a + b) = -2a + b$
    b) $28xy + 7xyz = 7x(4y + 7yz)$
    c) $-3ab - 4ac = -a(3b - 4c)$
    d) $-3x(a - 2b) = -3ax - 6bx$
    e) $3a^2b + 2ab = 3a\left(ab + \frac{2}{3}b\right)$
    f) $uv^2 - uv = uv(v - 1)$

17. Hier sind Aufgabenteile verdeckt. Vervollständige die Aufgabe im Heft.
    a) $36x - 24xy = 12x(\blacksquare - 2\blacksquare)$
    b) $6y - \blacksquare + \blacksquare = 2y(3 - y + y^2)$
    c) $\blacksquare bc - \blacksquare = -ac(-ab + c)$
    d) $-4a - \blacksquare + 8\blacksquare = \blacksquare(-a - 5 + 2b)$
    e) $-5xy + 5\blacksquare y^2 = \blacksquare y(-\blacksquare + x^2y)$
    f) $-\blacksquare b + ab - b^2 = (7b - \blacksquare + b^2) \cdot (-\blacksquare)$

18. Berechne das Volumen der Körper wie folgt:
    a) Zerlege beide Körper in Quader. Stelle das Volumen der Körper als Summe dar.
    b) Ergänze beide Körper zu einem Quader. Stelle das Volumen der Körper als Differenz dar.
    c) Zeige, dass die Terme aus a) und b) äquivalent zueinander sind.

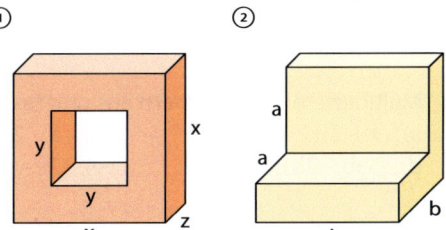

19. Löse die Klammern auf. Was stellst du fest?
    a) $(3x^2 - 6xy) \cdot \frac{1}{3}$ und $(3x^2 - 6xy) : 3$
    b) $(4ab + 12ad) \cdot \left(-\frac{1}{a}\right)$ und $(4ab + 12ad) : (-a)$

20. **Ausblick:** „Die Summe aus einer natürlichen Zahl und deren Quadratzahl ist stets gerade."
    a) Prüfe diese Behauptung für verschiedene natürliche Zahlen: $1 + 1^2, 2 + 2^2, 3 + 3^2, \ldots$
    b) Vereinfache den Term $n + n^2$ durch Ausklammern. Begründe mithilfe des Terms, dass die Behauptung stimmt. Unterscheide dabei die Fälle, dass n gerade ist oder dass n ungerade ist. Was folgt dann jeweils für $(1 + n)$?

1.5 Summen mit Summen multiplizieren

- Die Multiplikation der beiden Summen kannst du auf die Multiplikation einer Variablen mit einer Summe zurückführen.

Zeige, dass das Ergebnis $x^2 + 3x + 2$ ist, wenn du in $a \cdot x + a \cdot 1$ für a wieder $x + 2$ einsetzt. ■

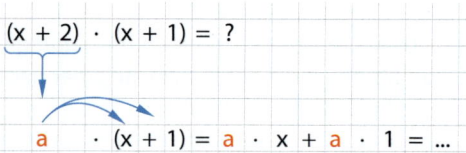

Hinweis:
Die Regel lässt sich auch durch zweimaliges Anwenden des Distributivgesetzes herleiten:
$(a + b) \cdot (c + d)$
$= a \cdot (c + d) + b \cdot (c + d)$
$= a \cdot c + a \cdot d + b \cdot c + b \cdot d$

> **Wissen: Ausmultiplizieren von zwei Klammern**
> Zwei Summen werden multipliziert, indem man jeden Summanden der ersten Klammer mit jedem Summanden der zweiten Klammer multipliziert und die Produkte addiert.
>
> $(a + b) \cdot (c + d) = a \cdot c + a \cdot d + b \cdot c + b \cdot d$
>
> – Die Regel gilt auch, wenn a, b, c, d durch beliebige Terme ersetzt werden und für mehr als zwei Summanden.
> – Anstelle von Summen können auch Differenzen stehen, weil jede Subtraktion durch Addition der Gegenzahl ersetzt werden kann.

Beispiel 1: Multipliziere $(4x + 2) \cdot (3 - x)$ aus und fasse so weit wie möglich zusammen.

Hinweis:
Schreibe zur besseren Übersicht Summen immer beginnend mit dem Summanden mit dem größten Exponenten.

Lösung:
Multipliziere den ersten Summanden des ersten Faktors mit jedem Summanden des zweiten Faktors.
Multipliziere den zweiten Summanden des ersten Faktors mit jedem Summanden des zweiten Faktors.
Fasse gleichartige Terme zusammen.

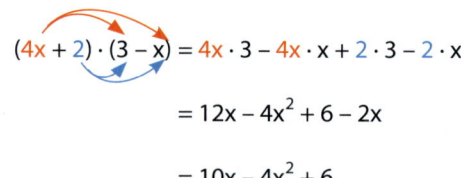

$= 12x - 4x^2 + 6 - 2x$
$= 10x - 4x^2 + 6$
$= -4x^2 + 10x + 6$

Basisaufgaben

1. Multipliziere die Klammern aus aus und fasse so weit wie möglich zusammen.
   a) $(a + 8) \cdot (3 + b)$
   b) $(4 - x) \cdot (y + 8)$
   c) $(2 - p) \cdot (q - 4)$
   d) $(a - b) \cdot (c - d)$
   e) $(r + s) \cdot (t - r)$
   f) $(-x + y) \cdot (x - z)$

2. Multipliziere die Klammern aus und fasse so weit wie möglich zusammen.
   a) $(x + 2)(2 - 5x)$
   b) $(a - 2)(3a + 2)$
   c) $(u - 3)(6u + 4)$
   d) $(5ab - 2b)(a - 3)$
   e) $(2x - y)(-x - y)$
   f) $(a - b)(2a + b)$

3. Multipliziere die Klammern aus und vereinfache so weit wie möglich.
   a) $(3 + 2d) \cdot (2d + 2)$
   b) $(x + y) \cdot (4y + x)$
   c) $(6u - v) \cdot (-12u - 5v)$
   d) $(5 - a^2)(ab^2 + 6)$
   e) $(1 - 3x)(x - 2x^2)$
   f) $(x^2y - x)(4 - xy)$

Weiterführende Aufgaben

4. Multipliziere und vereinfache so weit wie möglich. Beschreibe dein Vorgehen.
   a) $(3 - a)(2a - 4)$
   b) $(b - 3c)(4b + 3c)$
   c) $(5a + 3) \cdot (3a - 3)$

1.5 Summen mit Summen multiplizieren

5. Übertrage die Multiplikationstabelle ins Heft und fülle sie aus.

·	x + 1	– 5 + 4x	2x – y	–x² – 3x
x – 2	$x^2 - x - 2$			
–x – 3y				

6. Der Flächeninhalt des abgebildeten Rechtecks ergibt sich aus dem Produkt der Seitenlängen a + b und c + d oder als Summe der Flächeninhalte der vier Teilrechtecke. Beschreibe diesen Zusammenhang mit einer Gleichung.

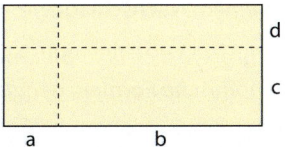

7. Multipliziere die Klammern aus und vereinfache so weit wie möglich.
a) $(4x + \tfrac{1}{2}y)(2x - \tfrac{1}{2}y)$ b) $(a + b)(a^2 + ab + b^2)$ c) $(x^2 + xy + y^2)(x - y)$
d) $-(x + 1)(x + 4)$ e) $-(3a + b)(a - 2)$ f) $(x + 1)(x + 2) + (x + 2)(x + 3)$

8. Es seien: A = 2x + 3y, B = xy – 1, C = x – 1 und D = x + y + 1
Setze für A, B, C und D die entsprechenden Terme ein und vereinfache.
a) A · B   b) A · C – C   c) A · D   d) B · D – A   e) – A · C

Tipp zu 8: Setze die Summen bzw. Differenzen in Klammern.

9. Stolperstelle: Erläutere, welche Fehler gemacht wurden, und korrigiere sie.
a) $(6a + 8)(4b - 9a) = 24ab - 72a$ b) $(x - 3)(y - 2) = xy - 2x - 3y - 6$

10. Löse die Gleichung.
a) $(a + 7) \cdot (a - 5) - 3a^2 + 25a = 0$ b) $(4x + 2) \cdot (4x - 2) = 16x \cdot (x - 1)$

11. Vereinfache den Term und berechne.
a) $(2x + 3y) \cdot (2x + 3y) - (4x^2 + 9y^2)$ für x = 4,5 und y = 2,4
b) $(a - b) \cdot (b + c) + b \cdot (b - a)$ für a = 0,8; b = 0,4 und c = 1,2

12. Hier fehlen Aufgabenteile. Vervollständige die Aufgaben im Heft.
a) $(2u - 4)(3v \;\blacksquare\; u) = 6uv + 2u^2 - \blacksquare - 4u$
b) $(\blacksquare + 6)(7x + \blacksquare) = 14x^2 + 6x + 42x + 18$
c) $(\tfrac{1}{4}a + b)(4a + \blacksquare\, b) = a^2 + 2ab + \blacksquare + \blacksquare$
d) $(\tfrac{2}{3}a + \blacksquare)(\blacksquare a + \tfrac{2}{3}b) = \tfrac{2}{9}a^2 + \tfrac{4}{9}ab + \blacksquare + \tfrac{2}{9}b^2$

Hinweis zu 11: Hier findest du die verdeckten Aufgabenteile.

13. Löse die Klammern auf und vereinfache den Term.
a) $(a + 1) \cdot (b + 2) \cdot (c + 3)$ b) $(-x - 1) \cdot (-x - 2) \cdot (-x - 3)$
c) $(8s + 15) \cdot (3t^2 + 5r) \cdot (4r - 6s)$ d) $(4x + 3) \cdot (y - 8z) \cdot (9 - 8x)$

14. Schreibe als Term, multipliziere aus und fasse zusammen.
a) Multipliziere eine Zahl mit der Summe dieser Zahl und 1.
b) Bilde das Produkt aus der Summe zweier Zahlen und der Differenz der gleichen Zahlen.

15. Bei einer rechteckigen Fläche ist die eine Seite doppelt so lang wie die andere. Die kürzere Seite wird um einen Meter verlängert und die längere Seite um einen Meter verkürzt.
a) Beschreibe, wie sich der Umfang und der Flächeninhalt ändern. Stelle jeweils einen Term auf und vereinfache ihn.
b) Gib Maße für die ursprüngliche Fläche an, sodass bei den gegebene Änderungen Umfang und Flächeninhalt gleich bleiben.

16. Ausblick: Forme die Summe in ein Produkt um.
a) ax + ay + 10x + 10y b) 7u – 7v + ux – vx c) ae – 2a + be – 2b

1.6 Binomische Formeln anwenden

■ Lis fragt ihren Bruder Paul, ob er schon einmal etwas von einem Binom und von den binomischen Formeln gehört hat.
Wenn nicht, solle er einmal im Internet oder in einem Nachschlagewerk nachschauen.

*Informiere dich über **Binome**. Erläutere, wofür **binomische Formeln** genutzt werden können.* ■

Hinweis:
Die Terme a^2 und b^2 nennt man quadratische Glieder.
Den Term $2ab$ nennt man gemischtes Glied.

> **Wissen: Binomische Formeln**
> Zweigliedrige Summen (Differenzen), wie beispielsweise a + b, bezeichnet man als „**Binome**".
> Für beliebige Zahlen a und b gelten die binomischen Formeln:
>
> $(a + b)^2 = a^2 + 2ab + b^2$
> $(a - b)^2 = a^2 - 2ab + b^2$
> $(a + b)(a - b) = a^2 - b^2$

Terme der Form $(a + b)^2$ oder $(a - b)^2$ in Summen umformen

> **Beispiel 1:** Forme mithilfe einer binomischen Formel in eine Summe um.
> a) $(2x + 3)^2$ b) $(2u - 5v)^2$
>
> **Lösung:**
> a) Analysiere die Struktur des Terms.
>
> Wende die entsprechende binomische Formel an.
>
> Der Term $(2x + 3)^2$ entspricht:
> $(a + b)^2$ mit $a = 2x$ und $b = 3$
> $(a + b)^2 = a^2 + 2 \cdot a \cdot b + b^2$
> $(2x + 3)^2 = (2x)^2 + 2 \cdot 2x \cdot 3 + 3^2$
> $= 4x^2 + 12x + 9$
>
> b) Gehe wie bei a) vor.
>
> Der Term $(2u - 5v)^2$ entspricht:
> $(a - b)^2$ mit $a = 2u$ und $b = 5v$
> $(a - b)^2 = a^2 - 2 \cdot a \cdot b + b^2$
> $(2u - 5v)^2 = (2u)^2 - 2 \cdot 2u \cdot 5v + (5v)^2$
> $= 4u^2 - 20uv + 25v^2$

Basisaufgaben

1. Forme mithilfe einer binomischen Formel in eine Summe um.
   a) $(2u + 4)^2$
   b) $(u + 2v)^2$
   c) $(2a + 3b)^2$
   d) $(4a + 5b)^2$
   e) $\left(\frac{1}{2}u + 2v\right)^2$
   f) $(u - 2v)^2$
   g) $(p - q)^2$
   h) $(2x - 4y)^2$
   i) $\left(\frac{1}{4}a - 2b\right)^2$
   j) $\left(a - \frac{1}{2}\right)^2$
   k) $(-2x + 3)^2$
   l) $(-7 - 7m)^2$

2. Forme mithilfe einer binomischen Formel in eine Summe um.
   a) $(2x + 2y)^2$
   b) $(2r - s)^2$
   c) $(a - 3)(a - 3)$
   d) $(3p + q)(3p + q)$
   e) $(uv - 13)^2$
   f) $(1{,}2x - 0{,}2y)^2$
   g) $\left(\frac{x}{4} - yz\right)^2$
   h) $\left(x + \frac{p}{2}\right)^2$
   i) $\left(3t^2 + \frac{2}{3}u\right)^2$
   j) $(0{,}2x + 2y)(0{,}2x + 2y)$
   k) $\left(\frac{1}{5}u + \frac{1}{4}\right)^2$

3. Berechne den Termwert sowohl vor als auch nach dem Ausmultiplizieren der Klammern für $x = 0$ und $y = 3$.
   a) $(2y + 3x)(2y + 3x)$
   b) $(2y + 3x)^2$
   c) $(2y - 3x)^2$

Terme der Form $a^2 + 2ab + b^2$ oder $a^2 - 2ab + b^2$ in Produkte umformen

Beispiel 2: Forme mithilfe einer binomischen Formel in ein Produkt um.
a) $9u^2 + 12uv + 4v^2$
b) $x^2 - xy + \frac{1}{4}y^2$

Lösung:
a) Analysiere die Struktur des Terms.

Der Term $9u^2 + 12uv + 4v^2$ entspricht:
$a^2 + 2ab + b^2$ mit: $a^2 = 9u^2 = (3u)^2 \rightarrow a = 3u$
$b^2 = 4v^2 = (2v)^2 \rightarrow b = 2v$
$2ab = 2 \cdot 3u \cdot 2v = 12uv$

Wende die entsprechende binomische Formel an.

$a^2 + 2ab + b^2 = (a+b)^2$
$(3u)^2 + 2 \cdot 3u \cdot 2v + (2v)^2 = (3u+2v)^2$
$= (3u+2v)(3u+2v)$

b) Gehe wie bei a) vor.

Der Term $x^2 - xy + \frac{1}{4}y^2$ entspricht:
$a^2 - 2ab + b^2$ mit: $a^2 = x^2 \rightarrow a = x$
$b^2 = \frac{1}{4}y^2 = \left(\frac{1}{2}y\right)^2 \rightarrow b = \frac{1}{2}y$
$2ab = 2 \cdot x \cdot \frac{1}{2}y = xy$

$a^2 - 2ab + b^2 = (a-b)^2$
$x^2 - 2 \cdot x \cdot \frac{1}{2}y + \left(\frac{1}{2}y\right)^2 = \left(x - \frac{1}{2}y\right)^2$
$= \left(-\frac{1}{2}y\right)\left(x - \frac{1}{2}y\right)$

Basisaufgaben

4. Forme mithilfe einer binomischen Formel in ein Produkt um.
   a) $u^2 + 2uv + v^2$
   b) $x^2 - 2xy + y^2$
   c) $b^2 + 4b + 4$
   d) $a^2 - 6xy + 9y^2$
   e) $x^2 - x + \frac{1}{4}$
   f) $4s^2 + 4st + t^2$
   g) $9a^2 - 12ab + (2b)^2$
   h) $-4bc + 4b^2 + c^2$
   i) $x^2 - 20x + 100$
   j) $p^2 - 2pq + q^2$
   k) $9 - 6a + z^2$
   l) $\left(\frac{2}{5}a\right)^2 + \frac{4}{5}ab + b^2$
   m) $a^2 - 18a + 81$
   n) $25x^2 + 5x + \frac{1}{4}$
   o) $u^2 + 24xy + 144y^2$

Terme der Form $(a+b)(a-b)$ oder $a^2 - b^2$ umformen

Beispiel 3: Forme mithilfe einer binomischen Formel um.
a) $(3u + 2v)(3u - 2v)$ in eine Summe
b) $4x^2 - y^2$ in ein Produkt

Lösung:
a) Analysiere die Struktur des Terms. Wende die entsprechende binomische Formel an.

Der Term $(3u+2v)(3u-2v)$ entspricht:
$(a+b) \cdot (a-b)$ mit: $a = 3u$ und $b = 2v$
$(a+b) \cdot (a-b) = a^2 - b^2$
$(3u+2v) \cdot (3u-2v) = (3u)^2 - (2v)^2$
$= 9u^2 - 4v^2$

b) Gehe wie bei a) vor.

Der Term $4x^2 - y^2$ entspricht:
$a^2 - b^2$ mit: $a^2 = 4x^2 \rightarrow a = 2x$
$b^2 = y^2 \rightarrow b = y$
$a^2 - b^2 = (a+b) \cdot (a-b)$
$(2x)^2 - y^2 = (2x+y) \cdot (2x-y)$

Basisaufgaben

5. Forme mithilfe einer binomischen Formel in eine Summe um.
 a) $(x+y)(x-y)$ b) $(2a+b)(2a-b)$ c) $(2x+3b)(2x-3b)$ d) $(0,5+a)(0,5-a)$

6. Forme mithilfe einer binomischen Formel in ein Produkt um.
 a) $x^2 - y^2$ b) $4x^2 - 9$ c) $a^2 - 1$ d) $-4 + x^2$
 e) $\frac{1}{4} - 4x^2$ f) $-81 + 25x^2$ g) $-x^2 + 36$ h) $0,25a^2 - (bc)^2$
 i) $(2x)^2 - \left(\frac{2}{3}y\right)^2$ j) $a^2 + 4ab + 4b^2$ k) $x^2 - 16$ l) $\frac{1}{16}a^2 - 0,01$

Weiterführende Aufgaben

7. Forme mithilfe einer binomischen Formel in eine Summe um.
 a) $(u+v)^2$ b) $(4+x)^2$ c) $(d-e)^2$ d) $(2-x)(2-x)$
 e) $(3a+2b)(3a+2b)$ f) $(2x-1)^2$ g) $\left(x-\frac{1}{2}y\right)^2$ h) $\left(u+\frac{v}{4}\right)\left(\frac{v}{4}+u\right)$
 i) $(4x+y)(4x-y)$ j) $(2x-y)(2x+y)$ k) $(2a+2b)(a-b)$ l) $(a-0,5b)(a-0,5b)$

8. Forme mithilfe einer binomischen Formel in eine Summe um. Erkläre dein Vorgehen.
 a) $(2x+3y)^2$ b) $(3u-5v)^2$ c) $\left(\frac{1}{10}p+q\right)\left(\frac{1}{10}p+q\right)$ d) $(8x-2)(8x+2)$

9. Forme mithilfe einer binomischen Formel in ein Produkt um.
 a) $x^2 + 2xy + y^2$ b) $a^2 - 6a + 3^2$ c) $4u^2 - 16v^2$ d) $a^2 + b^2 + 2ab$

10. Forme mithilfe einer binomischen Formel in ein Produkt um. Erkläre dein Vorgehen.
 a) $4 + 8x + 4x^2$ b) $9u^2 - v^2$ c) $p^2 - 2pqr + (qr)^2$ d) $r^2 + s^2 - 2rs$

11. Deute die binomische Formel $(a+b)^2 = a^2 + 2ab + b^2$ $(a > 0; b > 0)$ anhand der abgebildeten Figur geometrisch.

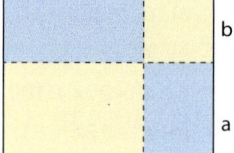

12. Übertrage ins Heft und ergänze fehlende Terme.
 a) $(\blacksquare + b)^2 = a^2 + 2ab + b^2$ b) $y^2 + 6y + 9 = (\blacksquare + \blacksquare)^2$
 c) $x^2 - 4x + \blacksquare = (\blacksquare - \blacksquare)^2$ d) $(a + \blacksquare)(\blacksquare - \blacksquare) = a^2 - 1$
 e) $(\blacksquare - \blacksquare)^2 = z^2 - 18z + \blacksquare$ f) $4x^2 - \blacksquare^2 = (\blacksquare + \blacksquare)(\blacksquare - 9)$

Hinweis zu 13:
Hier findest du die Lösungen.

13. Löse die Gleichung.
 a) $(x+1)^2 = (x+3)^2$ b) $(2x+9)^2 = (2x+1)^2 - 16$
 c) $3 + (x+5)^2 = (x+8)^2$ d) $(x-4)^2 = (x-5)^2$
 e) $(4-x)^2 + 6x = -(24-x^2)$ f) $(x-7)^2 = x^2 + 7$

14. Rechne im Kopf. Nutze eine der binomischen Formeln.
 a) 41^2 b) 51^2 c) 29^2 d) 49^2
 e) $51 \cdot 49$ f) $52 \cdot 48$ g) $101 \cdot 99$

15. Zeige, dass für das Volumen und für den Oberflächeninhalt des abgebildeten Quaders folgende Gleichungen gelten:
$V = x^3 - x$ $A_O = 6x^2 - 2$

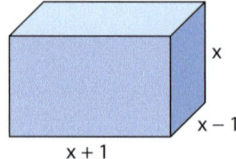

16. Stolperstelle: Überprüfe und korrigiere, falls erforderlich.
 a) $(x+2)^2 = x^2 + 2x + 4$ b) $(u+v)(u+v) = u^2 + v^2$ c) $(a+2b)(a-2b) = a^2 - 2ab + b^2$
 d) $(4x + 4y)(x-y) = 4(x^2 + y^2)$ e) $(s-2)^2 = s^2 + 4 - 4s$ f) $(2t+3)(2t-3) = 2t^2 - 9$

1.6 Binomische Formeln anwenden

17. Deute die binomische Formel $(a-b)^2 = a^2 - 2ab + b^2$ $(a>0; b>0)$ anhand der abgebildeten Figur geometrisch.

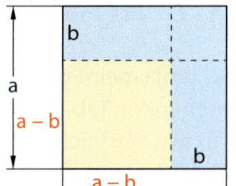

18. Prüfe, ob es natürliche Zahlen a und b gibt, für die gilt:
$(a+b)^2 = a^2 + b^2$

19. Gib an, welche der Terme durch Umformen auseinander hervorgegangen sein können.

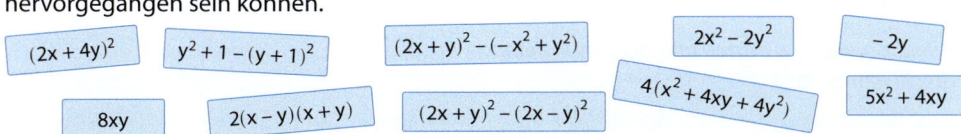

● **20.** Forme den Term (wenn möglich) mithilfe einer binomischen Formel in ein Produkt um. Entscheide und begründe, bei welchem Term das nicht möglich ist.
   a) $a^2 - a + \frac{1}{4}$
   b) $x^2 + xy + y^2$
   c) $u^2 + uv + \frac{1}{2}v^2$
   d) $a^2 - 3a + \frac{9}{4}$

● **21.** Forme den Term in eine Summe der Form $(a+b)^2 + c$ oder in eine Differenz der Form $(a+b)^2 - d$ um. Orientiere dich an folgendem Beispiel: $x^2 + 2x + 7 = (x+1)^2 + 6$
   a) $a^2 + 2a + 6$
   b) $x^2 - 4x + 3$
   c) $u^2 + 6u + 10$
   d) $a^2 + 2a - 3$
   e) $v^2 - 4v - 3$

22. Löse die Klammern auf und fasse zusammen.
   a) $(2x-y)^2 + (x+y) \cdot x$
   b) $(2v-w)^2 + v^2 + (w-v)^2$
   c) $(0{,}2a - 0{,}1b)^2 - (-0{,}1a + 0{,}3b)^2$
   d) $(3x-y)^2 - (x-3y)^2$

23. Löse die Gleichung durch Faktorisieren.
   Faktorisieren bedeutet, eine Summe in ein Produkt umzuformen.
   a) $x^2 - 4x = 0$
   b) $y^3 - 9y = 0$
   c) $x^2 - 4 = 0$
   d) $y^2 - 16 = 0$

   Hinweis zu 23: Ein Produkt ist Null, wenn mindestens ein Faktor Null ist.

● **24.** Klammere einen Faktor aus. Schreibe den Term dann in der Form: $a(b+c)(b-c)$
   Beispiel: $5x^2 - 80 = 5(x^2 - 16) = 5(x+4)(x-4)$
   a) $6x^2 - 54$
   b) $27a^2 - 3$
   c) $44y^2 - 11x^2$
   d) $12a^2 - 48b^2$
   e) $\frac{49}{8} - \frac{1}{8}y^2$
   f) $\frac{1}{2}x^2 - 32$
   g) $-45 + 20b^2$
   h) $\frac{25}{3}x^2 - \frac{4}{27}y^2$

● **25.** Zeige, dass Folgendes gilt:
   a) $(a-b)(a+b) - (a+b)^2 = -2b(a+b)$
   b) $(a+b)^2 - (a-b)^2 = 4ab$
   c) $(a+b)^2 + (a-b)^2 = 2(a^2 + b^2)$
   d) $(a+b)^2 = (-a-b)^2$

● **26.** Begründe, dass folgendes Zahlenrätsel für alle Zahlen ungleich 1 stets funktioniert:
   Denke dir eine Zahl. Quadriere die Zahl und subtrahiere 1. Dividiere das Ergebnis durch die Zahl, die um 1 kleiner ist als die gedachte Zahl. Das Ergebnis ist um 1 größer als die gedachte Zahl.

● **27.** Ein Rechteck und ein Quadrat haben den gleichen Flächeninhalt. Die eine Seite des Rechtecks ist um 6 cm länger als die andere. Die Seiten des Quadrats sind um 2 cm länger als die kürzere Rechteckseite. Stelle eine Gleichung auf und ermittle die Seitenlängen des Rechtecks und des Quadrats.

● **28.** **Ausblick:** Multipliziere $(a+b)(a+b)(a+b)$ und $(x+y)(x+y)(x+y)$.
   a) Welche Gesetzmäßigkeit erkennst du?
   b) Nutze die Gesetzmäßigkeit, um $(2u+3v)^3$ in eine Summe umzuformen.

1.7 Arithmetische Aussagen beweisen

Hinweis: Arithmetische Aussagen sind Aussagen über Eigenschaften von Zahlen.

■ Tanja meint nach Betrachten der nebenstehenden Tabelle, dass die Summe $x^2 + x + 5$ für alle natürlichen Zahlen x stets ungerade ist. Nathalie entgegnet ihr, dass die Summe ja wohl immer eine Primzahl ergibt, wie man unschwer erkennen kann.

Prüfe die beiden Aussagen und begründe deine Entscheidung. ■

x	$x^2 + x + 5$
0	5
1	7
2	11
3	17

> **Wissen: Aussagen beweisen**
>
> Um zu zeigen, dass eine Aussage falsch ist, genügt es, ein Gegenbeispiel anzugeben.
>
> Um zu zeigen, dass eine Aussage **wahr** ist, reicht die Angabe eines Beispiels oder mehrerer Beispiele nicht aus. Dafür ist eine **Argumentationskette (ein Beweis)** erforderlich.
>
> Bei einem mathematischen Beweis sind nur bereits erklärte Begriffe, wahre Aussagen und logische Schlüsse zulässig.

Viele Zusammenhänge zwischen natürlichen Zahlen lassen an Beispielen entdecken. So aufgestellten Vermutungen müssen aber bewiesen werden. Oft ist es sinnvoll, die Voraussetzung(en) und die Behauptung mithilfe von Variablen in eine „Wenn-dann-Form" zu überführen. Beim Beweisen werden dann bekannte Aussagen schrittweise bis zur Behauptung umgeformt.

Aussagen durch Gegenbeispiele widerlegen

> **Beispiel 1:**
> *Aussage: „Die Differenz zweier natürlicher Zahlen ist immer größer als Null oder gleich Null."*
> a) Formuliere diese Aussage mit Variablen in der „Wenn-dann-Form".
> b) Zeige durch ein Gegenbeispiel, dass die Aussage falsch ist.

Lösung:

a) Gib die Voraussetzung(en) und die Behauptung der Aussage unter Verwendung von Variablen an. Formuliere die Aussage in der „Wenn-dann-Form".

Voraussetzung: a, b sind natürliche Zahlen.
Behauptung: a − b ≥ 0

Wenn a, b natürliche Zahlen sind, *dann* gilt: a − b ≥ 0

b) Überlege dir Beispiele, für die die Aussage zutrifft. Versuche ein Gegenbeispiel zu finden, um die Aussage zu widerlegen. Ziehe eine Schlussfolgerung.

7 − 6 = 1; 9 − 9 = 0; 123 − 99 = 24
17 − 20 = −3; −3 < 0

Die gegebene Aussage ist falsch.

Basisaufgaben

1. Formuliere die Aussage in der „Wenn-dann-Form" und zeige durch ein Gegenbeispiel, dass die Aussage falsch ist.
   a) Die Summe von vier aufeinanderfolgenden natürlichen Zahlen ist durch 4 teilbar.
   b) Die Summe von sechs aufeinanderfolgenden natürlichen Zahlen ist durch 6 teilbar.
   c) Jede durch 3 teilbare Zahl ist auch durch 6 teilbar.

1.7 Arithmetische Aussagen beweisen

2. Zeige durch ein Gegenbeispiel, dass die Aussage falsch ist.
   a) Jede gerade Zahl ist durch 6 teilbar.
   b) Die Summe zweier rationaler Zahlen ist immer größer als jeder der Summanden.

3. Formuliere mit Variablen in der „Wenn-dann-Form" und zeige durch ein Gegenbeispiel, dass die Aussage falsch ist.
   a) Alle durch 5 teilbaren Zahlen sind auch durch 10 teilbar.
   b) Die Summe zweier gerader Zahlen ist stets durch 4 teilbar.
   c) Die Summe von fünf aufeinanderfolgenden Zahlen ist immer durch 10 teilbar.

Aussagen durch logisches Schließen beweisen

Beispiel 2:
Aussage: *„Die Summe von drei aufeinanderfolgenden geraden Zahlen ist immer durch 6 teilbar."*
a) Formuliere diese Aussage mit Variablen in der „Wenn-dann-Form".
b) Zeige, dass die Aussage für alle natürlichen Zahlen wahr ist.

Lösung:

a) Gib die Voraussetzung(en) und die Behauptung der Aussage unter Verwendung von Variablen an. Formuliere die Aussage in der „Wenn-dann-Form".

   Voraussetzung:
   $S = 2n + (2n + 2) + (2n + 4); \ n \in \mathbb{N}$

   Behauptung: $6 \mid S$

   Wenn S die Summe von drei aufeinanderfolgenden geraden Zahlen ist, *dann* ist 6 ein Teiler von S.

„Wahr" oder „Falsch", das ist hier die Frage …

b) Überlege dir Beispiele, für die die Aussage zutrifft. Versuche ein Gegenbeispiel zu finden.

   $2 + 4 + 6 = 12 \qquad \rightarrow 6 \mid 12$
   $14 + 16 + 18 = 48 \qquad \rightarrow 6 \mid 48$
   Ein Gegenbeispiel wurde nicht gefunden.

   Entwickle eine Argumentationskette. Führe, mit der Voraussetzung beginnend, geeignete Termumformungen durch.

   Beweis:
   $S = 2n + (2n + 2) + (2n + 4)$ (nach Voraussetzung)
   $S = 6n + 6$ (Zusammenfassen)
   $S = 6(n + 1)$ (Distributivgesetz)

   Ziehe eine Schlussfolgerung.

   S enthält den Faktor 6. Also ist S durch 6 teilbar.
   w. z. b. w. (**w**as **z**u **b**eweisen **w**ar)
   Die Aussage ist falsch.

Hinweis:
Ein Produkt ist durch eine Zahl teilbar, wenn mindestens ein Faktor durch die Zahl teilbar ist.

Basisaufgaben

4. Gegeben sind folgende Aussagen:
   (1) Die Summe dreier aufeinanderfolgender natürlicher Zahlen ist immer durch 3 teilbar.
   (2) Das Quadrat einer ungeraden Zahl ist immer ungerade.
   (3) Das Produkt aus einer geraden und einer ungeraden Zahl ist immer durch 4 teilbar.
   a) Formuliere jede der Aussagen mit Variablen in der „Wenn-dann-Form".
   b) Prüfe mit einem Gegenbeispiel oder einem Beweis, ob die Aussage wahr oder falsch ist.

5. Beweise, dass folgende Aussage wahr ist:
   a) Das Produkt zweier aufeinanderfolgender Zahlen ist immer durch 2 teilbar.
   b) Die Summe zweier ungerader Zahlen ist immer eine gerade Zahl.

Hinweis zu 5a:
Unterscheide zwei Fälle.
– Die erste Zahl ist gerade.
– Die erste Zahl ist ungerade.

Weiterführende Aufgaben

Hinweis zu 6:
Hier findest du die Lösungen zu

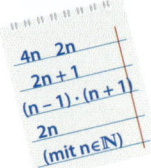

6. Beschreibe den Sachverhalt mit Variablen:
   a) das Doppelte einer Zahl
   b) eine gerade Zahl
   c) eine ungerade Zahl
   d) eine durch 4 teilbare Zahl
   e) das Produkt aus dem Vorgänger und dem Nachfolger einer Zahl
   f) die Summe zweier benachbarter ungerader Zahlen

7. Formuliere die Aussage mit Variablen in der „Wenn-dann-Form".
   Zeige durch ein Gegenbeispiel, dass die Aussage falsch ist.
   a) Alle durch 4 teilbaren Zahlen sind auch durch 8 teilbar.
   b) Die Summe zweier ungerader Zahlen ist stets durch 3 teilbar.
   c) Alle Primzahlen sind ungerade Zahlen.

8. Vervollständige den folgenden Beweis im Heft.
   Aussage: „Die Summe von fünf aufeinanderfolgenden Zahlen ist stets durch 5 teilbar."
   Wenn-dann-Form: Wenn S die Summe …, dann …
   Voraussetzung: S ist die Summe von fünf aufeinander folgenden Zahlen, also: $S = n + \ldots$
   Behauptung: …
   Beweis: (1) $S = n + n + 1 + \ldots$ (nach Voraussetzung)
   (2) $S = 5n + \ldots$ (Zusammenfassen)
   (3) $S = 5 \cdot (\ldots)$ (Distributivgesetz)
   Also gilt: …

9. Beweise die Aussage.
   a) Vermindert man das Quadrat einer ungeraden natürlichen Zahl um 1, so ist diese Differenz stets durch 4 teilbar.
   b) Das Produkt zweier Quadratzahlen ist stets wieder eine Quadratzahl.
   c) Wenn zwei beliebige natürliche Zahlen durch n (n ∈ ℕ, n >1) teilbar sind, dann ist auch ihre Summe durch n teilbar.

10. **Stolperstelle:** Wo steckt der Fehler in folgender Argumentation?
   $x^2 - x^2 = x^2 - x^2$
   $x(x - x) = (x + x)(x - x)$
   $x = x + x$
   $1 = 1 + 1$
   Also gilt: $1 = 2$

   Die Gleichung $x^2 - x^2 = x^2 - x^2$ ist für alle reellen Zahlen x wahr. Auf der linken Seite wird x ausgeklammert, auf der rechten Seite wird eine binomische Formel angewendet.
   Nun wird auf beiden Seiten der Gleichung durch $(x - x)$ dividiert. Die erhaltene Gleichung wird durch x dividiert.

11. Beweise die Aussage.
   a) Das Quadrat jeder geraden Zahl ist stets durch 4 teilbar.
   b) Das Produkt aus dem Vorgänger und dem Nachfolger einer Zahl ist stets gerade.

● 12. **Ausblick:** Beweise, dass für die Außenwinkel eines Dreiecks ABC stets gilt: $\alpha' + \beta' + \gamma' = 360°$
   Erinnere dich an die Winkelsumme im Dreieck und an die Größe gestreckter Winkel.

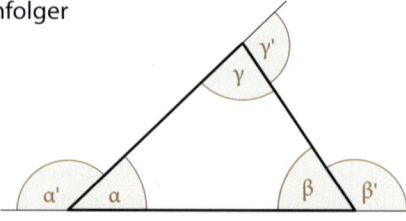

1.8 Vermischte Aufgaben

1. Gegeben sind folgende Terme:
   (1) $2x + (2x + 1)^2$ (2) $3a - (-2b - 4a)$ (3) $-2b \cdot (a - 1)^2$ (4) $\dfrac{2ab}{4a^2b}$ (5) $\dfrac{a-1}{a^2-1}$

   a) Gib jeweils die Struktur des Terms und die Struktur der Teilterme an.
   b) Löse die Klammern auf und fasse zusammen.
   c) Welche Werte der Variablen sind vom Variablengrundbereich auszuschließen?

2. Gib an, welche der Terme durch Umformen auseinander hervorgegangen sein können.

   (1) $\dfrac{-2x-4}{2}$ (2) $x^2y + 2xy^2$ (3) $x^2 + 1$ (4) $\dfrac{x^2 + 2xy + y^2}{2x + 2y}$ (5) $(2x + 3y)^2$

   (6) $2x^2 - (x-1)(x+1)$ (7) $0{,}5x + 0{,}5y$ (8) $4x^2 + 6xy + 9y^2 + 6xy$ (9) $-(x+2)$ (10) $2xy\left(\dfrac{1}{2}x + y\right)$

3. Schreibe mithilfe von Variablen:
   a) das Produkt von vier aufeinanderfolgenden geraden Zahlen
   b) die Summe von vier aufeinanderfolgenden natürlichen Zahlen
   c) das Produkt des Quadrates einer geraden Zahl und des Quadrates einer ungeraden Zahl.

4. Formuliere Voraussetzung und Behauptung mithilfe von Variablen und formuliere die Aussage in der „Wenn-dann-Form".
   a) Die Summe zweier ungerader Zahlen ist immer eine gerade Zahl.
   b) Die Addition natürlicher Zahlen ist kommutativ.
   c) Die Summe zweier durch 5 teilbarer Zahlen ist stets durch 5 teilbar.
   d) Jede durch 6 teilbare Zahl ist auch durch 3 teilbar.

5. Gib für jede Figur einen möglichst einfachen Term an, mit dem man folgende Größe berechnen kann:
   a) den Umfang   b) den Flächeninhalt

   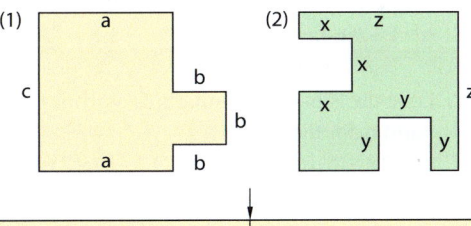

6. Um eine x Meter lange und y Meter breite Pferdekoppel soll ein z Meter breiter Weg angelegt werden. Gib zwei verschiedene Terme an, die den Flächeninhalt des Weges beschreiben.

   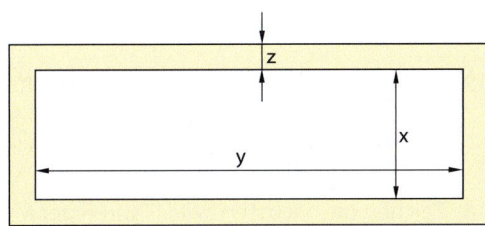

7. Übertrage die Tabelle ins Heft. Multipliziere die Terme in der linken Spalte mit denen in der oberen Zeile, vereinfache und trage die Ergebnisse ein.

·	$x - 6$	$-x + 6$	$-6 - x$	$0{,}5x - 6y$
$x - 6$				
$4x + 6$				
$-6 - x$				
$0{,}5x - 6y$				

8. a) Erläutere, wie in den beiden Beispielen gerechnet wurde.

   Beispiel 1: $51^2 = (50 + 1)^2 = 50^2 + 2 \cdot 50 \cdot 1 + 1^2 = 2500 + 100 + 1 = 2601$

   Beispiel 2: $18 \cdot 22 = (20 - 2) \cdot (20 + 2) = 20^2 - 2^2 = 400 - 4 = 396$

   b) Rechne geschickt. Orientiere dich an den beiden Beispielen aus a).
   $29 \cdot 31$ 81^2 $45 \cdot 55$ 38^2 52^2 $1{,}9 \cdot 2{,}1$ $96 \cdot 104$

9. Gegeben ist ein Quadrat mit a als Seitenlänge.
   - Das Quadrat wird an beiden Seiten um 2 cm verlängert. Gib einen Term für den Inhalt der neuen Fläche an.
   - Eine Seite des Quadrats wird um 7 cm verlängert, die andere Seite um 3 cm verkürzt. Gib einen Term für den Inhalt der neuen Fläche an, und vereinfache ihn.
   - Die eine Seite des Quadrats wird verdoppelt, die andere Seite wird um die Hälfte der Seitenlänge a verlängert. Gib einen möglichst einfachen Term für den Inhalt der neuen Fläche an.
   - Wie wurden die Seitenlängen des Quadrats verändert, wenn die Maßzahl des neuen Flächeninhalts $a^2 + 8a + 15$ beträgt?
   - Gegeben ist der Term $(a + 4) \cdot (a - 4)$. Veranschauliche den Term zeichnerisch und gib an, welche Werte a dabei annehmen kann.

10. a) Berechne die Differenz benachbarter Quadratzahlen:
    $2^2 - 1^2$ $3^2 - 2^2$ $4^2 - 3^2$ $5^2 - 4^2$ ...
    Hier gibt es eine Regelmäßigkeit. Welche ist es?
    b) Beweise die Regelmäßigkeit mithilfe von Variablen.

11. Schreibe mithilfe der binomischen Formeln als Produkt.
    a) $25 - 10a + a^2$ b) $7^2 - x^2$ c) $7^2 - 14x + x^2$
    d) $16 + 4y^2 + 16y$ e) $-81 + 9x^2$ f) $12xy + 6^2 + x^2 y^2$
    g) $1 - 0{,}64 a^2 b^2$ h) $-\frac{16}{25} a^2 + \frac{25}{16} b^2$ i) $-xy + y^2 + \frac{1}{4} x^2$

Hinweis zu 12: Manchmal hilft das Umstellen der Terme in den Klammern.

12. Löse die Klammern auf. Prüfe vorher immer, ob man die binomischen Formeln anwenden kann oder nicht.
    a) $(2x + 6)(6 + 2x)$ b) $(2x + 6)(2x - 6)$ c) $(2x - 6)(6 - 2x)$
    d) $(2x + 6)(6x + 2)$ e) $(-2x - 6)(-6 - 2x)$ f) $(2x - 6)(-6 + 2x)$

13. Löse die Klammern auf und fasse so weit wie möglich zusammen.
    a) $(a + b)^2 - (a - b)^2$ b) $3x^2 \cdot (-x^2) + (3x^3 - 7) \cdot x$ c) $-4y(8y - xy + y^3 - 6y)$
    d) $(2 + a^2)(a^2 + 6a)$ e) $(5 + x^2)^2$ f) $(3a + b^2)(3a - b^2)$

14. Zeichne die nächsten zwei Figuren der Musterfolge ins Heft.
    (A)   (1)   (2)   (3)   (B)   (1)   (2)   (3)

    a) Welche der folgenden Terme gibt die Gesamtanzahl der Kreise in jeder Stufe an?
    $2n$; $3n$; $2n - 1$; $n + 1$; $n(n + 1) : 2$ mit $n \in \mathbb{N}$
    b) Prüfe, ob es in einer der Stufen 210 Kreise oder 330 Kreise gibt.

1.8 Vermischte Aufgaben

15. a) Die nebenstehende Darstellung soll eine Termumformung veranschaulichen. Welche Termumformung könnte es deiner Meinung nach sein?
b) Veranschauliche die Termumformung $x^2 + xy = x(x + y)$ durch eine entsprechende Darstellung.

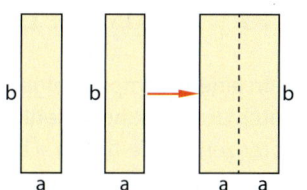

16. Veranschauliche den Term zeichnerisch.
a) $(4 - x) \cdot (2 + x)$
b) $x^2 - 4$
c) $2 \cdot a + 2 \cdot 4 - 2 \cdot c$

17. Schreibe den Term mithilfe einer binomischen Formel in folgender Form: $(\triangle + \bullet)^2 \pm \blacksquare$
a) $x^2 + 2x + 3$
b) $a^2 - 2a + 9$
c) $6a^2 + 4ab + b^2$
d) $u^2 + 6uv + v^2$
e) $x^2 + 6x + 5$
f) $4a^2 + 2ab + 2b^2$
g) $14x^2 - x + 3$
h) $49u^2 + 29uv + 4v^2$

18. Faktorisiere, wenn möglich, mithilfe einer binomischen Formel. Beim Faktorisieren wird aus einer Summe ein Produkt.
a) $4x^2 + 12x + 9$
b) $9a^2 - 6ab + b^2$
c) $9u^2 - v^2$
d) $1 - z^2$
e) $36 + x^2 - 12x$
f) $-4 + 9a^2$
g) $x^2 + y^2$
h) $8x + 4x^2 + 9 + 4x$

Hinweis zu 18:
Faktorisieren bedeutet, eine Summe in ein Produkt umzuformen.

19. Löse die Gleichung.
a) $(x + 4)(x - 4) = (x + 4)^2$
b) $(x - 2)^2 = x^2 + 8$
c) $x^2 - 16 = 0$
d) $x^2 - 10x + 25 = 0$
e) $2(x - 2)(x + 2) = \frac{1}{2}(4x^2 + x)$
f) $(x + 2)^2 - (x - 2)^2 = 4$

20. Beweise die Aussage.
a) Das Vierfache einer Quadratzahl ist auch eine Quadratzahl.
b) Wenn eine natürliche Zahl bei der Division durch 11 den Rest 2 hat und eine andere natürliche Zahl bei der Division durch 11 den Rest 5, dann lässt das Produkt der beiden Zahlen bei der Division durch 11 den Rest 10.

21. Pedro behauptet:
„Wenn ich eine natürliche Zahl quadriere, dann ist das Ergebnis immer um 1 größer, als wenn ich die beiden Nachbarzahlen multipliziere. Zum Beispiel ist $5^2 = 25$ und $4 \cdot 6 = 24$."
a) Überprüfe Pedros Behauptung für folgende Zahlen.
① 9 ② 2 ③ 12 ④ 100
b) Zeige, dass Pedro recht hat, indem du die natürliche Zahl mit n bezeichnest und mit Termen rechnest.

22. Bringe die Rechenschritte in die richtige Reihenfolge und erkläre, welche Rechenoperationen in den einzelnen Schritten durchgeführt wurden.
$2[(3 - a)^2 + 2] \cdot [(3 - a)^2 - 2] = ???$

(1) $154 - 216a + 108a^2 - 24a^3 + 2a^4$

(2) $2 \cdot [(9 - 6a + a^2)(9 - 6a + a^2) - 2^2]$

(3) $2 \cdot [[(3 - a)^2]^2 - 2^2]$

(4) $2 \cdot [(81 - 54a + 9a^2 - 54a + 36a^2 - 6a^3 + 9a^2 - 6a^3 + a^4) - 4]$

(5) $2 \cdot [[9 - 6a + a^2]^2 - 2^2]$

(6) $2 \cdot [77 - 108a + 54a^2 - 12a^3 + a^4]$

(7) $2 \cdot [(9 - 6a + a^2)(9 - 6a + a^2) - 4]$

(8) $2 \cdot [(81 - 108a + 54a^2 - 12a^3 + a^4) - 4]$

(9) $2 \cdot [81 - 108a + 54a^2 - 12a^3 + a^4 - 4]$

Streifzug

1. Arbeiten mit Variablen

Das pascalsche Dreieck

CAS

■ In einem Computeralgebrasystem können durch den „expand-Befehl" aufsteigende Potenzen des Terms $(a+b)^n$ ausmultipliziert werden. Multipliziere folgende Binome aus:
(1) $(a+b)^5$
(2) $(a+b)^6$

Finde eine Lösung, indem du die Termstruktur der Ausgabe des CAS auf Regelmäßigkeiten untersuchst. Kontrolliere dann mit dem CAS. ■

$$\text{expand}((a+b)^2) \quad a^2 + 2 \cdot a \cdot b + b^2$$
$$\text{expand}((a+b)^3) \quad a^3 + 3 \cdot a^2 \cdot b + 3 \cdot a \cdot b^2 + b^3$$
$$\text{expand}((a+b)^4)$$
$$a^4 + 4 \cdot a^3 \cdot b + 6 \cdot a^2 \cdot b^2 + 4 \cdot a \cdot b^3 + b^4$$
$$\text{expand}((a+b)^5)$$

Blaise Pascal
(1623–1662)

Nach dem französischen Mathematiker und Philosophen Blaire Pascal wurde ein Zahlendreieck benannt, das schon lange vor dem 17. Jahrhundert bekannt war. Es trägt seinen Namen, weil er an diesem Zahlendreieck viele mathematische Zusammenhänge entdeckt hat.

Wissen: Das pascalsche Dreieck

0. Zeile:						1						
1. Zeile:					1	+	1					
2. Zeile:				1		2	+	1				
3. Zeile:			1		3		3	+	1			
4. Zeile:		1		4		6		4		1		
5. Zeile:	1		5		10		10		5		1	
6. Zeile:	1	6		15		20		…		…		1

1. An der Spitze des Dreiecks steht die Zahl **1**.
2. In der ersten Zeile darunter steht zweimal die Zahl **1**.
3. Jede weitere Zeile beginnt und endet ebenfalls mit der Zahl **1**. Dazwischen stehen immer die Summen aus den beiden schräg darüber stehenden Zahlen.

```
         1
        1 1
       1 2 1
      1 3 3 1
     1 4 6 4 1
```

In der 2. Zeile des pascalschen Dreiecks stehen die Zahlen **1**, **2** und **1**. Das sind genau die Koeffizienten der Summanden beim Ausmultiplizieren des Binoms $(a+b)^2$.

$(a+b)^2 = (a+b) \cdot (a+b)$
$ = \mathbf{1} \cdot a^2 + \mathbf{2} \cdot ab + \mathbf{1} \cdot b^2$

```
         1
        1 1
       1 2 1
      1 3 3 1
     1 4 6 4 1
```

In der 3. Zeile des pascalschen Dreiecks stehen die Zahlen **1**, **3**, **3** und **1**. Das sind genau die Koeffizienten der Summanden beim Ausmultiplizieren des Binoms $(a+b)^3$.

$(a+b)^3 = (a+b)^2 \cdot (a+b)$
$ = (a^2 + 2ab + b^2) \cdot (a+b)$
$ = \mathbf{1} \cdot a^3 + \mathbf{3} \cdot a^2 b + \mathbf{3} \cdot ab^2 + \mathbf{1} \cdot b^2$

Beachte, dass in den Summanden die Potenzen von a absteigend und die Potenzen von b aufsteigend geordnet sind.

Streifzug

Beispiel 1: Schreibe $(a+b)^4$ als Summe.

Lösung:
Verwende zum Ermitteln der Koeffizienten der Summanden von $(a+b)^4$ die Einträge der 4. Zeile des pascalschen Dreiecks.

```
              1
            1   1
          1   2   1
        1   3   3   1
      1   4   6   4   1
    1   5  10  10   5   1
```

Sortiere in den Summanden die Potenzen von a in absteigender Reihenfolge (a^4, a^3, a^2, a) und die Potenzen von b in aufsteigender Reihenfolge (b, b^2, b^3, b^4).
Ergänze nun die Koeffizienten anhand der Einträge in der 4. Zeile des pascalschen Dreiecks.

$(a+b)^4$
$= \_a^4 + \_a^3b + \_a^2b^2 + \_ab^3 + \_b^4$
$= 1a^4 + 4a^3b + 6a^2b^2 + 4ab^3 + 1b^4$

Aufgaben

1. Berechne.
   a) $(x+4)^4$
   b) $(a+b)^5$
   c) $(2a+1)^5$
   d) $(x+y)^6$
   e) $(3a+b)^3$
   f) $(x+2y)^4$
   g) $(0{,}5a+2b)^5$
   h) $(a+b)^7$

2. Zeichne ein pascalsches Dreieck mit 10 Zeilen.
   a) Bestimme die Symmetrieeigenschaft des pascalschen Dreiecks.
   b) In der dritten Diagonale des pascalschen Dreiecks stehen die Zahlen 1, 3, 6, 10, 15… Beschreibe, wie diese Zahlenfolge gebildet wird. Gibt es weitere Zahlenfolgen im pascalschen Dreieck?
   c) Addiere in jeder Zeile alle Einträge des pascalschen Dreiecks. Stelle eine Regel für die Summe in der jeweils nächsten Zeile auf.
   d) Berechne die Potenzen $11^1, 11^2, 11^3, 11^4$ und 11^5 und vergleiche sie mit den Einträgen des pascalschen Dreiecks.

3. Die Einträge im pascalschen Dreiecks werden nicht nur verwendet, um Potenzen von Binomen der Form $(a+b)^n$ zu berechnen.
   a) Berechne $(a-b)^2$ und $(a-b)^3$ und vergleiche die Koeffizienten mit der 2. und 3. Zeile des pascalschen Dreiecks.
   b) Stelle eine Regel auf, mit der man die Einträge des pascalschen Dreiecks auch verwenden kann, um Potenzen des Binoms $(a-b)^n$ zu berechnen.
   c) Berechne $(a-b)^6$.

4. Ein anderes Dreieck ist nach dem polnischen Mathematiker Waclaw Sierpinski benannt, das „Sierpinski-Dreieck".
   So zeichnest du ein Sierpinski-Dreieck:
   (1) Zeichne ein gleichseitiges Dreieck und verbinde die Mittelpunkte der drei Seiten. Das Dreieck wird in vier zueinander kongruente Teildreiecke zerlegt. Färbe das mittlere der vier Teildreiecke.
   (2) Wende Schritt (1) auf die drei nicht gefärbten Teildreiecke an.
   a) Zeichne ein Sierpinski-Dreieck ins Heft.
   b) Recherchiere nach Zusammenhängen zwischen dem Sierpinski-Dreieck und dem pascalschen Dreieck.

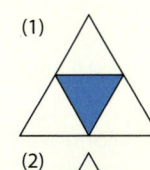
(1)

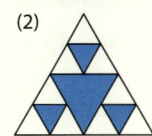
(2)

Prüfe dein neues Fundament

1. Arbeiten mit Variablen

Lösungen
→ S. 203

1. Fasse zusammen.
   a) $2a + b + a - 5b$
   b) $2m + n + m + n$
   c) $10r^2 + 3s + r^2 + s$
   d) $4xy^2 + x^2y - 3xy^2$
   e) $5x + (6y - 4x)$
   f) $b - (2a + 2b)$
   g) $a^2 - (a^2 - a)$
   h) $-3xy - (-2x^2 + xy)$

2. Vereinfache den Term.
   a) $14 \cdot 3x$
   b) $2r \cdot 5 \cdot 3r$
   c) $-4u \cdot (-4)$
   d) $\frac{1}{2}x \cdot \frac{1}{4}y$
   e) $-0{,}2xy^2 \cdot 10x$
   f) $8st^2 : 4$
   g) $(-3x)^2$
   h) $(a : 2) \cdot b$

3. Vereinfache den Term und berechne dann seinen Termwert für a = 3 und b = 2.
   a) $3a + 2b - a$
   b) $4a - 2b + a - b$
   c) $ab + ab \cdot (-6)$
   d) $5a \cdot \frac{1}{2}b \cdot b$
   e) $2 \cdot (-a) + b + b^2$
   f) $a(9b + 6b : 3)$
   g) $b - b \cdot (a^2 + a^2)$
   h) $ab - (ab)^2 \cdot (-1)$

4. Multipliziere die Klammern aus.
   a) $3(2a - 2b)$
   b) $(5 + 4x) \cdot 7$
   c) $\frac{1}{2}(2a - 10)$
   d) $(3 - x) \cdot (-1)$
   e) $-2m(5m - 2n)$
   f) $2x(4x - 2y + 3z)$
   g) $3a(0{,}2a - 0{,}3b)$
   h) $\left(\frac{2}{5}x - \frac{1}{3}y\right) \cdot 15xy$

5. Klammere den in Klammern stehenden Faktor aus.
   a) $12x - 48xy$ $(6x)$
   b) $-3a + 9ab - 12ac$ $(-3a)$
   c) $4abc - 8a^2b + 2ab$ $(2ab)$
   d) $2ab - 3c + 4$ (-1)
   e) $4c^2d + 2cd^2 + c^2d^2$ $(2c)$
   f) $(u^2 - v^2) + (u + v)^2$ $(u + v)$

6. Löse die Klammern auf und vereinfache so weit wie möglich.
   a) $(x + 1)(x + 2)$
   b) $(a + b)(4 - b)$
   c) $\left(-\frac{1}{2} - y\right)(8x + 2)$
   d) $(-2r + 3s)(r - 4)$

7. Gib für jede Figur einen Term an, mit dem man folgende Größe berechnen kann:
   a) den Umfang
   b) den Flächeninhalt

   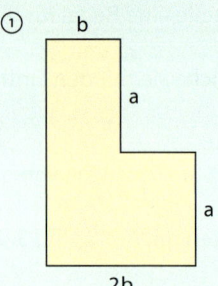
   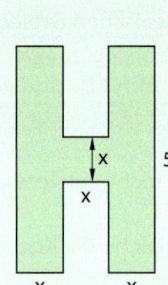
   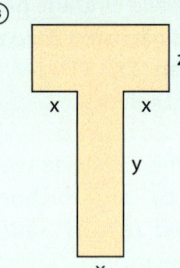
   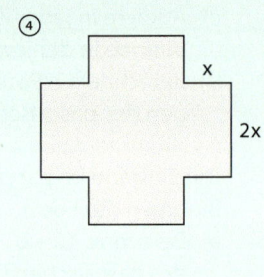

8. Entscheide, welche Terme durch Umformen auseinander hervorgegangen sein könnten.

   $(a + 2)^2$ $5a^2$ $(2 + a^2 + 2a) \cdot 2$

   $a^2 + 2a + 4$ $2a \cdot (-2a)$ $a^2 + 5a$

   $a(4 + a + 1)$ $4 + a^2 + 4a$ $(1 - 2a)(1 + 2a) - 1$

9. Forme mithilfe einer binomischen Formel in eine Summe (Differenz) um.
   a) $(3 + u)^2$
   b) $(a + 3b) \cdot (a - 3b)$
   c) $(3b - 1)^2$
   d) $(x + 2) \cdot (x + 2)$
   e) $\left(\frac{1}{4}x - \frac{1}{2}y\right)^2$
   f) $(0{,}5a - b)(0{,}5a - b)$
   g) $(-0{,}1u - 0{,}5v)^2$
   h) $(-3a + b)^2$
   i) $(x - y)(x - y)$
   j) $\left(\frac{2}{3}x - 3\right)^2$
   k) $(x - 0{,}2)(x + 0{,}2)$
   l) $(0{,}4u + v)^2$

Prüfe dein neues Fundament

10. Forme mithilfe einer binomischen Formel in ein Produkt um.
    a) $x^2 + 18x + 81$ b) $25a^2 - 10ab + b^2$ c) $4y^2 - \frac{1}{16}z^2$ d) $\frac{1}{9}x^2 - \frac{4}{3}x + 4$
    e) $\frac{1}{4}x^2 + xy + y^2$ f) $11 + a^2 - 20$ g) $81u^2 - 18u + 1$ h) $-ab + a^2 + \frac{1}{4}b^2$

11. Löse alle Klammern auf und fasse so weit wie möglich zusammen.
    a) $6(a + 2b) + 4a \cdot (-2)$
    b) $2x(3x + 4y - 7) + (x + y - xy) \cdot 8$
    c) $(u + 2v)^2 - (u^2 + 2v^2)$
    d) $(x^2 - x + 5) \cdot x + (x + 1)^2$
    e) $-a(3b - a) - (a + b)(a - b)$
    f) $xy - 0{,}25y^2 + \left(\frac{1}{2}y - 2x\right)^2 + yx + x \cdot (-4x)$

12. Löse die Gleichung.
    a) $(x + 3)^2 - x^2 = 0$
    b) $a^2 - 9 = 0$
    c) $2x + 8 + 5x = 8(x + 3)$
    d) $2(1 - x)(1 + x) = 0$
    e) $-2(x + 3) + 2x(3 + x) - 2x^2 = 0$

13. Ein Bahnunternehmen hat in Zügen Wagen der 1. Klasse mit 60 Sitzplätzen und Wagen der 2. Klasse mit 90 Sitzplätzen.
    a) Gib einen Term an, mit dem man die Anzahl der Sitzplätze in einem Zug ermitteln kann.
    b) Ein Zug hat 660 Sitzplätze. Wie viele Wagen der 1. und 2. Klasse könnte er haben?

14. Beweise, dass die Summe zweier aufeinanderfolgender natürlicher Zahlen immer eine ungerade Zahl ist. Schreibe den Sachverhalt zunächst in der „Wenn-dann-Form" auf.

15. Beweise folgende Aussage: *Wenn von drei aufeinanderfolgenden natürlichen Zahlen die kleinste Zahl gerade ist, dann ist das Produkt dieser Zahlen durch 4 teilbar.*

Wiederholungsaufgaben

1. Wenn es 5 Uhr ist, bilden der Stundenzeiger und der Minutenzeiger zwei Winkel (einen stumpfen Winkel und einen überstumpfen Winkel).
   a) Gib die Größe der Winkel in Grad an.
   b) Gib ebenso die Winkel zwischen den beiden Zeigern zu den Uhrzeiten 3 Uhr, 8 Uhr und 11 Uhr an.

2. Zeichne ein Säulendiagramm für die Niederschlagsmenge (Angaben in Millimeter).

Jan.	Febr.	März	April	Mai	Juni	Juli	Aug.	Sept.	Okt.	Nov.	Dez.
39	41	33	18	100	61	21	28	75	68	62	61

3. Bei einer Tombola für ein Schulfest verkaufen zwei Klassen Lose. Dabei befinden sich unter den 400 Losen der Klasse 8a insgesamt 150 Gewinnlose, unter den 350 Losen der Klasse 8b insgesamt 140 Gewinnlose. Beide Klassen werben mit dem Spruch: „Bei uns gibt es die meisten Gewinnlose!" Was meinst du dazu?

4. Rechne ohne Taschenrechner.
   a) $0{,}2 \cdot 0{,}783$
   b) $0{,}02 \cdot 405$

5. Konstruiere ein $\triangle ABC$ mit den Maßen $a = 2{,}5\,\text{cm}$; $b = 4{,}0\,\text{cm}$ und $\gamma = 80°$. Miss die Größe der anderen Innenwinkel und die Länge der Seite c. Argumentiere, warum ein $\triangle ABC$ mit den Maßen $a = 2{,}5\,\text{cm}$; $b = 4{,}0\,\text{cm}$ und $\alpha = 80°$ nicht konstruierbar ist.

Zusammenfassung

1. Arbeiten mit Variablen

Terme vereinfachen

Vielfache von gleichartigen Termen werden **addiert** oder **subtrahiert**, indem man ihre Koeffizienten addiert oder subtrahiert.

Wenn vor einer Klammer das Zeichen „+" steht, kann die Klammer wie folgt weggelassen werden: $a + (b - c) = a + b - c$
$a + (-b + c) = a - b + c$

Wenn vor einer Klammer das Zeichen „–" steht, kann die Klammer wie folgt weggelassen werden: $a - (b + c) = a - b - c$
$a - (b - c) = a - b + c$

$4a + 3b - 2a + b + 1 = 4a - 2a + 3b + b + 1$
$= 2a + 4b + 1$

$4x + (y - 2) = 4x + y - 2$
$4x + (-y + 2) = 4x - y + 2$

$4x - (y - 2) = 4x - y + 2$
$4x - (-y + 2) = 4x + y - 2$

Beim **Multiplizieren von Produkten** werden die Koeffizienten multipliziert. Variablen werden als Faktoren in alphabetischer Reihenfolge ergänzt. Gleiche Variablen fasst man zu einer **Potenz** zusammen.

$4a \cdot 3c \cdot 2b = 4 \cdot 3 \cdot 2 \cdot a \cdot c \cdot b = 24abc$

$3a \cdot (-2b) \cdot a = 3 \cdot (-2) \cdot a \cdot b \cdot a = -6a^2 b$

Beim **Dividieren von Produkten** schreibt man den Quotienten als Bruch und kürzt ihn so weit wie möglich.

$2a^2 b : 4ab \quad \text{(mit } a, b \neq 0\text{)}$
$= \dfrac{2a^2 b}{4ab} = \dfrac{a}{2}$

Terme ausmultiplizieren und ausklammern

Nach dem Distributivgesetz kann man:
– ein Produkt $a \cdot (b + c)$ in eine Summe
– eine Summe $a \cdot b + a \cdot c$ in ein Produkt umwandeln. Es gilt:
$a \cdot (b + c) = a \cdot b + a \cdot c$ **(Ausmultiplizieren)**
$a \cdot b + a \cdot c = a \cdot (b + c)$ **(Ausklammern)**

$a \cdot (2a + b) = a \cdot 2a + a \cdot b = 2a^2 + ab$

$6x + 3xy = 3x \cdot 2 + 3x \cdot y = 3x \cdot (2 + y)$

Zwei Summen werden multipliziert, indem man jeden Summanden der ersten Klammer mit jedem Summanden der zweiten Klammer multipliziert und die Produkte dann addiert.
$(a + b) \cdot (c + d) = a \cdot c + a \cdot d + b \cdot c + b \cdot d$

$(3 + 2x) \cdot (x + y) = 3 \cdot x + 3 \cdot y + 2x \cdot x + 2x \cdot y$
$= 3x + 3y + 2x^2 + 2xy$
$= 2x^2 + 3x + 2y + 2xy$

Binomische Formeln

Für beliebige Zahlen a, b gilt:

(1) $(a + b)^2 = a^2 + 2ab + b^2$

(2) $(a - b)^2 = a^2 - 2ab + b^2$

(3) $(a - b) \cdot (a + b) = a^2 - b^2$

$(x + 3y)^2 = x^2 + 2 \cdot x \cdot 3y + (3y)^2$
$= x^2 + 6xy + 9y^2$

$(5x - y)^2 = (5x)^2 - 2 \cdot 5x \cdot y + y^2$
$= 25x^2 - 10xy + y^2$

$(2x - 3y) \cdot (2x + 3y) = (2x)^2 - (3y)^2$
$= 4x^2 - 9y^2$

Arithmetische Aussagen beweisen

Die Wahrheit von Aussagen über unendlich viele Zahlen kann nicht durch Beispiele nachgewiesen werden. Es ist ein **Beweis** notwendig.

Die **Voraussetzung** und die **Behauptung** einer Aussage mit Variablen zu beschreiben kann hilfreich sein.

Häufig führen, von der Voraussetzung ausgehend, Termumformungen zum Ziel.

Die Summe zweier durch drei teilbarer natürlicher Zahlen ist immer durch 3 teilbar.

Voraussetzung: $a = 3m;\ b = 3n\ $ mit $m, n \in \mathbb{N}$
Behauptung: $\quad a + b = 3k\ $ mit $k \in \mathbb{N}$
Beweis:
(1) $a + b = 3m + 3n \quad$ (nach Voraussetzung)
(2) $a + b = 3(m + n) \quad$ (Distributivgesetz)
(3) $a + b = 3k \qquad\quad (m + n = k)$
w. z. b. w. (was zu beweisen war)

2. Lineare Funktionen

Zusammenhänge, bei denen gleichmäßige Veränderungen erfolgen, beispielsweise das gleichmäßige Anwachsen oder Abnehmen einer Größe, werden als linear bezeichnet und können sowohl durch Gleichungen dargestellt als auch durch Graphen in Koordinatensystemen veranschaulicht werden.

Dein Fundament

2. Lineare Funktionen

Lösungen
↗ S. 204

Lösen von Gleichungen

1. Gib alle in Klammern stehenden Zahlen an, die Lösung der Gleichung sind.
   a) $3x - 3 = -2$; $\left(-3;\ \frac{1}{3};\ 3;\ -\frac{1}{3}\right)$
   b) $0 = -2x - 4$; $(2;\ 0;\ 1;\ -2)$
   c) $x(x - 3) = 0$; $(1;\ -1;\ 0;\ -3;\ 3)$
   d) $|x - 2| = 3$; $(-1;\ 0;\ 1;\ 2;\ 5)$

2. Löse die Gleichung.
   a) $3x + 2 = -7$
   b) $2x - 4 = -6x + 12$
   c) $0{,}5x - 2 = 0$
   d) $3 - x = x - 6$

3. Stelle eine Gleichung auf und ermittle die gesuchte Zahl.
   a) Addiert man zum Dreifachen der gesuchten Zahl die Zahl 6, so erhält man 15.
   b) Vermindert man das Fünffache der gesuchten Zahl um das Doppelte der Zahl, so erhält man das Vierfache dieser Zahl.

4. Anja und ihr Bruder Paul sind zusammen 18 Jahre alt. Paul ist halb so alt wie Anja. Ermittle das Alter der beiden Geschwister.

Zuordnungen

5. Die Tabelle gibt die monatliche Niederschlagsmenge eines Jahres in Rostock an.

Monat m	1	2	3	4	5	6	7	8	9	10	11	12
Niederschlagsmenge n in $\frac{\ell}{m^2}$	84	38	25	28	110	72	15	19	84	52	52	31

Untersuche, ob die Zuordnung eindeutig ist. Begründe deine Entscheidung.
   a) *Monat m ↦ Niederschlagsmenge n*
   b) *Niederschlagsmenge n ↦ Monat m*

6. Gegeben ist eine Zuordnung in Form folgender Wortvorschrift:
   „Jeder natürlichen Zahl x wird ihr Quadrat zugeordnet."
   a) Stelle die Zuordnung für $x = 1(2;\ 3;\ 4;\ 5;\ 6;\ 7)$ in einer Tabelle dar.
   b) Gib die Zuordnung mithilfe einer Gleichung der Form $y = \ldots$ an.
   c) Stelle die Zuordnung für $x = 0(1;\ 2;\ 3)$ durch Punkte im Koordinatensystem dar.

7. Gegeben ist eine Zuordnung in Form folgender Wertetabelle:

x	−3	−2	−1	0	1	2	3
y	3	2	1	0	1	2	3

   a) Untersuche, ob eine eindeutige Zuordnung $x ↦ y$ vorliegt. Begründe deine Aussage.
   b) Beschreibe die Zuordnung $x ↦ y$ mit Worten und durch eine Gleichung.
   c) Stelle die Zuordnung obiger Tabelle durch Punkte in einem Koordinatensystem dar.
   d) Untersuche, ob die Zuordnung $y ↦ x$ eindeutig ist. Begründe deine Aussage.

8. Die drei abgebildeten Vasen werden gleichmäßig mit Wasser gefüllt. Gib an, welche Vase zu welchem Diagramm passt, wenn die angegebene Zuordnung veranschaulicht wird:
   Volumen V (Wasser) ↦ Höhe h (Wasserstand)

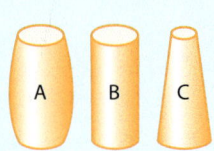
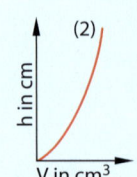
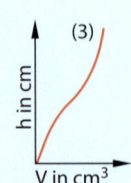

Direkt und indirekt proportionale Zuordnungen

9. Untersuche, ob die Tabelle eine proportionale Zuordnung beschreibt.
   Gib für diese Zuordnung eine Gleichung an.

   a)
x	1	2	7	9
y	0,7	1,4	4,9	6,3

   b)
x	4,5	5	9	15
y	10	9	5	3

   c)
x	10	7	5	3
y	22	15,4	11	4,4

10. Übertrage die Tabelle ins Heft.

x	1	2	3	6	7	8
y		4		12		

    a) Fülle sie dann so aus, dass eine direkt proportionale Zuordnung entsteht.
    b) Beschreibe die Zuordnung $x \mapsto y$ mit einer Gleichung $y = \ldots$
    c) Stelle die Zuordnung in einem Koordinatensystem dar.

11. Übertrage die Tabelle ins Heft. Vervollständige sie zu:
    a) einer direkt proportionalen Zuordnung
    b) einer indirekt proportionalen Zuordnung
    Beschreibe die jeweilige Zuordnung $x \mapsto y$ durch eine Gleichung.

x	5			12
y		9	8	6

12. Paula und Anne machen gemeinsam eine Radtour. Wenn sie täglich 32 € ausgeben, reicht ihr Gespartes für 14 Tage. Sie wollen aber 16 Tage unterwegs sein.
    Wie viel Euro dürfen sie täglich ausgeben? Begründe deine Aussage.

13. Die Tabelle gibt die Länge a und die Breite b flächengleicher Rechtecke an.

Länge a	1 m	2 m	3 m		8 m		
Breite b		18 m	12 m	9 m		3,6 m	2 m

    a) Übertrage die Tabelle ins Heft und fülle sie aus.
    b) Gib die Zuordnung $a \mapsto b$ durch eine Gleichung der Form $b = \ldots$ an.
    c) Gib die Seitenlänge eines flächengleichen Quadrats an.

Kurz und knapp

14. Gib an, sofern möglich, welche Zahl man für a einsetzen muss, damit die Gleichung $a \cdot x - 3 = 0$ die angegebene Lösung hat.
    a) $x = 1$ b) $x = -1$ c) $x = \frac{1}{2}$ d) $x = 9$ e) $x = -3$ f) $x = 0$

15. Wasser von 20 °C wird in einem Glas erhitzt. Nach 3 Minuten ist die Temperatur des Wassers um 30 Grad gestiegen. Gib an, welche Temperatur das Wasser (bei gleichmäßigem Erhitzen) nach 6 Minuten und nach 9 Minuten hat.

16. Entscheide, in welchem Quadranten bzw. auf welcher Achse eines Koordinatensystems die angegebenen Punkte liegen.
    $A(3|4)$; $B(-3|2,5)$; $C(0|4)$; $D(\frac{1}{4}|-4)$; $E(3|0)$; $F(-3,2|-4,3)$

2.1 Zusammenhänge erkennen und beschreiben

■ Eine sogenannte „Quadrier-Maschine" kann aus jeder eingegebenen Zahl eine Quadratzahl machen. Bei eingegebener Zahl 3 gibt sie die Zahl 9 aus. Bei eingegebener Zahl –2 gibt sie die Zahl 4 aus.
Eine „Quadrier-Umkehr-Maschine" macht das Quadrieren wieder rückgängig.

Welche Zahl gibt diese Maschine aus, wenn die Zahl 16 eingegeben wird? ■

Zwischen zwei Größen bestehen oft Zusammenhänge, beispielsweise zwischen der Tageszeit Z und der Temperatur T an einem Ort. So gehört zu jeder Tageszeit Z genau eine Temperatur T. Die Zuordnung $Z \mapsto T$ ist daher eindeutig. Dagegen ist die Zuordnung $T \mapsto Z$ nicht eindeutig, da es die gleiche Temperatur zu mehreren Uhrzeiten am Tag geben kann.

Funktionen erkennen

Erinnere dich:
Direkt und indirekt proportionale Zuordnungen sind eindeutige Zuordnungen.

Wissen: Funktion, Argument, Funktionswert, Definitionsbereich, Wertebereich
Eine **eindeutige Zuordnung** $x \mapsto y$, bei der jedem Wert x genau ein Wert y zugeordnet ist, wird als **Funktion** bezeichnet.

Die **x-Werte** einer Funktion bezeichnet man als **Argumente**.
Die Menge aller Argumente heißt **Definitionsbereich** (kurz: D) der Funktion.

Die **y-Werte** einer Funktion bezeichnet man als **Funktionswerte**.
Die Menge aller Funktionswerte heißt **Wertebereich** (kurz: W) der Funktion.

Beispiel 1: Prüfe, ob die Zuordnung eine Funktion ist und gib gegebenenfalls den Definitions- und den Wertebereich an.
a) Brennende Kerze (Ausgangslänge von 20 cm):   *Brenndauer x ↦ Länge y der Kerze*
b) Geburtsmonat von 15 Schülern einer Klasse: *Geburtsmonat x ↦ Schüler y*

Lösung:
a) Prüfe, ob jedem „x-Wert" genau ein „y-Wert" zugeordnet wird.

Zu jeder Brenndauer x gehört genau eine Kerzenlänge y. Die Zuordnung ist eindeutig, also eine Funktion. Argumente können alle nichtnegativen reellen Zahlen sein bis zum Zeitpunkt t, zu der die Kerze abgebrannt ist.

Überlege, welche Werte als Argumente bzw. Funktionswerte möglich sind.

D: $x \in \mathbb{R}$ mit $0 \leq x \leq t$ (Zeit in min)
W: $y \in \mathbb{R}$ mit $0 \leq y \leq 20$ (Länge in cm)

b) Gehe wie bei a) vor.

Bei 15 Schülern müssen mindestens zwei im gleichen Monat geboren sein.
Die Zuordnung ist nicht eindeutig, also keine Funktion.

Basisaufgaben

1. Prüfe, ob die Zuordnung eine Funktion ist. Gib ggf. den Definitions- und Wertebereich an.
    a) Gebührenpflichtiger Parkplatz (je Stunde 1 €):   *Parkdauer x ↦ Parkgebühr y*
    b) Jeder Zahl x ($x \in \mathbb{Q}_+$) wird ihr Kehrwert y zugeordnet: $x \mapsto y$
    c) Bei einer Testarbeit erhält jeder Schüler eine Zensur: *Zensur x ↦ Schüler y*

2.1 Zusammenhänge erkennen und beschreiben

2. In einer Sportgruppe wurden Körpergrößen und Körpergewichte gemessen:

Schüler	Anton	Ben	Chris	Denis	Emil	Fred
Körpergröße	1,60 m	1,58 m	1,55 m	1,58 m	1,59 m	1,57 m
Gewicht	45 kg	47 kg	42 kg	45 kg	46 kg	47 kg

Prüfe, ob die Zuordnung eine Funktion ist. Gib ggf. den Definitions- und Wertebereich an.
a) *Körpergröße ↦ Schüler*   b) *Schüler ↦ Körpergröße*   c) *Körpergröße ↦ Gewicht*

Funktionen darstellen

> **Wissen: Darstellungsformen von Funktionen**
> Alle Darstellungsformen von Zuordnungen können auch als Darstellungsformen für Funktionen verwendet werden.
>
> Bei Funktionen werden zumeist folgende **Darstellungsformen** genutzt:
> **Wortvorschrift, Graph, Gleichung, Wertetabelle, Menge geordneter Paare (häufig Zahlen)**

Hinweis: Nicht für jede Funktion ist jede Darstellungsformen sinnvoll oder möglich.

> **Beispiel 2:** Stelle die Funktion f: „*Jeder ganzen Zahl x wird ihr um 1 vermindertes Quadrat y zugeordnet.*" als Gleichung, als Wertetabelle, als Menge geordneter Paare und als Graph dar.

Hinweis: Funktionen und ihre Graphen werden oft kurz mit f, g oder h bezeichnet.

Lösung:

Gleichung: Untersuche den Zusammenhang zwischen den Argumenten x und den Funktionswerten y. Auf der linken Seite der Gleichung stehen stets Funktionswerte y.

f: $y = x^2 - 1$

Wertetabelle: Schreibe in die erste Zeile (erste Spalte) der Tabelle stets Argumente x und in die zweite Zeile (zweite Spalte) die zugehörigen Funktionswerte y.

x	−2	−1	0	1	2
y	3	0	−1	0	3

Menge geordneter Paare: Schreibe an die erste Stelle der geordneten Paare stets ein Argument und an die zweite Stelle den zugeordneten Funktionswert.

Wertepaare zur obigen Wertetabelle:
{(−2|3); (−1|0); (0|−1); (1|0); (2|3)}

Graph: Zeichne ein Koordinatensystem und skaliere die Achsen. Trage die Wertepaare ein (Argumente gehören zur x-Achse, Funktionswerte gehören zur y-Achse).

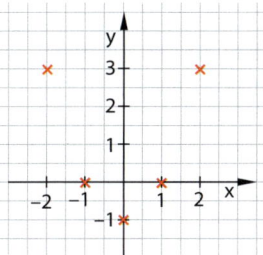

Hinweis:
x-Achse oder Abszissenachse
y-Achse oder Ordinatenachse

Beim Skalieren wird eine Achseneinteilung vorgenommen.

Basisaufgaben

3. Stelle die Funktion f: „*Jeder ganzen Zahl x wird die zu ihr entgegengesetzte Zahl y zugeordnet.*" als Gleichung, als Wertetabelle, als Menge geordneter Paare und als Graph dar.

4. Stelle die Funktion f: „x ↦ y, wobei y die auf Einer gerundete Zahl x ist" als Wertetabelle, als Menge geordneter Paare und als Graph für x = 0 (± 4; ± 0,9; ± 1,3) dar.

Weiterführende Aufgaben

5. Prüfe, ob die Zuordnung x ↦ y eine Funktion ist und gib ggf. den Definitionsbereich und den Wertebereich an.
   a) Zeit x ↦ zurückgelegte Strecke y
   b) Schuhgröße x ↦ Körpergröße y
   c) Jahreszahl x ↦ Anzahl der Regentage y
   d) Körpertemperatur x ↦ Uhrzeit y
   e)
x	−2	−1	0	1	0
y	1	2	1	3	4

   f)
x	−2	−1	0	1	2
y	π	π	π	π	π

6. Stelle die durch eine Wertetabelle gegebene Funktion x ↦ y, als Gleichung, als Menge geordneter Paare und als Graph dar.

x	−2	−1	0	1	2
y	−3	−1	1	3	5

7. a) Stelle die Funktion f als Gleichung, als Wertetabelle, als Menge geordneter Paare und als Graph dar.
   f: „n ↦ p, wobei p der Preis für die monatlichen Handykosten (in €) für n Minuten bei einem Grundpreis von 8 € und einem Preis je Minute 8 ct ist."
   b) Gib den Definitions- und den Wertebereich der Funktion an.

8. **Stolperstelle:** Finde die Fehler und korrigiere.
   a) Die Zuordnung Person ↦ Geburtstag ist keine Funktion, da es mehrere Personen geben kann, die am gleichen Tag Geburtstag haben.
   b) Die nebenstehende Zuordnung x ↦ y ist eine Funktion, da man sie als Graph darstellen kann.
   c) In der Zuordnung y ↦ x mit y ∈ ℝ und x ∈ ℤ ist die Menge ℝ der Wertebereich und die Menge ℤ der Definitionsbereich.

Hinweis zu 9:
Die in der Abbildung (1) eingekreisten Punkte gehören nicht zum Graphen.

9. a) Gib von der grafisch dargestellten Zuordnung x ↦ y vier geordnete Paare in einer Wertetabelle an.
   b) Prüfe, ob die Zuordnung x ↦ y eine Funktion ist und gib ggf. den Definitions- und Wertebereich an.

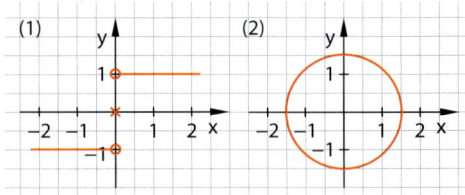

10. Gegeben ist die Gleichung y = x · (x + 1) mit den Argumenten {−3; −2; −1; 0; 1; 2}.
    a) Berechne die Funktionswerte und stelle die geordneten Paare in einer Wertetabelle dar.
    b) Begründe, dass die Zuordnung x ↦ y eine Funktion ist und zeichne ihren Graphen.

Hinweis zu 11:
Die Lösungen findest du auf der Speicherkarte:

11. Zur Funktion mit der Funktionsgleichung $y = x^3$ gehören folgende geordneten Paare:
    (1|a); (b|−8); (0,2|c); (d|0,027); (−4|e); (f|−0,064)
    Ermittle die fehlenden Argumente bzw. Funktionswerte a, b, c, d, e und f.

12. **Ausblick:** Gegeben ist die Zuordnung x ↦ y mit $y = \begin{cases} \sqrt{x} & \text{für } x \geq 0 \\ \sqrt{-x} & \text{für } x < 0 \end{cases}$
    Erstelle für die Argumente x = 0; ±1; ±4; ±9; ±16 eine Wertetabelle und entscheide, ob diese Zuordnung eine Funktion ist.

2.2 Lineare Funktionen erkennen und darstellen

■ Ein 50 cm tiefes Becken, das nur noch einen Wasserstand von 10 cm hat, wird gleichmäßig wieder auf einen Wasserstand von 46 cm gefüllt. Die Angaben gehören zur Zuordnung:
Zeit x (in min) ↦ Wasserstand y (in cm).

Gib an, nach wie viel Minuten der Wasserstand im Becken 28 cm (37 cm, 46 cm) beträgt. Beschreibe den Zusammenhang mit einer Gleichung. ■

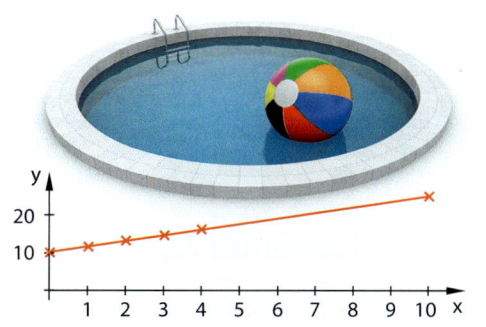

x (in min)	y (in cm)
0	10
1	11,5
2	13
3	14,5
4	16
10	25

Wissen: Lineare Funktion
Eine Funktion, die sich mit einer Gleichung $y = f(x) = m \cdot x + n$ beschreiben lässt, nennt man **lineare Funktion**.
Die Punkte des **Graphen** einer linearen Funktion liegen auf einer **Geraden**.
Die reelle Zahl **m** heißt **Anstieg** der Funktion.
Die reelle Zahl **n** nennt man **absolutes Glied**.

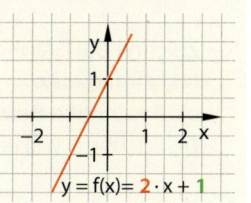

Hinweis:
Wenn bei einer linearen Funktion kein Definitionsbereich vorgegeben ist, soll gelten: $x \in \mathbb{R}$

Die Schreibweise $y = f(x)$ (gesprochen: y gleich f von x) weist auf die funktionale Abhängigkeit des y-Wertes vom x-Wert hin. $f(x)$ ist eine andere Schreibweise für einen Funktionswert y.

Beispiel 1: Untersuche, ob eine lineare Funktion f vorliegt und zeichne den zugehörigen Graphen mithilfe einer Wertetabelle.
a) $y = f(x) = 0,5 \cdot x + 1$ b) $y = f(x) = 2$ c) $y = f(x) = 2x^2 + 3$

Lösung:
a) Untersuche, ob eine Funktion $y = f(x) = m \cdot x + n$ (m ≠ 0) vorliegt.

$y = f(x) = 0,5 \cdot x + 1$ (m = 0,5; n = 1)
f ist eine lineare Funktion.

Erstelle eine Wertetabelle der Funktion mit drei Wertepaaren. Übertrage die Wertepaare in ein Koordinatensystem und verbinde die Punkte durch eine Gerade.

x	y
0	1
2	2
4	3

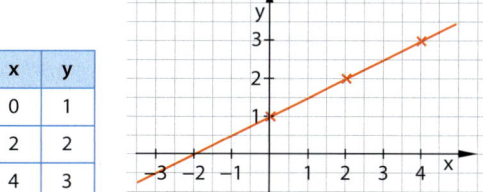

Hinweis:
Für m = 0 entsteht die Gleichung y = n. Solche Funktionen nennt man *konstante Funktionen*. Sie sind Spezialfälle der linearen Funktionen.

Hinweis:
Um den Graphen einer linearen Funktion zu zeichnen, genügen zwei Punkte. Jeder weitere Punkt dient der Kontrolle.

b) Gehe wie bei a) vor.

$y = f(x) = 0 \cdot x + 2 \rightarrow m = 0; n = 2$
f ist eine lineare Funktion.

c) Gehe wie bei a) vor.

$y = f(x) = 2 \cdot x^2 + 3$
Da x hier nicht in der ersten Potenz auftritt, liegt keine lineare Funktion vor.

Basisaufgaben

1. Untersuche, ob eine lineare Funktion vorliegt. Zeichne den Graphen der linearen Funktion mithilfe einer Wertetabelle.
   a) $y = 2x + 2$ b) $y = -0,5x + 1$ c) $y = -2x$ d) $y = x^3 + 2$ e) $y = -2$

2. Liegt eine lineare Funktion vor? Wenn ja, so gib den Anstieg m und das absolute Glied n an.
a) $y = 2{,}3x - 1{,}2$ b) $y = -\frac{x}{4} - 0{,}25$ c) $y = -\frac{x}{3}$ d) $y = 2x^3 + 1$
e) $y = 1{,}5$ f) $y = 5x$ g) $y = 2x - 3$ h) $y = -x^2 - 5$

3. Zeichne den Graphen der linearen Funktion für die gegebenen m und n.
a) $m = 0{,}5;\ n = 2$ b) $m = -0{,}5;\ n = 2$ c) $m = 3;\ n = -2$ d) $m = -3;\ n = -2$

Weiterführende Aufgaben

4. Untersuche, ob eine lineare Funktion f vorliegt. Beschreibe dein Vorgehen.
a) $y = 0{,}1x + 2$ b) $y = -2 + x$ c) $y = \frac{x}{5}$ d) $y = \frac{2}{x} + 2$ e) $y = 2^2 x + 1$

Hinweis zu 5 und 6:
Du kannst auch eine dynamische Geometriesoftware oder einen grafikfähigen Taschenrechner nutzen.

5. Zeichne die Graphen folgender Funktionen in ein und dasselbe Koordinatensystem:
(1) $y = f(x) = 2x$ (2) $y = g(x) = 2x + 2$ (3) $y = h(x) = 2x - 2$ (4) $y = i(x) = 2x + 4$
a) Beschreibe Besonderheiten, die dir auffallen. Was vermutest du als Ursache?
b) Erläutere, warum n in $y = mx + n$ auch als „y-Achsenabschnitt" bezeichnet wird.

6. Zeichne die Graphen folgender Funktionen in ein und dasselbe Koordinatensystem:
(1) $y = f(x) = \frac{1}{2}x + 1$ (2) $y = g(x) = \frac{3}{4}x + 1$ (3) $y = h(x) = 3x + 1$ (4) $y = i(x) = x + 1$
a) Beschreibe Besonderheiten, die dir auffallen. Was vermutest du als Ursache?
b) Erläutere, warum m in $y = mx + n$ als „Anstieg der Funktion" bezeichnet wird.

7. **Stolperstelle:** Björn zeichnet den Graphen der Funktion $y = f(x) = 3x + 2$ $(x \in \mathbb{R})$ und den Graphen der Funktion $y = g(x) = -x - 2$ $(x \in \mathbb{Z})$ in ein und dasselbe Koordinatensystem. Er vergleicht beide Graphen und meint, dass g keine lineare Funktion ist, weil ihr Graph keine Gerade ist. Sven ist dagegen der Meinung, dass g eine lineare Funktion ist, weil alle Punkte des Graphen von g auf einer Geraden liegen. Beurteile beide Aussagen.

8. Zeichne den Graphen der Funktion f.
a) $y = f(x) = x + 1$ $(x \in \mathbb{N})$
b) $y = f(x) = -x - 1$ $(x \in \mathbb{Z})$
c) $y = f(x) = 1{,}5x + 0{,}5$ $(x \in \mathbb{R};\ -1 \leq x \leq 2)$
d) $y = f(x) = -1{,}5x - 0{,}5$ $(x \in \mathbb{R};\ -1 \leq x \leq 2)$

9. Untersuche mithilfe der Funktionsgraphen, ob die Graphen der beiden Funktionen einen gemeinsamen Schnittpunkt besitzen. Gib seine Koordinaten gegebenenfalls an.
a) $y = f(x) = x + 1$ und $y = g(x) = x + 3$ b) $y = f(x) = 2x + 1$ und $y = g(x) = 3x + 2$

10. Gib eine Funktionsgleichung mit Definitionsbereich für folgende Zuordnung an. Liegt eine lineare Funktion vor, so stelle diese grafisch dar.
a) Jeder natürlichen Zahl wird ihr Dreifaches zugeordnet.
b) Jeder ganzen Zahl wird ihr Betrag vermindert um 1 zugeordnet.
c) Jeder reellen Zahl wird die Hälfte ihres Quadrates vermehrt um 2 zugeordnet.
d) Jeder gebrochenen Zahl wird ihre Hälfte vermehrt um 2 zugeordnet.

11. **Ausblick:** Beschreibe die gegenseitige Lage der Graphen der beiden gegebenen Funktionen, ohne sie zu zeichnen. Nutze dazu folgende Formulierungen:
– „verläuft steiler als"   – „verläuft flacher als"
– „verläuft parallel zu … durch den Punkt (0|…)"
a) $y = f(x) = 2x + 1$ und $y = g(x) = 2x + 2$ b) $y = f(x) = 3x + 1$ und $y = g(x) = 0{,}5x + 1$
Gib von jedem Graphen die Schnittpunkte mit den Achsen an.

2.3 Eigenschaften linearer Funktionen untersuchen

■ In einem Koordinatensystem, in dem bereits der Graph für y = 2x eingezeichnet ist, soll auch der Graph für y = 2x + 3 eingezeichnet werden. Dennis will eine Wertetabelle anlegen und die Wertepaare dann in das Koordinatensystem übertragen. Patrick meint, dass es einfacher geht, denn den ersten Graphen braucht man ja nur verschieben.

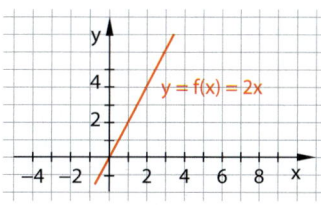

Erkläre, warum der Vorschlag von Patrick funktioniert. Erläutere, wie dabei vorzugehen ist. ■

In der Funktionsgleichung y = f(x) = mx + n kommen neben den Variablen x (Argumente) und y (Funktionswerte) die Variable m (Anstieg) und die Variable n (absolutes Glied) vor. Die Lage des Graphen im Koordinatensystem und weitere Eigenschaften einer linearen Funktion hängen somit nur von den Zahlen ab, die für m und n eingesetzt werden.

Hinweis: Solche speziellen Variablen wie m und n werden auch Parameter genannt.

Einfluss von n (absolutes Glied) und m (Anstieg) untersuchen

Funktionsgraphen mit n = –1 sind im Vergleich zu Funktionsgraphen mit n = 0 um –1 entlang der y-Achse verschoben und schneiden die y-Achse im Punkt $S_y(0|-1)$.

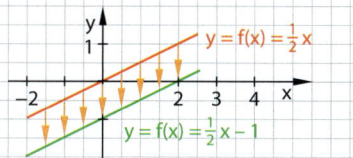 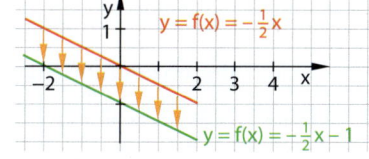

Funktionsgraphen mit dem Anstieg $m = \frac{1}{2}$ verlaufen von links nach rechts ansteigend.

Funktionsgraphen mit dem Anstieg $m = -\frac{1}{2}$ verlaufen von links nach rechts fallend.

> **Wissen: Absolutes Glied n, Anstieg m und Monotonie einer linearen Funktion**
> Das **absolute Glied n** einer Funktion gibt die y-Koordinate des Schnittpunktes des Graphen mit der y-Achse an: $S_y(0|n)$
>
> Für **m > 0** ist die lineare Funktion **monoton steigend**. Werden die x-Werte größer, werden die y-Werte größer.
> Für **m < 0** ist die lineare Funktion **monoton fallend**. Werden die x-Werte größer, werden die y-Werte kleiner.

Hinweis: Je größer der Betrag von m ist, desto steiler verläuft die Gerade.

> **Beispiel 1:** Gib, ohne zu zeichnen, sowohl das Monotonieverhalten als auch die Schnittpunktkoordinaten des Graphen der Funktion f mit der y-Achse an.
> a) y = f(x) = –0,75x + 4   b) y = f(x) = 3x – 1,3
>
> **Lösung:**
> a) Lies an der Gleichung m und n ab. Schlussfolgere   m = –0,75; –0,75 < 0
>   aus m < 0 bzw. m > 0 auf das Monotonieverhalten.   → f ist monoton fallend.
>   Ermittle n aus der Gleichung und gib die Koordinaten   n = 4 → $S_y(0|4)$
>   des Schnittpunktes S_y des Graphen mit der y-Achse an.
>
> b) Gehe wie bei a) vor.   m = 3; 3 > 0
>   → f ist monoton steigend.
>   n = –1,3 → $S_y(0|-1,3)$

Basisaufgaben

1. Gib, ohne zu zeichnen, sowohl das Monotonieverhalten als auch die Schnittpunktkoordinaten des Graphen der Funktion f mit der y-Achse an.
   a) $y = 2{,}15x - 0{,}8$ b) $y = -0{,}1x + 0{,}5$ c) $y = x$ d) $y = -\pi x - 2\pi$

2. Gib zwei verschiedene lineare Funktionen an, die folgende Eigenschaften haben.
   a) Die Funktion ist monoton fallend, ihr Graph schneidet die y-Achse im Punkt $S_y(0|-3{,}9)$.
   b) Die Funktion ist monoton steigend, ihr Graph schneidet die y-Achse im Punkt $S_y(0|0)$.
   c) Die Funktion ist monoton fallend, ihr Graph verläuft durch den I., II. und IV. Quadranten.

Anstieg m mithilfe eines Differenzenquotienten berechnen

Ein wesentliches Merkmal linearer Funktionen ist ihr gleichmäßiger Anstieg.
Das heißt, die Verhältnisse aus „vertikalem Zuwachs"
$\Delta y = y_2 - y_1 = f(x_2) - f(x_1)$ und „horizontalem Zuwachs"
$\Delta x = x_2 - x_1$ sind für jedes beliebige Intervall
immer gleich groß.
Für die dargestellte Funktion $y = f(x) = \frac{1}{2}x + 1$ gilt:

$\frac{\Delta y}{\Delta x} = \frac{2-1}{2-0} = \frac{1}{2}$; $\frac{\Delta y}{\Delta x} = \frac{0{,}5-(-1)}{-1-(-4)} = \frac{1{,}5}{3} = \frac{1}{2}$

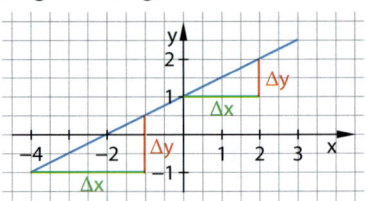

Hinweis:
Das rechtwinklige Dreieck mit den Seiten Δx und Δy nennt man auch *Anstiegsdreieck*.

Wissen: Differenzenquotient und Anstieg

$\frac{\Delta y}{\Delta x} = \frac{f(x_2) - f(x_1)}{x_2 - x_1}$ heißt **Differenzenquotient** einer
Funktion f im Intervall $x_1 \leq x \leq x_2$ $(x_1; x_2; x \in D)$.
Für lineare Funktionen $y = f(x) = mx + n$ gilt:
Der Differenzenquotient $\frac{\Delta y}{\Delta x}$ für beliebige Intervalle
ist stets gleich groß und gleich dem Anstieg m. $m = \frac{\Delta y}{\Delta x}$

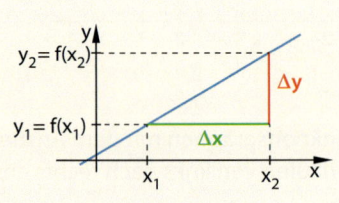

Ein Intervall enthält alle Zahlen, die zwischen zwei gegebenen Zahlen a und b mit $a < b$ liegen. Es wird oft durch eine „Doppelungleichung" $a < x < b$ (offenes Intervall) oder $a \leq x \leq b$ (abgeschlossenes Intervall) gekennzeichnet.

$-4 < x < 0$ $-4 \leq x \leq 0$

Beispiel 2:
Berechne den Anstieg m der linearen Funktion f, deren Graph durch die Punkte $A(1|5)$ und $B(3|2)$ verläuft.

Lösung:
Bilde sowohl die Differenz $\Delta x = x_2 - x_1$ als auch die $\Delta x = 3 - 1$
Differenz der zugehörigen y-Werte $\Delta y = f(x_2) - f(x_1)$. $\Delta y = 2 - 5$
Berechne den Differenzenquotienten $\frac{\Delta y}{\Delta x}$, gib m an. $m = \frac{\Delta y}{\Delta x} = \frac{2-5}{3-1} = \frac{-3}{2} = -\frac{3}{2}$

Basisaufgaben

3. Berechne den Anstieg m der linearen Funktion f, deren Graph durch die gegebenen Punkte verläuft.
   a) $A(2|6)$ und $B(4|10)$ b) $C(1|4)$ und $D(3|-2)$ c) $E(1|5)$ und $F(-1|2)$

2.3 Eigenschaften linearer Funktionen untersuchen

4. Von einer linearen Funktion f sind zwei Wertepaare bekannt. Gib das Intervall der x-Werte an und berechne den Differenzenquotienten.
   a) f(−3) = 4; f(2) = 6
   b) f(0) = 3; f(2,5) = 0,5
   c) f(1,5) = 7; f(−1,5) = 8

Weiterführende Aufgaben

5. a) Zeichne den Graphen der linearen Funktion f durch die Punkte P und Q.
   (1) P(0|−4); Q(3|3,5)
   (2) P(0|1,5); Q(−2|3)
   b) Ermittle sowohl den Anstieg m als auch das absolute Glied n und gib das Monotonieverhalten der Funktion f an. Erkläre dein Vorgehen.

   Lösungen zu 5b:
   Die Werte für m und n findest du in der Batterie:

   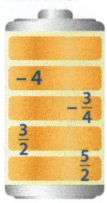

   −4
   −$\frac{3}{4}$
   $\frac{3}{2}$
   $\frac{5}{2}$

6. a) Zeichne die Graphen der Funktionen f_1, f_2 und f_3 mit $y = f_1(x) = x$; $y = f_2(x) = 2x$ und $y = f_3(x) = 0,5x$ in ein und dasselbe Koordinatensystem.
   b) Vergleiche die Anstiege der Graphen von f_1, f_2 und f_3 miteinander.
   c) Verallgemeinere: Welche Lage haben die Graphen linearer Funktionen $y = mx$ für den Fall $m > 1$ und für den Fall $0 < m < 1$ im Vergleich zum Graphen von f_1.

7. a) Zeichne den Graphen der Funktion f mit $y = f(x) = -\frac{2}{3}x$.
   b) Spiegele den Graphen der Funktion f an der y-Achse.
   c) Begründe, dass dieses Spiegelbild Graph der Funktion g mit $y = g(x) = \frac{2}{3}x$ ist.
   d) Verschiebe den Graphen der Funktion f um 1 (um −1; +3) in y-Richtung und gib eine zugehörige Funktionsgleichung an.

8. Untersuche rechnerisch das Monotonieverhalten einer linearen Funktion g, für die gilt: g(2) = 1,5 und g(−1) = 6

9. Berechne den Differenzenquotienten der konstanten Funktion $y = f(x) = −3$ und schlussfolgere daraus auf beliebige konstante Funktionen.

10. **Stolperstelle:** Durch die abgebildete Wertetabelle ist eine Funktion f gegeben:

x	−3	−1	1	2
y	−4	−2	2	3

    Sabrina hat Differenzenquotienten berechnet und schlussfolgert, dass f eine lineare Funktion ist.
    Theo überlegt und meint, dass diese Schlussfolgerung voreilig ist. Überprüfe beide Aussagen.

    $\frac{\Delta y}{\Delta x} = \frac{-2-(-4)}{-1-(-3)} = \frac{2}{2} = 1$

    $\frac{\Delta y}{\Delta x} = \frac{3-2}{2-1} = \frac{1}{1} = 1$

11. Weise nach, dass bei einer linearen Funktion f mit der Gleichung $y = f(x) = mx + n$ für beliebige Intervalle $a \leq x \leq b$ der Differenzenquotient stets gleich m ist.

12. Gegeben ist die Funktion f mit $y = mx + 2$.
    Ermittle den Anstieg m so, dass das Zahlenpaar (−6|4) zur Funktion f gehört.

13. Von einer linearen Funktion f ist bekannt, dass ihr Graph parallel zum Graphen von g mit der Gleichung $y = g(x) = 0,89x + 4$ ist, und der Graph von f durch P(0|−2,3) geht.
    Gib eine Funktionsgleichung für die Funktion f an und begründe das Ergebnis.

14. **Ausblick:** Der Graph einer linearen Funktion f geht durch die Punkte M(0|−2) und N(6|0).
    Ermittle eine Funktionsgleichung dieser Funktion f.

2.4 Nullstellen linearer Funktionen ermitteln

■ Ein Bauer verfüttert täglich 1,5 kg Kraftfutter an seine Hühner.

Gib an, für wie viele Tage das Futter reicht, wenn der Bauer einen Kraftfuttervorrat von 90 kg hat. ■

Bei vielen linearen Vorgängen, wie dem Auspumpen eines Bassins mit einer Pumpe konstanter Leistung oder das Abbrennen einer Kerze, kann es wichtig sein, das Ende des Vorgangs zu kennen. In solchen Fällen kann man den Vorgang mit Funktionsgleichungen beschreiben und die Stelle ermitteln, an der die Funktion den Funktionswert Null hat, der Graph also die x-Achse schneidet.

Hinweis:
Lineare Funktionen haben für m ≠ 0 in Abhängigkeit vom Definitionsbereich höchstens eine Nullstelle.

> **Wissen: Nullstelle einer Funktion**
> Eine **Zahl** aus dem Definitionsbereich einer Funktion f heißt **Nullstelle** der Funktion f, wenn der zugehörige **Funktionswert 0** ist.
> Man sagt auch: x_0 ist Nullstelle von f genau dann, wenn **$f(x_0) = 0$** ist.
> An einer Nullstelle x_0, schneidet oder berührt der Graph die x-Achse im Punkt $P(x_0|0)$.

Beispiel 1: Ermittle die Nullstelle der linearen Funktion f mit $y = f(x) = -\frac{4}{5}x + 3$ ($x \in \mathbb{R}$)
a) Löse die Aufgabe grafisch. b) Löse die Aufgabe rechnerisch.

Lösung:

a) Zeichne den Graphen der Funktion f.

Ermittle aus der grafischen Darstellung die Stelle der x-Achse, an der der Funktionsgraph diese schneidet.

Hinweis:
Beim grafischen Lösen erhält man in der Regel Näherungswerte.

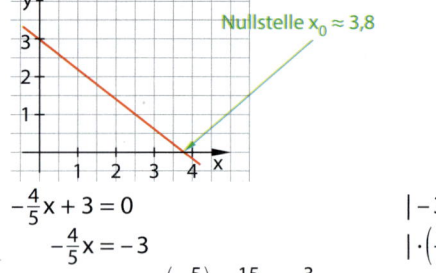

Nullstelle $x_0 \approx 3{,}8$

b) Setze f(x) = 0 und löse die Gleichung.

Die Lösung der Gleichung ist die Nullstelle der Funktion f, wenn x zum Definitionsbereich der Funktion gehört.

$-\frac{4}{5}x + 3 = 0$ $\qquad | -3$
$-\frac{4}{5}x = -3$ $\qquad | \cdot \left(-\frac{5}{4}\right)$
$x = -3 \cdot \left(-\frac{5}{4}\right) = \frac{15}{4} = 3\frac{3}{4} = 3{,}75$

$x_0 = 3{,}75$, da f(3,75) = 0 und 3,75 zum Definitionsbereich von f gehört.

Basisaufgaben

1. Ermittle die Nullstelle der linearen Funktion f sowohl grafisch als auch rechnerisch.
   a) y = f(x) = 0,5x + 2   b) y = f(x) = 4x – 5   c) y = f(x) = –2x + 5   d) y = f(x) = –4x – 1

2. Ermittle die Nullstelle der linearen Funktion f rechnerisch.
   a) y = f(x) = 6x – 5   b) $y = f(x) = -x + \frac{1}{5}$ c) y = f(x) = 0,75x + 6   d) y = f(x) = 2(5x + 2)

3. Ermittle grafisch die Nullstelle der Funktion f.
   a) y = f(x) = –5x – 2,5   b) y = f(x) = –2x + 2   c) y = f(x) = 2x + 2   d) y = f(x) = 2x – 1

2.4 Nullstellen linearer Funktionen ermitteln

Weiterführende Aufgaben

4. Ermittle die Nullstelle der Funktion f mit y = f(x) = 3x − 0,75. Beschreibe dein Vorgehen.
   a) Löse die Aufgabe grafisch.
   b) Löse die Aufgabe rechnerisch.

5. Lies die Nullstellen der Funktionen f, g, h und i aus den grafischen Darstellungen ab.

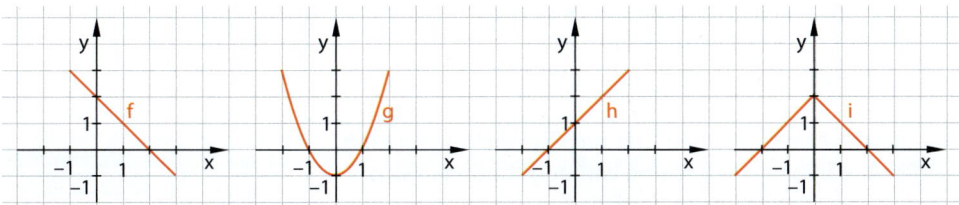

6. Die Wertetabelle gehört zu einer Funktion. Gib alle Zahlen an, die man aus der Wertetabelle als Nullstelle ablesen kann.

   a)
x	−2	−1,5	−1	−0,5	0	0,5
y	−3	−2	−1	0	1	2

   b)
x	−3	−1	0	2	4	0,5
y	3	1	0	−2	−4	−0,5

   c)
x	−2	−1	0	1	2	3
y	1	0	−1	0	1	2

   d)
x	1	0	−1	−2	−3	−4
y	3	2	1	0	−1	−2

7. Ermittle die Nullstelle, indem du den Graphen der Funktion f zeichnest. Überprüfe die abgelesene Nullstelle rechnerisch.
   a) $f(x) = -\frac{3}{2}x + 3$
   b) $f(x) = \frac{3}{4}x - 3$
   c) $f(x) = 1{,}6x + 4$
   d) $f(x) = \frac{3}{5}x + 1{,}5$
   e) $f(x) = 4$
   f) $f(x) = 3x + 1$

8. Berechne die Nullstelle. Überprüfe deine Lösung durch eine Probe.
   a) $f(x) = 5x - 15$
   b) $f(x) = 0{,}6x + 3$
   c) $f(x) = -0{,}15x + 2{,}7$
   d) $g(x) = \frac{3}{5}x - 2{,}4$
   e) $g(z) = -7\frac{1}{3}z + 10$
   f) $x(t) = -5t$

Lösungen zu 8:
Die Lösungen findest du auf der Speicherkarte:

9. Ermittle die Nullstelle der linearen Funktion f.
   a) $y = f(x) = 2x + 4$ $(x \in \mathbb{N})$
   b) $y = f(x) = 2x - 6$ $(x \in \mathbb{N})$
   c) $y = f(x) = -2x - 4$ $(x \in \mathbb{Z})$
   d) $y = f(x) = x + 0{,}5$ $(x \in \mathbb{Q}_+)$
   e) $y = f(x) = 0{,}2x - 4$ $(x \in \mathbb{R})$
   f) $y = f(x) = -\pi x$ $(x \in \mathbb{R}$ und $x > 3)$

10. Gib zwei verschiedene lineare Funktionen an, die die angegebene Nullstelle haben.
    a) $x_0 = 1$
    b) $x_0 = -3$
    c) $x_0 = -0{,}5$
    d) $x_0 = 5\frac{2}{3}$

11. Gib eine Funktionsgleichung einer linearen Funktion f mit $f(x) = mx + n$ an, sodass für f gilt:
    a) f hat eine Nullstelle bei $x = 3$ und einen Anstieg $m = 1{,}5$.
    b) f hat die Nullstelle −2,5 und für das absolute Glied von f gilt $n = 5$.
    c) f hat die Nullstelle −4 und der Funktionsgraph schneidet die y-Achse im Punkt P(0|2).

12. Wie muss der Anstieg m, wenn es möglich ist, gewählt werden, damit die Funktion f mit $y = f(x) = mx + 2$ die angegebene Nullstelle hat?
    a) $x_0 = 2$
    b) $x_0 = -2$
    c) $x_0 = 0$
    d) $x_0 = \frac{1}{4}$

13. Stolperstelle Wahr oder falsch? Begründe.
a) Die Nullstelle einer Funktion ist der Schnittpunkt des Graphen mit der x-Achse.
b) Die Nullstelle einer linearen Funktion ist die Zahl 0.
c) Jede Funktion hat mindestens eine Nullstelle.
d) Die Nullstellen einer Funktion f sind die Lösungen der Gleichung $f(x) = 0$.

14. Überprüfe, ob die in Klammern stehende Zahl Nullstelle der Funktion f ist. Sollte das nicht der Fall sein, gib die Nullstelle von f an.
a) $y = f(x) = 0{,}5x + 0{,}5;\ (1)$
b) $y = f(x) = \frac{x}{5} - 2;\ (10)$
c) $y = f(x) = -\frac{4}{5}x + 1;\ (-1{,}25)$

15. Manche Akkus entladen sich auch bei Nichtbenutzung. Bei Annahme eines linearen Vorgangs beziehen sich die Prozentzahlen immer auf die Anfangsladung.
a) Beschreibe die Selbstentladung für jeden Akku-Typ durch eine lineare Funktion.
b) Berechne, wie lange die verschiedenen Akku-Typen nach voller Aufladung lagern können, bis sie vollständig entladen sind.

Akku	Selbstentladung / Monat
Typ A	2 %
Typ B	5 %
Typ C	15 %

16. Ein Fallschirmspringer sinkt nach dem Öffnen des Fallschirms jede Sekunde um 5 m. Er befindet sich 12 s nach Öffnung des Fallschirms in einer Höhe von 400 m über dem Landeplatz.
a) Berechne, wie hoch er über dem Landeplatz beim Öffnen des Fallschirms war.
b) Ermittle eine Funktionsgleichung, die den Zusammenhang zwischen der Fallzeit und der Höhe über dem Landeplatz nach Öffnung des Fallschirms beschreibt.
c) Stelle die Funktion aus b) grafisch dar.
d) Bestimme grafisch und rechnerisch die Zeit, die der Fallschirmspringer vom Öffnen des Fallschirms bis zur Landung braucht.

17. Bestimme den Anstieg m oder das Absolutglied n so, dass f die vorgegebene Nullstelle hat.
a) $f(x) = mx + 3;$ Nullstelle $x_0 = 1{,}5$
b) $f(x) = 2x + n;$ Nullstelle $x_0 = -2{,}5$
c) $f(x) = mx + 40;$ Nullstelle $x_0 = 8$
d) $f(x) = -\frac{6}{5}x + n;$ Nullstelle $x_0 = 4$

18. Eine Kerze ist 30 cm hoch. Beim Brennen wird sie jede Stunde um 0,4 cm kürzer.
a) Stelle eine Funktionsgleichung zu der linearen Funktion f auf, die die Zuordnung *Zeit (in h) → Kerzenlänge (in cm)* beschreibt.
b) Berechne die Brenndauer der Kerze mithilfe der Funktion f.
c) Berechne, nach welcher Zeit die Kerze 22 cm lang ist.

19. Gegeben ist eine Funktion f durch die Gleichung $f(x) = a \cdot (x - b)$ für $a = 8$ und $b = 2$.
a) Begründe, warum es sich bei der Funktion f um eine lineare Funktion handelt.
b) Ermittle die Nullstelle von f möglichst geschickt.
c) Erkläre die Bedeutung der Variablen a und b in der Funktionsgleichung $f(x) = a \cdot (x - b)$.

20. Ausblick: Ermittle die Nullstellen der Funktion f grafisch und überprüfe die grafische Lösung rechnerisch.
a) $y = f(x) = |x| - 1$
b) $y = f(x) = x^2 - \frac{1}{4}$

2.5 Gleichungen linearer Funktionen ermitteln

■ Heiner betrachtet die Geraden im Koordinatensystem und meint, dass es dazu dann Gleichungen der Form y = mx + n geben muss, wenn die Geraden als Graphen linearer Funktionen aufgefasst werden. Hanna stimmt Heiner zu und meint, dass man die Anstiege ja schon aus den Koordinaten zweier Punkten berechnen kann.

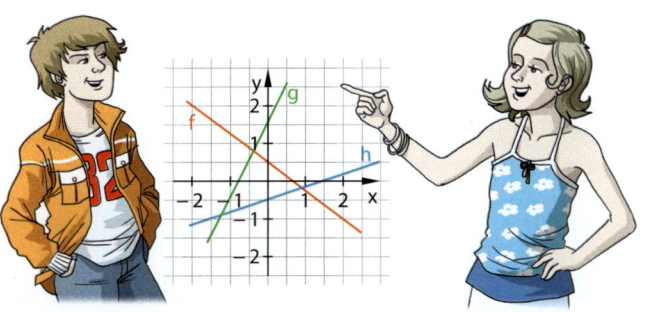

Unterbreite einen Vorschlag, wie die beiden jeweils das absolute Glied n ermitteln könnten. ■

> **Wissen: Eindeutige Bestimmtheit linearer Funktionen**
> Eine lineare Funktion ist durch zwei Wertepaare oder durch zwei Punkte des Graphen eindeutig festgelegt.
> Aus diesen Angaben kann eine Funktionsgleichung y = f(x) = mx + n ermittelt werden.
> Der **Anstieg** m und das **absolute Glied** n lassen sich aus **zwei Wertepaaren** oder aus den **Koordinaten zweier Punkte** berechnen.

Gleichungen linearer Funktionen aus zwei Wertepaaren ermitteln

> **Beispiel 1:** Von einer linearen Funktion f sind die Wertepaare (−2|2,5) und (1|−3,5) bekannt. Ermittle eine Funktionsgleichung der Funktion f.

Lösung:

Berechne den Differenzenquotienten und gib den Anstieg m an.	$m = \dfrac{\Delta y}{\Delta x} = \dfrac{-3,5 - 2,5}{1 - (-2)} = -\dfrac{6}{3} = -2$
Setze ein Wertepaar und m in die Gleichung y = mx + n ein und stelle diese nach n um.	y = mx + n −3,5 = −2 · 1 + n −3,5 = −2 + n | +2 n = −1,5
Gib die Funktionsgleichung an.	y = f(x) = −2x − 1,5
Kontrolliere das Ergebnis mit dem anderen gegebenen Wertepaar.	*Kontrolle:* f(−2) = −2 · (−2) − 1,5 f(−2) = 4 − 1,5 = 2,5

Basisaufgaben

1. Ermittle eine Gleichung der linearen Funktion f, von der zwei Wertepaare bekannt sind.
   a) (−1|0,5) und (3|6,5)   b) (2|−1) und (−4|−4)   c) (−3|−2) und (6|−5)

2. Von einer linearen Funktion f ist eine Wertetabelle gegeben. Ermittle eine Funktionsgleichung der Funktion f.

   a)
x	−1	1	2
y	−2,5	−1,5	−1

   b)
x	−1	0,5	2
y	2	0	−2

3. Von einer linearen Funktion f sind die Nullstelle und ein Wertepaar bekannt. Ermittle eine Funktionsgleichung von f.
   a) $x_0 = -2$ und (3|2)   b) $x_0 = 2,5$ und (−2,5|2)   c) $x_0 = 0$ und (−3|2)

Gleichungen linearer Funktionen aus Funktionsgraphen ermitteln

Beispiel 2: Ermittle zum gegebenen Graphen eine Funktionsgleichung.

a)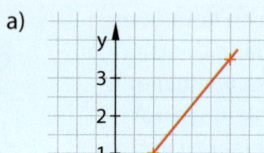

b)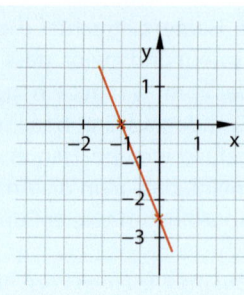

Hinweis:
Beim Ablesen können Ungenauigkeiten vorkommen. Ergebnisse sind Näherungswerte.

Lösung:

a) Wähle zwei Punkte mit gut ablesbaren Koordinaten aus, mit denen sich „bequem" rechnen lässt.
Prüfe insbesondere, ob sich die Schnittpunkte mit den Koordinatenachsen eignen.
Gib die Koordinaten der Punkte an. Rechne dann wie im Beispiel 1.

$A(1|1)$ und $B(3|3{,}5)$

$m = \dfrac{\Delta y}{\Delta x} = \dfrac{3{,}5 - 1}{3 - 1}$

$m = \dfrac{2{,}5}{2} = 1{,}25$

$1 = 1{,}25 \cdot 1 + n \quad | -1{,}25$

$n = -0{,}25$

$y = f(x) = 1{,}25\,x - 0{,}25$

Kontrolle:
$f(3) = 1{,}25 \cdot 3 - 0{,}25 = 3{,}5$
$S_x(-1|0)$ und $S_y(0|-2{,}5)$

Tipp:
Am Schnittpunkt des Graphen mit der y-Achse kann der Wert für n unmittelbar abgelesen werden.

b) Gehe wie bei a) vor.

$m = \dfrac{\Delta y}{\Delta x} = \dfrac{-2{,}5 - 0}{0 - (-1)}$

$m = \dfrac{-2{,}5}{1} = -2{,}5$

$S_y(0|-2{,}5) \rightarrow n = -2{,}5$

$y = f(x) = -2{,}5\,x - 2{,}5$

Kontrolle:
$f(-1) = -2{,}5 \cdot (-1) - 2{,}5 = 0$

Basisaufgaben

4. Ermittle zum gegebenen Graphen eine Funktionsgleichung.

a)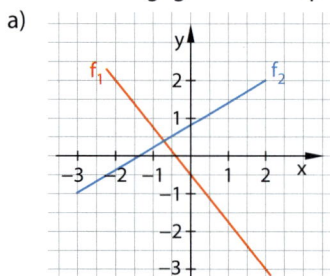

b)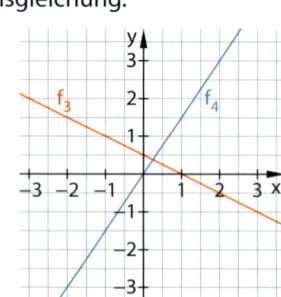

5. Von einer linearen Funktion sind die Schnittpunkte des Graphen mit den Koordinatenachsen gegeben. Ermittle eine zugehörige Funktionsgleichung.
a) $S_x(-5|0)$ und $S_y(0|2)$
b) $S_x(3{,}5|0)$ und $S_y(0|-2)$
c) $S_x(-4|0)$ und $S_y(0|\pi)$

2.5 Gleichungen linearer Funktionen ermitteln

Weiterführende Aufgaben

6. Gegeben ist eine lineare Funktion f. Ermittle eine Funktionsgleichung von f und erkläre dein Vorgehen.

   a)

   b)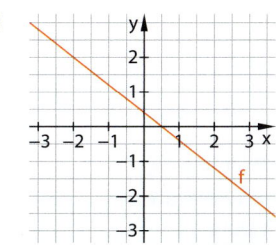

   c) f hat die Nullstelle 3,5 und es gilt: $f(0) - f(-2) = 2$

7. Der Graph einer linearen Funktion f geht durch den Punkt P und ist parallel zum Graphen der Funktion g. Gib eine Funktionsgleichung für die Funktion f an.
   a) $g(x) = 2x$; $P(0|-8)$
   b) $g(x) = -3x + 8$; $P(-2|3)$
   c) $g(x) = 0{,}5x - 2\pi$; $P(3|0)$

8. **Stolperstelle:** David sollte Funktionsgleichungen linearer Funktionen finden. Überprüfe alles und korrigiere, falls David Fehler gemacht hat.

   a)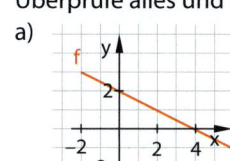
   $f(x) = -0{,}5 + 2x$

   b)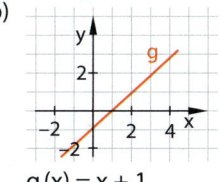
   $g(x) = x + 1$

   c)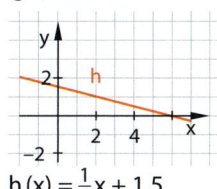
   $h(x) = \frac{1}{4}x + 1{,}5$

   d)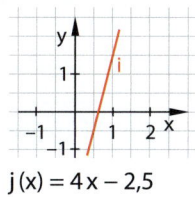
   $j(x) = 4x - 2{,}5$

9. Gegeben ist die Funktion f durch die Gleichung $y = 4 - 2x$. Gib die Gleichung einer Funktion an, deren Graph parallel zum Graphen von f ist und durch den Punkt $A(-3|5)$ geht.

10. Beurteile folgende Aussage:
    a) Es gibt unendlich viele lineare Funktionen mit der Nullstelle $x_0 = 2$.
    b) Es gibt keine lineare Funktion, deren Graph durch nur zwei Quadranten verläuft.

11. Die Punkte $S_x(-2|0)$ und $S_y(0|4)$ gehören zum Graphen einer linearen Funktion f.
    a) Ermittle eine Gleichung der Funktion f.
    b) Der Punkt S_y gehört gleichzeitig zum Graphen einer zweiten linearen Funktion g. Die Graphen von f und von g bilden mit der x-Achse ein gleichschenkliges Dreieck. Ermittle eine Gleichung der Funktion f.

12. Graphen linearer Funktionen kann man bequem ohne Wertetabelle zeichnen: Zum Zeichnen des Funktionsgraphen von $y = f(x) = \frac{3}{2}x + 1$ trägt man zuerst den Schnittpunkt des Graphen mit der y-Achse ein, also $S_y(0|1)$. Da der Anstieg $m = \frac{\Delta y}{\Delta x} = \frac{3}{2}$ ist, geht man dann von S_y um $\Delta x = 2$ Einheiten nach rechts und danach um $\Delta y = 3$ Einheiten nach oben. Der Funktionsgraph von f geht durch diesen Punkt und durch S_y.
    a) Zeichne, wie beschrieben, den Graphen von f.
    b) Kontrolliere den Verlauf des Graphen von f mithilfe einer Wertetabelle.
    c) In gleicher Weise kann, ohne zu rechnen, umgekehrt aus dem Graphen einer linearen Funktion die Funktionsgleichung bestimmt werden. Erkläre dies am Beispiel des Graphen f_4 aus Aufgabe 4b auf Seite 52.

13. **Ausblick:** Zeichne zum Graphen der linearen Funktion f eine Gerade g durch Punkt A, die zu f senkrecht ist. Ermittle die Funktionsgleichung zu g. Was stellst du fest?
    a) $f(x) = 2x$; $A(0|0)$
    b) $f(x) = \frac{1}{3}x + 2$; $A(0|2)$
    c) $f(x) = -\frac{1}{2}x + 3$; $A(1|2{,}5)$

2.6 Betragsfunktionen beschreiben und darstellen

■ Kurt sollte prüfen, ob hier nur lineare Funktionen dargestellt sind. Er antwortete: „Der Graph in (1) ist eine Gerade und alle Punkte des Graphen in (3) liegen auf einer Geraden. Es sind also Graphen linearer Funktionen."

Der Graph in (2) ist gehört zu keiner linearen Funktion, da die Punkte keine Gerade bilden. Der Graph in (4) gehört zu einer linearen Funktion, da die Punkte auf jeweils einer Geraden liegen."

Überprüfe die Aussagen von Kurt. ■

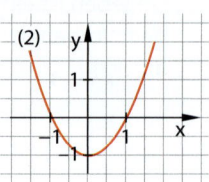

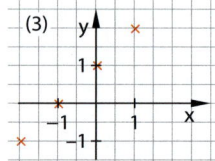

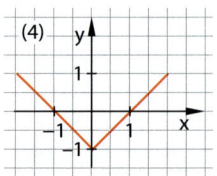

Hinweis:
Auch Funktionen
$y = f(x) = 2 \cdot |x|$ oder
$y = f(x) = |x - 2|$ oder
$y = f(x) = |x| + 1$ oder
$y = f(x) = 2 \cdot |x + 0{,}5|$
werden als Betragsfunktionen bezeichnet.

Wissen: Betragsfunktion
Die Funktion mit der Gleichung

$$y = f(x) = |x| = \begin{cases} -x & \text{für } x < 0 \\ x & \text{für } x \geq 0 \end{cases}$$

heißt **Betragsfunktion**. Sie ist keine lineare Funktion.
Eine Betragsfunktion lässt sich (abschnittsweise) aus zwei linearen Funktionen zusammensetzen.

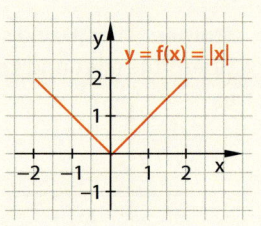

Beispiel 1: Gegeben ist eine Funktion f mit folgender Gleichung: $y = f(x) = |2x|$
a) Gib die Funktion f als abschnittsweise definierte Funktion an.
b) Stelle die Funktion f grafisch dar.

Lösung:

a) Betrachte den Term T innerhalb der Betragsstriche.
Unterscheide die Fälle $T < 0$ und $T \geq 0$.
Ermittle die zugehörigen x-Werte.

$y = f(x) = |2x| \rightarrow T = 2x$

1. Fall: $T < 0$	2. Fall: $T \geq 0$
$2x < 0 \;\vert : 2$	$2x \geq 0 \;\vert : 2$
$x < 0$	$x \geq 0$

Gib f als zusammengesetzte Funktion an:
Wenn $T < 0$, gilt: $|T| = -T$
Wenn $T \geq 0$, gilt: $|T| = T$

$$y = f(x) = |2x| = \begin{cases} -2x & \text{für } x < 0 \\ 2x & \text{für } x \geq 0 \end{cases}$$

b) Erstelle eine Wertetabelle mit einem x-Wert für den $T = 0$, mit einem x-Wert für den $T > 0$ und mit einem x-Wert für den $T < 0$.

	T = 0	T > 0	T < 0
x	0	1	−1,5
y	0	2	3

Trage die drei Punkte in ein und dasselbe Koordinatensystem ein und verbinde diese zum Graphen der Funktion f.

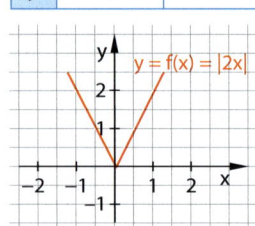

2.6 Betragsfunktionen beschreiben und darstellen

Basisaufgaben

1. Gegeben ist die Funktion f.
   (1) $y = f(x) = |1,5x|$ (2) $y = f(x) = 2|x|$ (3) $y = f(x) = |x| - 1$ (4) $y = f(x) = |x| + 1$
   a) Gib die Funktion f als abschnittsweise definierte Funktion an.
   b) Stelle die Funktion f grafisch dar.

2. Stelle die Funktion f grafisch dar.
   a) $y = f(x) = |x| - 2$ b) $y = f(x) = -2|x| + 1$ c) $y = f(x) = |x + 1|$

3. Gib die Funktion f als abschnittsweise definierte Funktion an.
   a) $y = f(x) = -3|x|$ b) $y = f(x) = |x| - 0,5$ c) $y = f(x) = |x - 1|$

Weiterführende Aufgaben

4. Stelle die Funktion f grafisch dar und beschreibe dein Vorgehen.
   a) $y = f(x) = |x| - 3$ b) $y = f(x) = 2,5|x|$ c) $y = f(x) = |x| - 2,5$ d) $y = f(x) = |x + 1,5|$

5. Gib die Funktion f als abschnittsweise definierte Funktion an. Beschreibe dein Vorgehen.
   a) $y = f(x) = |x| + 0,5$ b) $y = f(x) = 0,5|x|$ c) $y = f(x) = 2|x| - 2$ d) $y = f(x) = |x - 1,5|$

6. **Stolperstelle:** In einem Test war zu jedem Graphen eine Funktionsgleichung mit Beträgen anzugeben. Überprüfe die Lösungen und korrigiere alle Fehler.
   a) 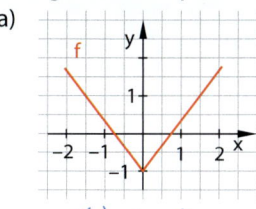   b) 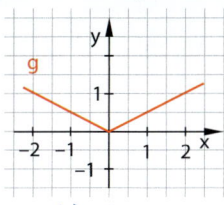   c)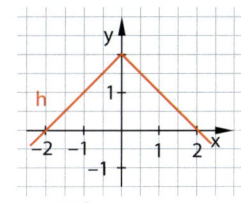
   $y = f(x) = |x - 1|$ $y = g(x) = 0,5|x|$ $y = h(x) = |-x| + 2$

7. Gib alle Nullstellen der Funktion an.
   a) $y = f(x) = |x|$ b) $y = f(x) = |x| - 1,5$ c) $y = f(x) = |x - 1,6|$ d) $y = f(x) = |x - 1,25| - 14$

Hinweis zu 7:
Hier findest du die Lösungen

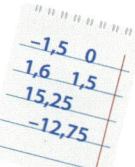

8. Gegeben sind folgende Funktionen:
   (1) $y = f(x) = \begin{cases} -(x - 1,5) & \text{für } x < 1,5 \\ x - 1,5 & \text{für } x \geq 1,5 \end{cases}$ (2) $y = f(x) = \begin{cases} -x - 1,5 & \text{für } x < -1,5 \\ x + 1,5 & \text{für } x \geq -1,5 \end{cases}$

   (3) $y = f(x) = \begin{cases} -x + 0,75 & \text{für } x < 0 \\ x + 0,75 & \text{für } x \geq 0 \end{cases}$ (4) $y = f(x) = \begin{cases} -0,25x & \text{für } x < 0 \\ 0,25x & \text{für } x \geq 0 \end{cases}$

   a) Stelle jede Funktion grafisch dar.
   b) Gib jeweils eine Funktionsgleichung mit Betragsstrichen (Betragsfunktion) an.

9. **Ausblick:** Gib für den Graphen eine Funktionsgleichung, gegebenenfalls auch abschnittweise definiert, und den Wertebereich an.
   a) 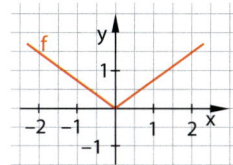   b) 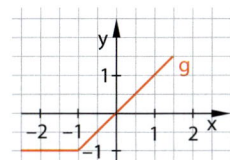   c)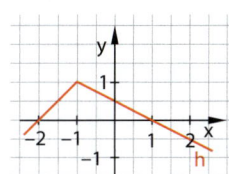

2.7 Anwendungsaufgaben lösen

■ Astrid hat im Internet zwei Angebote für Elektroenergie gefunden. Sie überlegt, wie sie das günstigere der beiden Angebote finden kann. Ihr Bruder Jens meint, dass der Gesamtpreis y vom Verbrauch x abhängt und sie beide Angebote als Funktionsgleichung oder als Wertetabelle darstellen soll, dann ist ein Vergleich einfach.

Erläutere, wie du an Astrids Stelle vorgehen würdest. ■

FairEnergy:
Grundpreis (pro Jahr):   96 €
Preis pro kWh: 26 ct

SoftGreen:
Grundpreis (pro Jahr):   46 €
Preis pro kWh: 29 ct

Erinnere dich::
y = f(x) wird gesprochen
„y gleich f von x".

> **Wissen: Veränderungen von Größen mit linearen Funktionen beschreiben**
> Die **Abhängigkeit** einer Größe y von einer anderen Größe x lässt sich mathematisch mit Funktionen beschreiben: **y = f(x)**
> Der Funktionswert **y ist die abhängige Größe**, das Argument **x die unabhängige Größe**.
> Bei linearen Funktionen y = f(x) = m · x + n führt eine Veränderung der unabhängigen Größe x um 1 stets zur gleichen Veränderung der Funktionswerte, und zwar um den Wert m.
> Man sagt: **y ist von x linear abhängig.**

Lineare Abhängigkeit zwischen Größen untersuchen

Beispiel 1: Untersuche, ob zwischen den Größen x und y eine lineare Abhängigkeit besteht.

a) y (Preis für eine Taxifahrt) und x (Anzahl der gefahrenen Kilometer bei einem Grundpreis von 2,50 €) und einem Kilometerpreis von 1,90 €

b) y (Preis in €) und x (Anzahl der Kopien)

x	1	2	3	4	5
y	0,20	0,40	0,55	0,70	0,85

Lösung:

a) Untersuche, ob der Zusammenhang durch eine lineare Funktion beschrieben werden kann. Stelle die Zuordnung mithilfe einer Gleichung oder eines Funktionsgraphen dar. Ziehe aus der Darstellung eine Schlussfolgerung.

b) Gehe wie bei a) vor.

Der Preis y (für eine Fahrt) lässt sich in Abhängigkeit von x (Anzahl der gefahrenen Kilometer) mit einer Gleichung beschreiben:
y = 1,90 · x + 2,50
Es liegt eine lineare Funktion vor. Die Größe y ist von der Größe x linear abhängig.

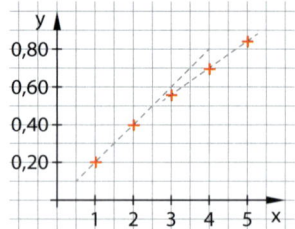

y ist von x nicht linear abhängig, da die Punkte nicht alle auf ein und derselben Geraden liegen.

Basisaufgaben

1. Untersuche, ob zwischen den Größen x und y eine lineare Abhängigkeit besteht:
y (Preis für den Elektroenergieverbrauch in Euro) und x (Anzahl der Kilowattstunden) bei einem Grundpreis pro Jahr von 72 € und einem Preis pro Kilowattstunde von 27 ct.

2.7 Anwendungsaufgaben lösen

2. Untersuche, ob zwischen den gegebenen Größen eine lineare Abhängigkeit besteht:
   a) y (Preis für x Brötchen) und x (Anzahl der Brötchen), wenn der Stückpreis 0,30 € bei einem Einkauf von bis zu 10 Brötchen und der Stückpreis 0,25 € ab einem Einkauf von 11 Brötchen beträgt)
   b) u (Umfang einer Kreisscheibe) und r (Radius der Kreisscheibe)

r in cm	1	2	3	4
u in cm	6,3	12,6	18,9	25,2

3. Untersuche, ob y von x linear abhängig ist, wenn beide Größen direkt proportional zueinander sind.

Schnittpunktkoordinaten der Graphen linearer Funktionen ermitteln

Beispiel 2: Ermittle die Koordinaten des Schnittpunktes P der Graphen folgender Funktionen: $y = f(x) = 0{,}5x + 0{,}5$ und $y = g(x) = -\frac{1}{4}x + 2$
a) grafisch
b) rechnerisch

Lösung:
a) Zeichne die Graphen beider Funktionen. Lies die Koordinaten von P ab.

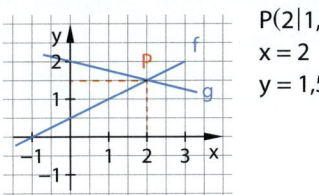

P(2|1,5)
x = 2
y = 1,5

b) Setze beide Funktionsgleichungen gleich und löse die Gleichung.

Aus $f(x) = g(x)$ folgt:

$0{,}5x + 0{,}5 = -\frac{1}{4}x + 2 \quad | -0{,}5$

$0{,}5x = -\frac{1}{4}x + 1{,}5 \quad | +\frac{1}{4}x$

$0{,}75x = 1{,}5 \quad | :0{,}75$

$x = 2$

Berechne für eine der beiden Funktionen die y-Koordinate zum gefundenen x-Wert. Kontrolliere anhand der zweiten Funktion.

$f(2) = 0{,}5 \cdot 2 + 0{,}5$
$f(2) = 1{,}5$
$g(2) = -\frac{1}{4} \cdot 2 + 2 = 1{,}5$

Gib die Schnittpunktkoordinaten an.

$x = 2; \ y = 1{,}5$

Basisaufgaben

4. Ermittle die Koordinaten des Schnittpunktes P der Graphen folgender Funktionen, sofern sie einander schneiden, sowohl grafisch als auch rechnerisch:
   a) $y = f(x) = 2{,}5x; \ y = g(x) = 0{,}5x - 4$
   b) $y = f(x) = 0{,}75x + 0{,}25; \ y = g(x) = \frac{1}{3}x - 1$
   c) $y = f(x) = -\frac{2}{3}x - \frac{2}{3}$ und $y = g(x) = \frac{2}{5}x + 2$
   d) $y = f(x) = 3x + 2$ und $y = g(x) = 3x - 1$

 5. Gegeben sind zwei lineare Funktionen f und g durch folgende Gleichungen $y = f(x) = 3x$ und $y = g(x) = -2x$
   a) Ermittle, sofern beide Graphen einander schneiden, die Koordinaten ihres Schnittpunktes sowohl grafisch als auch rechnerisch.
   b) Gib drei weitere lineare Funktionen an, deren Graphen den gleichen Schnittpunkt wie f und g haben. Welche Gemeinsamkeiten kannst du bei diesen Funktionen erkennen?

Weiterführende Aufgaben

6. Gegeben sind folgende Sachverhalte:
   (1) b (Geldbetrag in einer Sparbüchse, in der sich bereits 25 € befinden) und n (Anzahl der Wochen) mit einem wöchentlichen Sparbetrag von 2 €)
   (2) A (Flächeninhalt eines Quadrates) und a (Seitenlänge des Quadrates)
   (3) u (Umfang eines Quadrates) und a (Seitenlänge des Quadrates)
   a) Beschreibe jeden Sachverhalt mit einer Gleichung. Gib jeweils die abhängige und die unabhängige Größe an.
   b) Entscheide, ob zwischen der abhängigen und der unabhängigen Größe eine lineare Abhängigkeit besteht. Begründe die Aussage.

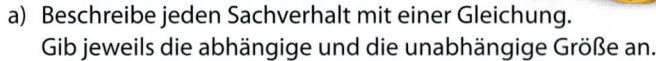

7. a) Untersuche rechnerisch, ob die Graphen der Funktionen f und g einander schneiden. Beschreibe dein Vorgehen.
   (1) $y = f(x) = -2x + 1$; $y = g(x) = 2x - 1$ (2) $y = f(x) = 2x + 1$; $y = g(x) = 2x - 1$
   b) Erkläre, woran man beim Berechnen von Schnittpunktkoordinaten erkennen kann, dass kein Schnittpunkt vorliegt.

8. Ein Mobilfunkanbieter verlangt für einen Mobilfunkvertrag eine monatliche Grundgebühr von 10 € und 5 ct pro Gesprächsminute in jedes Netz.
   a) Stelle eine Funktionsgleichung auf, mit der die monatlichen Kosten berechnet werden können.
   b) Stelle eine Kostentabelle auf, in der die monatlichen Kosten für 40, 80 und 150 Gesprächsminuten enthalten sind.
   c) Für 26 € wird eine „All-net-Flat" angeboten. Ab wie vielen Gesprächsminuten lohnt sich dieses Angebot?

9. **Stolperstelle:** Hier wurden beim Berechnen der Schnittpunktkoordinaten der Graphen zweier linearer Funktionen f und g Fehler gemacht. Finde die Fehler und korrigiere sie.

   a) $y = f(x) = -x + 1$
   $y = g(x) = x - 1$
   $-x + 1 = x - 1$ $| - x$
   $1 = -1$
   f und g haben keinen gemeinsamen Schnittpunkt.

   b) $y = f(x) = 3x + 2$
   $y = g(x) = 2 + 3x$
   $3x + 2 = 2 + 3x$ $| - 3x$
   $2 = 2$
   f und g haben keinen gemeinsamen Schnittpunkt.

10. Vergleiche die beiden Angebote zur Elektroenergieversorgung und veranschauliche das Ergebnis mithilfe von Funktionsgraphen.

Angebot A:	Keine Grundgebühr; 28 ct pro kWh
Angebot B:	Nur 26 ct pro kWh bei 72 € Grundgebühr im Jahr

● 11. **Ausblick:** Untersuche folgende Aussagen und gib gegebenenfalls an, welche Eigenschaften solche Funktionen f und g haben müssen.
    a) Es gibt lineare Funktionen f und g, deren Graphenschnittpunkt auf der y-Achse liegt.
    b) Es gibt lineare Funktionen f und g, deren Graphenschnittpunkt auf der x-Achse liegt.

2.8 Vermischte Aufgaben

1. a) Entscheide, welche der folgenden Zuordnungen Funktionen sind:
   (1) *Durchschnittsgeschwindigkeit eines Autos* ↦ *Fahrtdauer*
   (2) *Kantenlänge eines Würfels* ↦ *Volumen*
   (3) *Zensur in Testarbeit* ↦ *Schüler der Klasse 8a*
   (4) *Uhrzeit* ↦ *Temperatur an einem bestimmten Ort*
   (5) *Zahl* ↦ *Fünffaches der Zahl*
   b) Welche der Funktionen aus Aufgabe a) sind keine linearen Funktionen?

2. Entscheide, welche der Zuordnungen x → y Funktionen sind. Begründe deine Antwort.
   a)   b)   c)   d)   e)

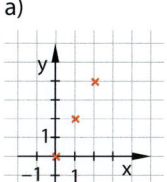
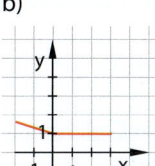
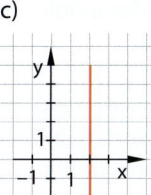
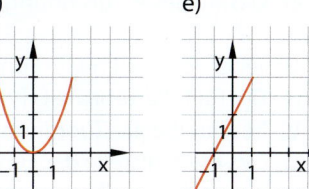

3. Gegeben sind folgende Funktionen f:
   (1) $y = f(x) = 2x + 2{,}5$ (2) $y = f(x) = |x| - 3$ (3) $y = f(x) = -2x - 2{,}5$
   a) Zeichne den Graphen der Funktion f.   b) Gib den Wertebereich W von f an.
   c) Beschreibe das Monotonieverhalten von f.   d) Ermittle alle Nullstellen von f.
   e) Folgende Punkte sollen zum Graphen der Funktion f gehören.
   $P_1(3|?)$; $P_2(?|-2{,}5)$; $P_3(-0{,}5|?)$; $P_4(-1{,}5|?)$
   Ermittle jeweils die fehlende Koordinate.
   f) Welche der folgenden Punkte liegen auf dem Graphen von f:
   $P_5(0|-2{,}5)$; $P_6(-1|-2)$; $P_7(-2|1{,}5)$; $P_8(-1\frac{1}{4}|0)$; $P_9(9|2)$
   g) Ermittle die Koordinaten des Schnittpunktes der Graphen:
   $y = f(x) = 2x + 2{,}5$ und $y = g(x) = 3x$

   Erinnere dich:
   Wenn zu einer Funktion f mit $y = f(x)$ kein Definitionsbereich angegeben ist, so gilt $x \in \mathbb{R}$.

4. Gib zum Definitionsbereich $D = \{-2;\ -1;\ \frac{1}{4};\ \frac{2}{3};\ 3\}$ folgender Funktion den Wertebereich an: „Jedem Element aus D wird sein reziproker Wert zugeordnet."

5. Betrachte folgende Formeln als Zuordnungsvorschriften:
   (1) $u = 4a$ (2) $A = a \cdot b$ (3) $u = 2(a+b)$ (4) $W = p \cdot \frac{G}{100}$ (5) $A = \frac{1}{2}g \cdot h$
   Begründe, dass jede Formel als Gleichung einer linearen Funktion aufgefasst werden kann.
   Gib dafür jeweils die abhängige und die unabhängige Variable an.

6. Entscheide, ob die Aussage wahr ist. Begründe deine Antwort.
   a) Bei einer Funktion $y = f(x)$ wird jedem x-Wert genau ein y-Wert zugeordnet.
   b) Zu jeder Zuordnung lässt sich eine Funktionsgleichung angeben.
   c) Zum Zeichnen des Graphen einer linearen Funktion f genügen zwei Wertepaare von f.
   d) Der Punkt $P(0|1)$ liegt auf den Graphen aller Funktionen f mit $y = f(x) = m x$.
   e) Ist der Anstieg einer linearen Funktion f negativ, dann gilt für die Nullstelle: $x_0 > 0$

7. Gib eine Gleichung einer linearen Funktion f so an, dass die Punkte A und B zum Funktionsgraphen gehören.
   a) $A(2|4)$; $B(-3|-12)$ b) $A(8{,}2|2{,}4)$; $B(9{,}2|5{,}6)$
   c) Beschreibe die Lage der Graphen aus a) und b) zueinander. Begründe deine Antwort.

8. Gegeben ist eine Zuordnung x ↦ y durch folgende Gleichung: y = f(x) = −3x + 6
   a) Erläutere, warum hier ein linearer Zusammenhang vorliegt.
   b) Zeichne den Funktionsgraphen zur Gleichung und gib die Nullstelle an.

9. Gegeben ist eine Zuordnung x ↦ y durch folgende Tabelle:

x	3	4	6
y	6,5	7	8

   a) Stelle die Zuordnung im Koordinatensystem dar.
      Gib zwei weitere zugehörige Wertepaare an.
   b) Prüfe, ob ein linearer Zusammenhang vorliegt. Begründe deine Aussage.
   c) Gib zu dieser Zuordnung, wenn das möglich ist, eine Gleichung an.

10. Gegeben ist eine lineare Funktion durch nebenstehende Darstellung:
    a) Gib fünf Wertepaare (x|y) der Funktion an.
    b) Beschreibe die Zuordnung mit Worten und mit einer Gleichung.
    c) Lies die Nullstelle der Funktion am Funktionsgraphen ab und kontrolliere dann durch Rechnung.

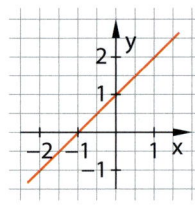

DGS 11. Ermittle die Nullstellen der Funktion zeichnerisch und rechnerisch.
   a) y = f(x) = −1,5x + 3   b) y = f(x) = 1,5x − 3   c) y = f(x) = −5x − 4,5
   d) y = f(x) = 1,5x + 5   e) $y = f(x) = -\frac{1}{3}x - 2$ f) $y = f(x) = \frac{3}{4}x + 3$

12. Die gegebenen Punkte gehören zum Graphen einer linearen Funktion. Ermittle für jede Gerade eine zugehörige Funktionsgleichung.
    a) P(−2|1); Q(0|3)   b) P_1(−1|5); P_2(3|1)   c) R(−1|−5); S(2|1)
    d) A(−3|−1); B(1|1)   e) S_x(−4|0); S_y(0|3)   f) P_a(−4|6); P_b(1|−4)

13. Gib die Gleichung einer Funktion g an, deren Graph parallel zum Graphen der Funktion f mit y = f(x) = −2x ist und gleichzeitig durch den gegebenen Punkt geht.
    a) P(−3|−1)   b) P(−5|4)   c) P(20|10)

14. Gib zu jedem Funktionsgraphen im nebenstehenden Koordinatensystem eine Funktionsgleichung an.

15. Familie Holz macht Urlaub. Jede Übernachtung kostet 80 €. Hinzu kommen noch 620 € für Hin- und Rückflug.
    a) Erstelle eine Funktionsgleichung der Zuordnung
       Anzahl der Übernachtungen ↦ *Reisekosten (in €)*
    b) Wie teuer ist die Reise, wenn die Familie acht Übernachtungen (zwei Wochen) im Hotel bleibt?
    c) Wie viele Übernachtungen kann die Familie für insgesamt 1500 € (2000 €) verreisen?

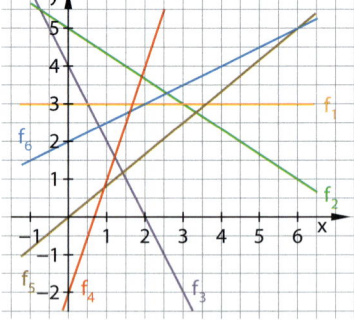

16. Bei einem Taxiunternehmen beträgt der Grundpreis 2,50 € und jeder gefahrene Kilometer kostet 30 ct.
    a) Erstelle eine Wertetabelle und eine Funktionsgleichung für folgende Zuordnung:
       Fahrstrecke (in km) ↦ *Fahrkosten (in €)*
    b) Stelle den Sachverhalt durch einen Funktionsgraphen im Koordinatensystem dar.

2.8 Vermischte Aufgaben

17. Ein aufblasbarer Swimmingpool mit einem Fassungsvermögen von 1200 Liter wird mit einem Gartenschlauch befüllt, aus dem 9 Liter Wasser pro Minute kommen.
   a) Stelle eine Funktionsgleichung auf, mit der sich die Wassermenge im Swimmingpool in Abhängigkeit von der Füllzeit berechnen lässt.
   b) Berechne, wie viel Liter Wasser sich nach 10 min (20 min; 30 min; 60 min) im Pool befinden.
   c) Berechne, nach wie viel Minuten sich 225 ℓ (450 ℓ; 3500 ℓ) Wasser im Pool befinden.
   d) Nach wie viel Minuten läuft der Pool über?

18. Sinterröhrchen sind Tropfsteine, die durch Ablagerung von kalkhaltigem Wasser entstehen und etwa 15 mm in 100 Jahren wachsen. Es gibt zwei Formen: Stalaktiten hängen von der Decke herab, Stalagmiten wachsen vom Boden nach oben.

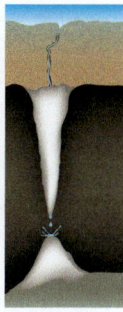

   a) Wie viele Jahre dauert es, bis sich zwei Sinterröhrchen berühren, wenn der Abstand zwischen Boden und Decke an dieser Stelle 1 m beträgt?
   b) Vor wie vielen Jahren war ein heute 11 cm langes Sinterröhrchen 2 cm lang?
   c) Wie lang ist ein neu entstehendes Sinterröhrchen nach 12 (120, 1200) Jahren?

19. Bei Infusionen nimmt die Menge der Infusionslösung im Beutel gleichmäßig ab. In einem Beutel sind zu Beginn 0,5 ℓ Lösung, nach 20 min sind es noch 0,4 ℓ.
   a) Ermittle die Funktionsgleichung folgender Zuordnung:
      Zeit x (in Stunden) ↦ Inhalt y der Infusionsflasche (in Liter)
   b) Zeichne den Funktionsgraphen.
   c) In einem anderen Beutel sind nach 30 min noch 0,7 ℓ und nach 90 min noch 0,1 ℓ Lösung. Wie lange dauert es, bis der Beutel leer ist?

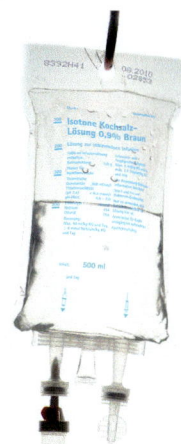

20. Familie Johanssen fährt in den Urlaub. Die Autobahn-Route ist 831 km lang. Der durchschnittliche Benzinverbrauch ihres Wagens beträgt 6,4 ℓ pro 100 km.

🧩 Ermittle eine Funktionsgleichung für folgende Zuordnung:
   Gefahrene Kilometer ↦ Verbrauchte Benzinmenge (in ℓ)

🧩 Die Tankfüllung kann ungefähr durch die Funktionsgleichung
   $y = -6{,}4x + 50$ beschrieben werden.
   Erkläre die Bedeutung von x und y.
   Berechne, nach wie vielen Kilometern sich noch 30 ℓ im Tank befinden.

🧩 Der durchschnittliche Benzinverbrauch auf Landstraßen beträgt 5,9 ℓ pro 100 km. Wie viele Kilometer dürfte eine Landstraßen-Route höchstens länger sein als die Autobahn-Route, damit insgesamt weniger Benzin verbraucht wird?

🧩 Nach 125 km sind noch 42 ℓ im Tank, nach 250 km sind es noch 34 ℓ. Berechne mithilfe einer geeigneten Funktionsgleichung, wie weit die Familie mit dieser Tankfüllung bei konstantem Verbrauch fahren kann. Beschreibe die Schwächen einer solchen Prognose.

Streifzug

2. Lineare Funktionen

Abschnittsweise lineare Funktionen untersuchen

■ Laura und Jule haben mit einem Funktionenplotter experimentiert. Dabei ist der abgebildete Graph entstanden.

Ermittle eine Zuordnungsvorschrift, die diesen Graphen möglichst genau beschreibt. ■

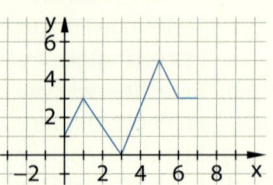

Neben den Betragsfunktionen gibt es noch andere Funktionen, die sich abschnittsweise durch lineare Funktionen beschreiben lassen, wie beispielsweise die sogenannten **Treppenfunktionen**. Der Funktionsgraph der nebenstehenden Treppenfunktion besteht aus mehreren Strecken, die parallel zur x-Achse liegen. Die Funktionswerte sind dabei immer in bestimmten Intervallen konstant. Der Graph dieser Funktion erinnert an eine Treppe.

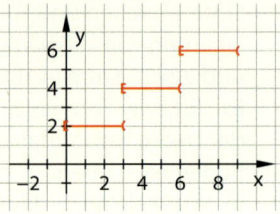

Beispiel 1:
Ermittle eine Zuordnungsvorschrift, die den Graphen möglichst genau beschreibt.

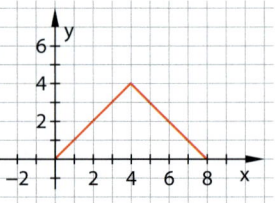

Lösung:
Teile den Graphen an seiner höchsten Stelle (am Knick) in zwei Strecken und ermittle die Bereiche, für die die Gleichungen der beiden Funktionen gelten, die diese Strecken beschreiben.

Hinweis:
Du könntest die Stelle x = 4 auch dem 2. Bereich zuordnen

1. Bereich: $0 \leq x \leq 4$ 2. Bereich: $4 < x \leq 8$

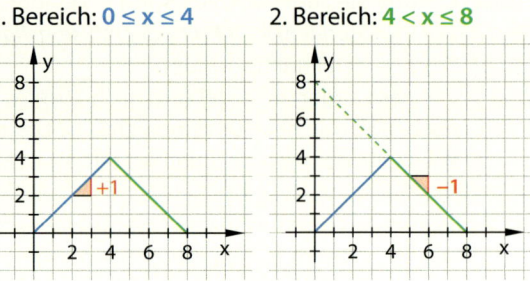

Ermittle die Funktionsgleichungen.

① $m = 1$ und $n = 0$, also gilt: $f_1(x) = x$
② $m = -1$ und $n = 8$, also gilt: $f_2(x) = -x + 8$

Fasse die Gleichungen zusammen und ordne die Bereiche zu, für die sie gelten.

$$f(x) = \begin{cases} -x & \text{für } 0 \leq x \leq 4 \\ -x + 8 & \text{für } 4 < x \leq 8 \end{cases}$$

Aufgaben

1. Ermittle zum abgebildeten Graphen eine Zuordnungsvorschrift.

a) 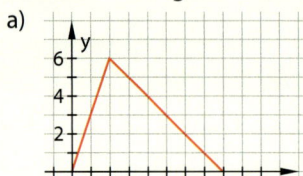   b) 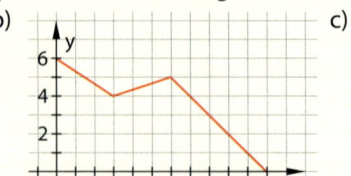   c)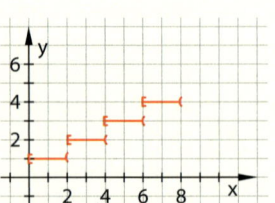

2. Zeichne den Graphen zur Funktionsgleichung. Beschreibe, wie du vorgegangen bist.

a) $f(x) = \begin{cases} x + 1 & \text{für } 0 \leq x \leq 4 \\ -\frac{1}{2}x + 7 & \text{für } 4 < x \leq 8 \end{cases}$

b) $f(x) = \begin{cases} -x & \text{für } -2 \leq x \leq 2 \\ 2x - 6 & \text{für } 2 < x \leq 4 \\ 2 & \text{für } 4 < x \leq 7 \end{cases}$

c) $f(x) = \begin{cases} 7 & \text{für } 0 \leq x < 4 \\ 2 & \text{für } 4 \leq x < 6 \\ 1 & \text{für } 6 \leq x < 8 \\ 5 & \text{für } x \geq 8 \end{cases}$

3. a) Ermittle eine Zuordnungsvorschrift zum Graphen der Funktion. Gib den Wertebereich der Funktion an.

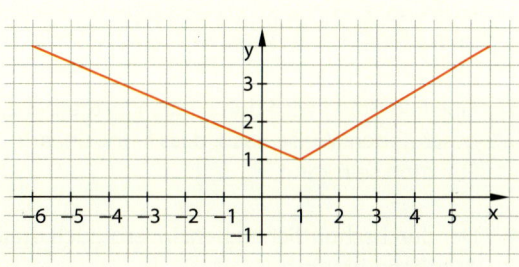

Hinweis zu 3:
Im Wertebereich einer Funktion liegen alle **y-Werte**, die die Funktion annehmen kann.

b) Zeichne den Graphen folgender Funktion:
Jeder Zahl wird die auf Einer gerundete Zahl zugeordnet.

Tipp zu 3 b:
Erstelle zuerst eine Wertetabelle.

4. Hier sind Realsituationen dargestellt, die sich grob durch Graphen abschnittsweise linearer Funktionen darstellen („modellieren") lassen.

① ② ③

a) Zeichne zu jeder Situation einen möglichen Graphen in ein geeignetes Koordinatensystem und ermittle die zugehörige Funktionsgleichung.
b) Erläutere, warum die Modellierung der Situationen durch einen Funktionsgraphen sinnvoll sein kann und wozu die Funktionsgleichung möglicherweise genutzt werden könnte.

5. **Forschungsauftrag:** Kathrin soll den Flächeninhalt der markierten (grünen) Fläche unter der Kurve bis zur x-Achse ermitteln. Dazu zeichnet sie näherungsweise die Graphen zweier abschnittsweise definierten Funktionen:

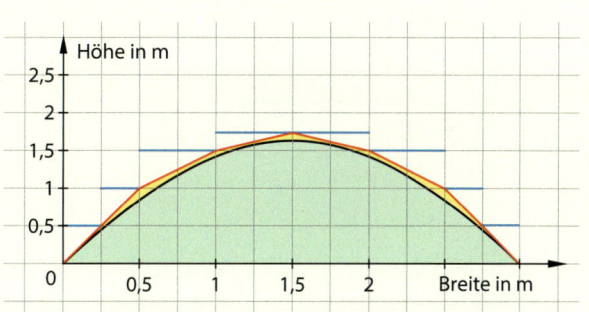

Hinweis zu 5:
Solche Kurven heißen „Parabeln":

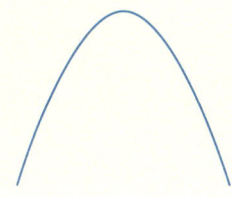

a) Gib eine Zuordnungsvorschrift für den (blauen) Graphen der Treppenfunktion an.
b) Erkläre, wie du den Flächeninhalt der grünen Fläche näherungsweise mithilfe der Treppenfunktion ermitteln würdest.
c) Gib einen Näherungswert für den Inhalt der grünen Fläche an.
d) Beschreibe, wie man den Flächeninhalt der grünen Fläche mithilfe einer anderen Funktion noch genauer berechnen könnte.

Prüfe dein neues Fundament

Lösungen ↗ S. 205

1. Prüfe, ob die Zuordnung eine Funktion ist. (Die Eintrittskarten haben den selben Preis.)
   a) *Anzahl von Eintrittskarten ↦ Preis* b) *Preis für Eintrittskarten ↦ Anzahl der Käufer*

2. Gegeben ist die Funktion f und ein Wertepaar. Erstelle eine Wertetabelle für
   $x = -2; -1; 0; \ldots; 4$ auf und zeichne den Funktionsgraphen.
   Prüfe, ob das gegebene Wertepaar zur Funktion gehört.
   a) $f(x) = 1,5x + 1;\ (2|4)$ b) $f(x) = 1 - 2x;\ (-1|2)$ c) $g(x) = |0,5x - 1|;\ (0|-1)$

3. Eine Funktion f wird durch eine Wertetabelle beschrieben. Weise nach, dass f eine lineare Funktion sein kann.

x	-2	0	1	2
f(x)	6,5	1,5	-1	-3,5

4. Der durchschnittlichen Benzinverbrauch dreier (verschiedener) Autos bei Fahrten auf der Autobahn beträgt:
   7 Liter Benzin für 100 km
   8 Liter Benzin für 100 km
   9 Liter Benzin für 100 km

   In der Tabelle und im Koordinatensystem ist der Benzinverbrauch von jeweils einem der Autos dargestellt.

Strecke	Verbrauch
50 km	3,5 Liter
80 km	5,6 Liter
150 km	10,5 Liter
250 km	17,5 Liter

   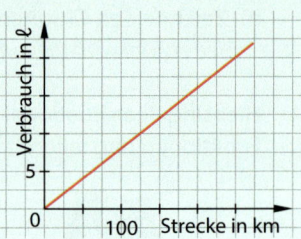

   a) Gib an, zu welchem Auto die Tabelle passt. Begründe deine Antwort.
   b) Gib an, zu welchem Auto der Graph passt. Begründe deine Antwort.

5. Gib das Monotonieverhalten der Funktion f an. Zeichne den Funktionsgraphen und gib die Koordinaten der Schnittpunkte des Funktionsgraphen mit den Koordinatenachsen an.
   a) $f(x) = 2x - 3$ b) $f(x) = -\frac{1}{2}x + 2$ c) $f(x) = -3x + 9$ d) $f(x) = \frac{1}{4}x + \frac{1}{2}$

 6. Ermittle die Nullstelle der Funktion f sowohl grafisch als auch rechnerisch.
   a) $f(x) = \frac{1}{3}x - 1,5$ b) $f(x) = \frac{5}{3}x + 5$ c) $f(x) = 0,875x - 3,5$ d) $f(x) = \frac{1}{6}x + \frac{1}{3}$

7. Ermittle die Funktionsgleichung des Graphen.
   a) 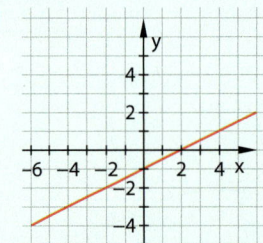   b) 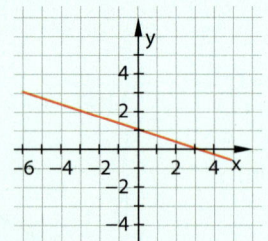   c)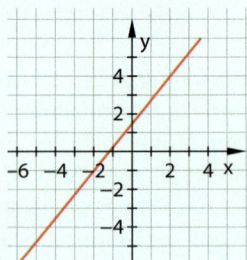

8. Vom Graphen einer linearen Funktion f sind die Punkte A und B gegeben. Berechne den Differenzenquotienten und bestimme die Funktionsgleichung von f.
   a) $A(-6|0);\ B(2|4)$ b) $A(-6|-4);\ B(6|1)$ c) $A(-3|7);\ B(3|-9)$

9. Ermittle den x-Wert, an dem die Funktion den gegebenen y-Wert annimmt, sowohl grafisch als auch rechnerisch.
   a) $f(x) = 2x + 1;\ y = 7$ b) $f(x) = -\frac{1}{5}x - 1;\ y = -2$
   c) $f(x) = 2,5x + 2,5;\ y = -2,5$ d) $f(x) = 0,75x - 1\frac{1}{2};\ y = 3$

Prüfe dein neues Fundament

10. Die Funktion $y = h(x) = -200x + 12\,000$ beschreibt die Flughöhe eines Passagierjets im Landeanflug auf einen Flughafen, wobei x die vergangenen Minuten seit Beginn des Sinkfluges und y die Flughöhe (in Meter) angibt.
   a) Berechne die Nullstelle der Funktion. Interpretiere das Ergebnis.
   b) Wie viele Minuten vor der Landung befindet sich das Flugzeug in 1000 m Höhe?

DGS 11. Ermittle die Koordinaten des Schnittpunktes der Graphen der linearen Funktionen f und g sowohl grafisch als auch rechnerisch.
   a) $y = f(x) = -\frac{1}{3}x + 2$; $y = g(x) = \frac{1}{3}x - 2$
   b) $y = f(x) = 3x - 2{,}5$; $y = g(x) = 0{,}5x$

12. Die Funktionsgraphen von $y = f(x) = x + 2$ und $y = g(x) = -3x + 6$ bilden zusammen mit der x-Achse ein Dreieck ABC.
   a) Zeichne das Dreieck ABC und berechne seinen Flächeninhalt.
   b) Ermittle den Umfang des Dreiecks ABC.

13. Gib die Betragsfunktion f als abschnittsweise zusammengesetzte Funktion in Form einer Gleichung an, zeichne ihren Graphen und beschreibe das Monotonieverhalten.
   a) $y = f(x) = |0{,}5x|$
   b) $y = f(x) = |x| - 4$
   c) $y = f(x) = |x - 4|$

14. Ein Topf mit Wasser wird so lange erhitzt, bis das Wasser siedet. Dabei wird die Temperatur in gleichen Zeitabständen gemessen.

Zeit x (in min)	0	2	4	6	8
Temperatur y (in °C)	20	40	60	80	100

   a) Beschreibe den Zusammenhang zwischen y und x mit einer Gleichung.
   b) Gib die abhängige und die unabhängige Größe an und entscheide, ob ein linearer Zusammenhang vorliegt.
   b) Gib den Definitions-und den Wertebereich dieser Funktion an.

Wiederholungsaufgaben

1. Berechne ohne Taschenrechner.
   a) 14 % von 200 €
   b) 150 % von 30 kg
   c) 40 % von 2 h 10 min

2. Berechne ohne Taschenrechner.
   a) $-25 \cdot (-38 - 2)$
   b) $-25 - (-38 - 2)$
   c) $(-25 - 38) : 2$

3. Multipliziere aus.
   a) $0{,}3x \cdot (2 - x)$
   b) $3ab \cdot (4ab - 2ab)$
   c) $(0{,}5xy + 4xy) \cdot xy$

4. Das Modellauto von Jonas im Maßstab 1 : 25 ist 13,6 cm lang. Ermittle die Länge des Originals.

5. Gegeben ist ein Zylinder mit dem Grundkreisradius r = 2 cm und einer Höhe von 4 cm.
   a) Zeichne ein Netz des Körpers.
   b) Zeichne ein Zweitafelbild des Körpers.

Zusammenfassung

2. Lineare Funktionen

Funktionen

Eine **eindeutige Zuordnung** $x \mapsto y$, bei der jedem x genau ein y zugeordnet wird, nennt man **Funktion**.

Die Menge aller **x-Werte (Argumente)** nennt man **Definitionsbereich D**.
Die Menge aller **y-Werte (Funktionswerte)** nennt man **Wertebereich W**.
Darstellungsformen sind:
Graph, Gleichung, Wertetabelle, Menge geordneter Paare

Die Zuordnung $x \mapsto y$, bei der jeder Zahl x ihr Quadrat y zugeordnet wird, ist eine Funktion.

$y = f(x) = x^2$
D: $x \in \mathbb{R}$
W: $y \in \mathbb{R}$ mit $y \geq 0$

x	−2	−1	0	1	2
y	4	1	0	1	4

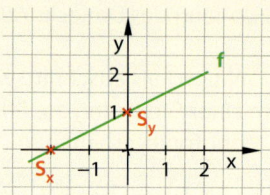

f: $\{(-2|4); (0|0); (1|1); (2|4)\}$

Lineare Funktionen und ihre Eigenschaften

Funktionen f, die sich mit einer Gleichung $y = f(x) = m \cdot x + n$ beschreiben lassen, nennt man **lineare Funktionen**.
Die Punkte des **Graphen** einer linearen Funktion liegen auf einer **Geraden**.
m heißt Anstieg der Funktion.
n nennt man **absolutes Glied**.

n gibt die y-Koordinate des Schnittpunktes S_y des Graphen f mit der y-Achse an: $S_y(0|n)$
Eine Zahl x_0 heißt **Nullstelle** der Funktion f, wenn gilt: $f(x_0) = 0$

An der Nullstelle x_0 schneidet der Funktionsgraph die x-Achse im Punkt $S_x(x_0|0)$.
m > 0: Die Funktion f ist **monoton steigend**.
m < 0: Die Funktion f ist **monoton fallend**.

$y = f(x) = 0,5x + 1; \; m = 0,5; \; n = 1$

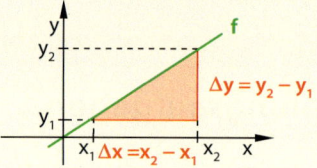

Schnittpunkt mit y von f: $x_0 = -2$

$f(x) = 0 \rightarrow 0 = 0,5x + 1 \rightarrow x = -2$
Nullstelle von f: $x_0 = -2$

Schnittpunkt mit x-Achse: $S_x(-2|0)$

$m = 0,5; \; m > 0$
f ist monoton steigend.

Differenzenquotient und Anstieg

$\dfrac{\Delta y}{\Delta x} = \dfrac{f(x_2) - f(x_1)}{x_2 - x_1}$ heißt **Differenzenquotient** einer Funktion f im Intervall $x_1 \leq x \leq x_2$ mit $(x_1; x_2; x \in D)$

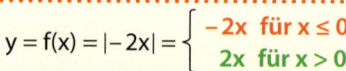

Für lineare Funktionen ist der Differenzenquotient $\dfrac{\Delta y}{\Delta x}$ für beliebige Intervalle stets gleich groß und gleich dem **Anstieg m**.

Wertepaare einer linearen Funktion f:
$(x_1|y_1) = (-2|-6); \; (x_2|y_2) = (0,5|-1)$
$m = \dfrac{\Delta y}{\Delta x} = \dfrac{f(x_2) - f(x_1)}{x_2 - x_1} = \dfrac{-1-(-6)}{0,5-(-2)} = \dfrac{5}{2,5} = 2$

Betragsfunktionen

Die Funktion f mit der Gleichung

$y = f(x) = |x| = \begin{cases} -x & \text{für } x < 0 \\ x & \text{für } x \geq 0 \end{cases}$

heißt **Betragsfunktion**.
Betragsfunktionen lassen sich abschnittsweise aus linearen Funktionen zusammensetzen.

$y = f(x) = |-2x| = \begin{cases} -2x & \text{für } x \leq 0 \\ 2x & \text{für } x > 0 \end{cases}$

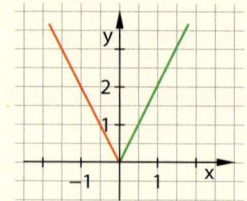

3. Mehrstufige Zufallsversuche

Beim Roulette kann man auf „Rot" oder „Schwarz" setzen. Wie groß ist die Wahrscheinlichkeit, dass in der nächsten Runde Schwarz fällt, wenn vorher fünfmal hintereinander Rot gefallen ist?

Dein Fundament

3. Mehrstufige Zufallsversuche

Lösungen
↗ S. 208

Brüche, Dezimalbrüche, Prozentangaben

1. Gib den Bruch sowohl in Dezimalbruch- als auch in Prozentschreibweise an.
   a) $\frac{1}{2}$ b) $\frac{3}{4}$ c) $\frac{7}{10}$ d) $\frac{3}{50}$ e) $\frac{18}{20}$ f) $\frac{12}{40}$

2. Gib den Dezimalbruch in Bruchschreibweise an und kürze vollständig.
   a) 0,2   b) 0,25   c) 0,02   d) 0,125   e) 0,72   f) 0,06

3. Gib die Prozentangabe sowohl in Dezimalbruch- als auch in Bruchschreibweise an und kürze vollständig.
   a) 10%   b) 25%   c) 75%   d) 40%   e) 22%   f) 30%

4. Berechne die fehlenden Angaben.

	a)	b)	c)	d)	e)	f)	g)	h)
Prozentangabe	10%				8%			125%
Bruch mit Nenner 100		$\frac{20}{100}$						
Bruch (gekürzt)				$\frac{3}{4}$			$\frac{3}{2}$	
Dezimalbruch			0,8			0,06		

Mit Brüchen und Dezimalbrüchen rechnen

5. Rechne im Kopf. Kürze so weit wie möglich.
   a) $\frac{1}{3} \cdot \frac{5}{3}$ b) $5 \cdot \frac{1}{6}$ c) $\frac{2}{6} \cdot \frac{1}{6} \cdot \frac{2}{6}$ d) $\frac{3}{4} \cdot \frac{6}{5}$ e) $6 \cdot \frac{3}{48}$
   f) $\frac{1}{8} \cdot \frac{2}{8} \cdot \frac{3}{8}$ g) $\frac{3}{4} \cdot 0{,}5$ h) $0{,}25 \cdot \frac{2}{5}$ i) $0{,}1 \cdot \frac{3}{4}$ j) $4 \cdot \frac{2}{5} \cdot 0{,}6$

6. Rechne im Kopf.
   a) $0{,}8 \cdot 0{,}5$ b) $0{,}6 \cdot 0{,}2$ c) $0{,}25 \cdot 0{,}3$ d) $0{,}7 \cdot 0{,}02$ e) $0{,}17 \cdot 0 \cdot 0{,}3$

7. Addiere oder subtrahiere die Brüche.
   a) $\frac{1}{5} + \frac{1}{6}$ b) $\frac{5}{4} - \frac{1}{2}$ c) $\frac{3}{4} + \frac{5}{12}$ d) $\frac{1}{4} - \frac{1}{5} + \frac{3}{10}$ e) $\frac{1}{4} + \frac{3}{8} - \frac{1}{2}$

8. Kürze zuerst, rechne dann.
   a) $\frac{5}{4} \cdot \frac{3}{5} + \frac{3}{2} \cdot \frac{4}{3}$ b) $\frac{8}{9} \cdot \frac{3}{6} + \frac{8}{9} \cdot \frac{3}{6}$ c) $\frac{12}{7} \cdot \frac{1}{2} + \frac{1}{2} \cdot \frac{4}{3}$ d) $\frac{1}{3} \cdot \frac{3}{4} + \frac{10}{4} \cdot \frac{5}{3}$ e) $\frac{4}{5} \cdot \frac{5}{3} + \frac{5}{3} \cdot \frac{3}{5}$

Zufallsversuche

9. Entscheide, ob es sich um einen Zufallsversuch handelt und begründe dies.
   a) Aus einer Spielesammlung wird mit verbundenen Augen eine Halmafigur entnommen und ihre Farbe festgestellt.
   b) Aus einem Skatspiel mit 32 Karten werden ohne hinzusehen zwei Karten gezogen und ihre Farbe wird notiert.
   c) Es wird geprüft, ob in allen Bundesländern am 24.12. schulfrei ist.
   d) Mit einer Stoppuhr wird die Fallzeit einer frei fallenden Kugel gestoppt.

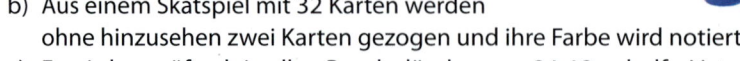

Dein Fundament

10. Gib mögliche Ergebnisse an.
    a) Das Glücksrad in der Abbildung wird gedreht.
    b) Ein Spielwürfel wird einmal geworfen.
    c) Eine Münze wird geworfen.

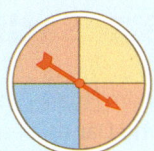

11. Gib für den Zufallsversuch „einmaliges Werfen eines „Spielwürfels" Folgendes an:
    a) alle Ergebnisse, die zum Ereignis „Würfeln einer Primzahl" gehören
    b) ein sicheres Ereignis
    c) ein unmögliches Ereignis

Laplace-Experimente

12. Entscheide und begründe, ob es sich um ein Laplace-Experiment handelt.
    a) Eine Münze wird einmal geworfen und beobachtet, ob „Wappen" oder „Zahl" fällt.
    b) Eine Reißzwecke wird geworfen und registriert, ob sie auf dem Rücken landet.
    c) Aus 32 Skatkarten wird eine Karte gezogen und festgestellt, ob es ein Bube ist.

13. a) Entscheide, ob es sich beim Drehen des jeweiligen Glücksrades um ein Laplace-Experiment handelt.
    b) Gib für jedes Glücksrad die Wahrscheinlichkeit dafür an, dass der Zeiger auf „Gelb" stehen bleibt.
    c) Zeichne ein Glücksrad mit vier Farben und acht Feldern, mit dem man ein Laplace-Experiment durchführen kann.

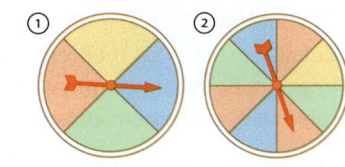

14. Gib ein Laplace-Experiment mit folgender Wahrscheinlichkeit für jedes Ergebnis an.
    a) 50 %
    b) $\frac{1}{6}$
    c) 0,25
    d) $\frac{1}{36}$

Simulationen

15. Beschreibe einen Zufallsversuch, mit dem folgender Vorgang simuliert werden kann.
    a) Geburt eines Kindes mit der Wahrscheinlichkeit 0,5 für eine Mädchengeburt.
    b) Ein neuer Schüler kommt mit der Wahrscheinlichkeit $\frac{1}{3}$ in eine der drei achten Klassen.
    c) Elfmeterschießen mit einer Trefferwahrscheinlichkeit von 80 %.

16. Betrachtet werden Familien mit zwei Kindern. Beschreibe und realisiere eine Simulation mit einer Tabellenkalkulation, um einen Schätzwert für die Wahrscheinlichkeit zu ermitteln, dass genau ein Junge geboren wird.

Hinweis zu 16:
Nimm an, dass Jungen- und Mädchengeburten gleichwahrscheinlich sind.

Vermischtes

17. Ordne der Größe nach. Beginne mit der kleinsten Zahl.
    a) 0,7; 50 %; $\frac{9}{8}$; $1\frac{3}{4}$
    b) 0,75; $0,1^2$; $\frac{1}{10}$; $1\frac{1}{4}$; 120 %

18. Wie viele Möglichkeiten gibt es, drei Flaschen aus einer größeren Anzahl (mehr als drei) Flaschen der abgebildeten drei Angebotssäfte zu wählen?

19. Gib an, wie viele verschiedene dreistellige Zahlen man aus den Ziffern 1; 2 und 3 bilden kann, ohne dass eine Ziffer doppelt vorkommt.

3.1 Sachverhalte mit Baumdiagrammen beschreiben

■ Im Finale des 100-m-Laufs stehen Aron, Bert, Chris und Darius. *Beschreibe, wie du herausfinden kannst, wie viele Möglichkeiten es für das Verteilen der Gold-, Silber- und Bronzemedaillen an diese vier Sportler gibt.* ■

Hinweis:
Jeder Weg zu einem zusammengesetzten Ergebnis heißt „*Pfad*".

Für Wappen wird die Abkürzung „w" und für Zahl die Abkürzung „z" verwendet.

Das gleichzeitige Werfen zweier Ein-Euro-Münzen kann auch durch das zweimalige Werfen einer Ein-Euro-Münze ersetzt werden. Solche zweistufigen Zufallsversuche können durch Baumdiagramme veranschaulicht werden.

Die Paare (w; z) und (z; w) sind zwei unterschiedliche zusammengesetzte Ergebnisse des zweistufigen Zufallsversuchs. Bleibt die Reihenfolge der Ergebnisse in den Stufen unbeachtet, liegt eine ungeordnete Auswahl vor, wird die Reihenfolge beachtet, eine geordnete Auswahl.

> **Wissen: Mehrstufiger Zufallsversuch, Baumdiagramm**
> Zufallsversuche aus mehreren zufälligen Teilvorgängen heißen mehrstufige Zufallsversuche. In einem **Baumdiagramm** werden alle möglichen Fälle stufenweise dargestellt. Jeder Pfad führt zu genau einem **zusammengesetzten Ergebnis**.
>
> Bei einer **geordneten Auswahl** werden alle Pfade als verschieden betrachtet, weil die Reihenfolge der Einzelergebnisse berücksichtigt wird. Die Gesamtzahl aller möglichen zusammengesetzten Ergebnisse ist gleich dem Produkt aus den Anzahlen der Möglichkeiten auf jeder Stufe.
>
> Bei einer **ungeordneten Auswahl** ist zu berücksichtigen, wie viele der zusammengesetzten Ergebnisse das gleiche zusammengesetzte Ergebnis ergeben.

Anzahl der Möglichkeiten bei geordneter Auswahl

Beispiel 1: Untersuche mithilfe eines Baumdiagramms, wie viele Möglichkeiten der Belegung der ersten beiden Plätze beim 100-m-Lauf für Anne (A), Bea (B) und Chris (C) es gibt, wenn keine zwei Läuferinnen gleichzeitig das Ziel erreichen.

Lösung:

Ermittle die möglichen Ergebnisse je Stufe und die Anzahl der Stufen.

Für den 1. Platz (1. Stufe): drei Möglichkeiten
Für den 2. Platz (2. Stufe): Jeweils nur noch zwei Möglichkeiten, denn die Läuferin, die den 1. Platz belegt, kann nicht gleichzeitig den zweiten Platz erreichen.

Zeichne und bezeichne das Baumdiagramm.

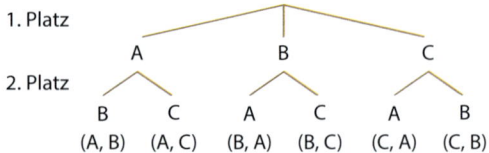

Prüfe, ob die Reihenfolge der Ergebnisse beachtet werden muss und ermittle die Anzahl aller Möglichkeiten.

Die Reihenfolge des Einlaufs spielt eine Rolle. Es gibt $3 \cdot 2 = 6$ Möglichkeiten.

3.1 Sachverhalte mit Baumdiagrammen beschreiben

Basisaufgaben

1. Lisa kann sich mal wieder nicht entscheiden, welche Hose und welches Oberteil sie anziehen möchte. Wie viele Wahlmöglichkeiten hat sie bei vier Oberteilen und zwei Hosen?
   a) Stelle alle Wahlmöglichkeiten in einem Baumdiagramm dar.
   b) Ermittle die Anzahl der Wahlmöglichkeiten.
   c) Wie viele Wahlmöglichkeiten hat sie, wenn noch eine Hose dazu kommt?

2. Beim Werfen einer Münze kann diese „Wappen" oder „Zahl" zeigen. Zeichne ein Baumdiagramm mit allen möglichen Ergebnissen, wenn eine Münze dreimal nacheinander geworfen wird.

3. Wie viele verschiedene dreistellige Zahlen lassen sich aus den Ziffern 1, 2, 3, 4 und 5 bilden, wenn jede Ziffer nur einmal vorkommen soll?

Baumdiagramm bei ungeordneter Auswahl

Beispiel 2: Aus drei Spielkarten, Herzkönig (K), Herzdame (D), Herzass (A)), werden gleichzeitig mit geschlossenen Augen zwei Karten gezogen. Ermittle mithilfe eines Baumdiagramms die Anzahl aller Möglichkeiten für die Zusammensetzung der gezogenen Karten.

Lösung:

Ermittle die möglichen Ergebnisse je Stufe und die Anzahl der Stufen.	Es ist ein zweistufiger Vorgang mit Ziehen ohne Zurücklegen. In der ersten Stufe gibt es drei, in der zweiten Stufe jeweils zwei Möglichkeiten.
Zeichne und bezeichne das Baumdiagramm.	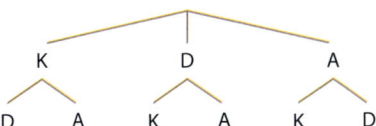
Prüfe, ob die Reihenfolge der Ergebnisse beachtet werden muss und ermittle die Anzahl aller Möglichkeiten.	Die Reihenfolge des Ziehens spielt kein Rolle. Jeweils zwei Ergebnisse führen zur selben Auswahl. Es gibt $3 \cdot \frac{2}{2} = 3$ Möglichkeiten.

Basisaufgaben

4. An vier Interessenten (Miriam, Torsten, Ben und Zoe) sollen zwei Konzertkarten verlost werden. Ermittle mithilfe eines Baumdiagramms, welche Möglichkeiten es gibt. Gib die Gesamtanzahl der Möglichkeiten an.

5. Zu jedem der Mädchen Sophie, Miriam und Phi Nung soll einer der Jungen Tim, Nick und Richard als Tanzpartner so durch Losentscheid ermittelt werden, dass jedes Tanzpaar aus einem Jungen und einem Mädchen besteht. Ermittle mithilfe eines Baumdiagramms, welche Möglichkeiten es gibt. Gib die Gesamtanzahl der Möglichkeiten an.

6. Ermittle mithilfe eines Baumdiagramms, welche und wie viele Möglichkeiten gibt es, beim zweimaligen Werfen eines Würfels als Augensumme eine 7 zu erhalten?

Weiterführende Aufgaben

7. Die Anzahl der Jungen in Familien mit drei Kindern soll als zufällig angenommen werden. Fertige ein Baumdiagramm zu diesem mehrstufigen Zufallsversuch an und nenne alle zusammengesetzten Ergebnisse, die zum Ereignis „Die Anzahl der Jungen ist 2." gehören.

8. **Stolperstelle:** Aus einer Schüssel mit 4 blauen und 2 roten Kugeln wird dreimal jeweils eine Kugel (ohne Zurücklegen) zufällig entnommen und ihre Farbe festgestellt.
Timo meint, dass es bei jedem Zug die Möglichkeit gibt, eine blaue oder eine rote Kugel zu ziehen und es dann beim dreimaligem Ziehen 2 + 2 + 2 = 6 Möglichkeiten sind. Was meinst du? Begründe mithilfe eines Baumdiagramms deine Aussage.

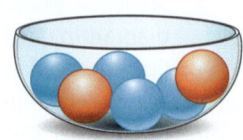

9. Die Anzahl der Diagonalen in einem n-Eck kann mithilfe der Formel $\frac{n \cdot (n-3)}{2}$ berechnet werden, wenn n eine natürliche Zahl größer als 3 ist.
   a) Überprüfe, ob die Formel für ein Sechseck stimmt. Zeichne dazu auch ein Baumdiagramm.
   b) Ermittle rechnerisch die Anzahl der Diagonalen eines Achtecks.

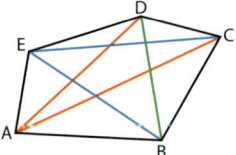

10. Zwei Personen lassen sich auf 2 Weisen in einer Reihe aufstellen. Ermittle mithilfe geeigneter Baumdiagramme die Anzahl der Anordnungsmöglichkeiten für drei bzw. vier Personen.

● 11. Ben untersucht, wie viele verschiedene Möglichkeiten es gibt, in fünf leere Kästchen drei einfarbige Kreuze zu zeichnen. Er argumentiert so:
„Ich denke mir zunächst die Kreuze verschiedenfarbig, beispielsweise gelb, rot und grün. Für das erste Kreuz habe ich fünf Möglichkeiten es einzuzeichnen, für das zweite dann noch vier und für das dritte noch drei Möglichkeiten.
Das sind insgesamt 5 · 4 · 3 = 60 Fälle. Von den dabei entstehenden Ankreuzmustern sind, bis auf die Farbe bzw. die Reihenfolge des Ankreuzens, jeweils sechs gleich, denn für das erste Kreuz könnte man aus drei Farben, für das zweite noch aus zwei Farben wählen. Für das dritte Kreuz bliebe dann noch eine Farbe übrig.
Jeweils 3 · 2 · 1 = 6 Ankreuzergebnisse hätten also das gleiche Ankreuzmuster und würden sich nur in der Farbe der Kreuze bzw. der Reihenfolge des Ankreuzens unterscheiden. Insgesamt sind es also nur $\frac{5 \cdot 4 \cdot 3}{3 \cdot 2 \cdot 1}$ = 10 Möglichkeiten."
Beurteile die Argumentation von Ben.

● 12. Beim Lotto „6 aus 49" kann die Anzahl möglicher Tipps durch folgenden Term berechnet werden:

$$\frac{49 \cdot 48 \cdot 47 \cdot 46 \cdot 45 \cdot 44}{1 \cdot 2 \cdot 3 \cdot 4 \cdot 5 \cdot 6}$$

   a) Erkläre, warum das so ist.
   b) Berechne die Chance auf einen „Sechser".

13. In einem Tanz-Kurs sind 10 Jungen und 12 Mädchen. Ermittle die Anzahl der möglichen Tanzpaare, bestehend aus jeweils einem Jungen und einem Mädchen.

3.1 Sachverhalte mit Baumdiagrammen beschreiben

14. Bei einem Musikfestival treten vier Musikgruppen auf. Berechne, wie viele Möglichkeiten es für die Reihenfolge des Auftretens der Musikgruppen gibt, wenn schon festgelegt ist, welche der Gruppen als erste Gruppe beginnt. Zeichne ein geeignetes Baumdiagramm.

15. Anna hat für ihr Fahrrad ein vierstelliges Zahlenschloss mit den Ziffern von 0 bis 9.
    a) Ermittle die Anzahl der verschiedenen Zahlenkombinationen, die mit diesem Schloss eingestellt werden können.
    b) Ein Fahrraddieb benötigt etwa zwei Sekunden, um eine Kombination zu prüfen. Berechne, wie lange es dauern würde, bis er alle Zahlenkombinationen ausprobiert hat.

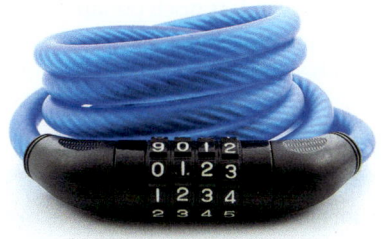

16. In einem Raum hängen sechs gleichartige Lampen, die man unabhängig voneinander ein- und ausschalten kann. Berechne, wie viele Möglichkeiten der Beleuchtung es gibt, wenn genau fünf (vier) Lampen brennen sollen?

17. Die Buchstaben des Wortes ANNA (SUSANNA) sollen in beliebiger Reihenfolge angeordnet werden. Wie viele Möglichkeiten gibt es dafür?

18. Wie viele verschiedene vierstellige Zahlen lassen sich aus den Ziffern 1; 2; 3; 4 und 5 bilden?
    a) Jede Ziffer darf mehrfach vorkommen.   b) Jede Ziffer darf nur einmal vorkommen.

19. In Phils Zimmer hängen nebeneinander vier Bilder. Er möchte ihre Reihenfolge ändern.
    a) Ermittle die Anzahl aller Möglichkeiten.
    b) Wie ändert sich die Anzahl der Möglichkeiten, wenn nur drei Bilder wieder aufgehängt werden und die vierte Stelle unberücksichtigt bleibt. Zeichne ein Baumdiagramm.

20. In der 1. Fußball-Bundesliga gibt es 18 Mannschaften. Begründe, ohne Auszählen, dass es in einer Spielzeit (Hin- und Rückrunde) 306 Spiele gibt.

21. In einer Kiste befinden sich fünf Bälle, die jeweils mit einer der Zahlen 2; 3; 6; –8; 9 beschriftet sind. In einer zweiten Kiste sind es vier Bälle mit jeweils einer der Zahlen 5; –11; 12; 15.
    Aus jeder der Kisten wird mit geschlossenen Augen genau ein Ball entnommen.
    a) Ermittle, wie viele Möglichkeiten es gibt, dass die Summe der beiden entnommenen Zahlen größer als 10 ist.
    b) Berechne die Anzahl aller Möglichkeiten, dass das Produkt beider Zahlen gerade ist.

22. In der Klasse 8c sollen aus 20 Schülern ein Schülersprecher und ein Stellvertreter gewählt werden. Lenny meint: „Für jeden Posten gibt es 20 mögliche Schüler. Insgesamt sind es also 20 · 20 = 400 Möglichkeiten." Erkläre, warum das nicht stimmt, und korrigiere.

23. **Ausblick:** In einer Ebene sind fünf Geraden gegeben, von denen keine zwei parallel sind und keine drei durch ein und denselben Punkt gehen. Wie viele Dreiecke bilden die fünf Geraden insgesamt?

3.2 Wahrscheinlichkeiten mit Pfadregeln berechnen

■ Bei einer Tombola sind noch 5 Lose übrig geblieben.
Chris, Mia, Loreen, Paula und Karl dürfen jeweils ein Los ziehen.
Alle wissen, dass noch genau 2 Gewinne enthalten sind.
Chris und Mia ziehen zuerst und haben beide ein Gewinnlos.
Jetzt beschweren sich die drei anderen:
„Wir hatten ja gar keine Chance, den Gewinn zu ziehen."

Was sagst du dazu? ■

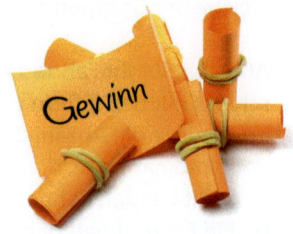

Zum Ermitteln von Wahrscheinlichkeiten mehrstufiger Zufallsversuche können die Wahrscheinlichkeiten der Ergebnisse in den Einzelversuchen an den jeweiligen Pfad geschrieben werden.

Im Beispiel des zweifachen Werfens einer Münze gehört zu jedem Ergebnis ein **Pfad**, der bis nach unten durchläuft. Der Pfad für das Ergebnis (Wappen; Wappen) ist rot gefärbt.

Die Wahrscheinlichkeit für das Ergebnis (Wappen; Wappen) beträgt:

50 % von 50 % = 25 %, also $\frac{1}{2} \cdot \frac{1}{2} = \frac{1}{4} = 25\%$

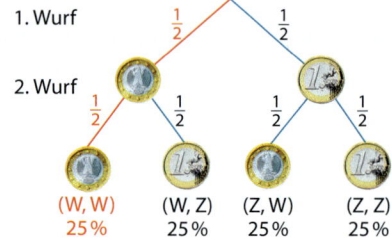

Hinweis:
Die Summe der Wahrscheinlichkeiten sowohl am Ende jedes Pfades als auch unter jeder Verzweigung ist jeweils 1.

> **Wissen: Pfadregeln für Wahrscheinlichkeiten bei mehrstufigen Zufallsversuchen**
>
> 1. Die Wahrscheinlichkeit für ein zusammengesetztes Ergebnis ist das **Produkt der Einzelwahrscheinlichkeiten** der Teilergebnisse, die zum jeweiligen Pfad im Baumdiagramm gehören. **(1. Pfadregel)**
>
> 2. Die Wahrscheinlichkeit eines Ereignisses ist die **Summe der Wahrscheinlichkeiten** der zusammengesetzten Ergebnisse, die zu dem Ereignis gehören. **(2. Pfadregel)**

Ziehen mit Zurücklegen

> **Beispiel 1:** Aus einer Kiste mit zwei roten Bällen, einem grünen und einem blauen Ball wird zweimal ein Ball ohne hinzusehen entnommen. Zeichne ein Baumdiagramm und ermittle die Wahrscheinlichkeit dafür, dass beide Bälle die gleiche Farbe haben, wenn der zuerst entnommene Ball wieder zurückgelegt wird.

Lösung:
Ermittle die Anzahl der Stufen und die möglichen Ergebnisse je Stufe.

Zeichne das Baumdiagramm, trage die Einzelwahrscheinlichkeiten an die Pfade an und prüfe dabei, ob sie sich von Stufe zu Stufe ändern.

Hinweis:
Schreibe für ein Ereignis kurz E und für die Wahrscheinlichkeit des Ereignisses P(E).

Es sind zwei Stufen mit jeweils drei möglichen Ergebnissen je Stufe.

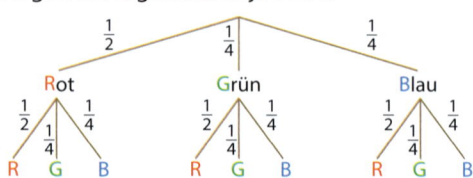

Ermittle, welche Ergebnisse zum gesuchten Ereignis gehören. Berechne mit den Pfadregeln die Wahrscheinlichkeit des Ereignisses.

E: zweimal dieselbe Farbe
P(E) = P(R; R) + P(G; G) + P(B; B)
P(E) = $\frac{1}{2} \cdot \frac{1}{2} + \frac{1}{4} \cdot \frac{1}{4} + \frac{1}{4} \cdot \frac{1}{4} = \frac{3}{8} = 37{,}5\%$

3.2 Wahrscheinlichkeiten mit Pfadregeln berechnen

Basisaufgaben

1. Aus einer Kiste mit drei roten und zwei grünen Bällen sowie einem blauen Ball wird zweimal ein Ball ohne hinzusehen entnommen. Zeichne ein Baumdiagramm und ermittle die Wahrscheinlichkeit dafür, dass beide Bälle die gleiche Farbe haben, wenn der zuerst entnommene Ball wieder zurückgelegt wird.

2. Philipps Spielzeugkiste ist voll von Plastikschrauben, 20 Schrauben mit dem Durchmesser 6 mm, 40 Schrauben mit dem Durchmesser 8 mm und 60 Schrauben mit dem Durchmesser 10 mm. In einer anderen Kiste befindet sich jeweils dieselbe Zahl von Muttern, die über die Schrauben von entsprechender Größe passen. Philipp entnimmt zufällig eine Schraube und eine Mutter. Berechne die Wahrscheinlichkeit, dass beide zusammenpassen.

3. Die Wahrscheinlichkeit für eine Jungengeburt beträgt ca. 51,3 %.
Mit welcher Wahrscheinlichkeit hat eine Familie mit drei Kindern genau zwei Söhne? Zeichne zunächst ein Baumdiagramm.

Ziehen ohne Zurücklegen

Beispiel 2: Aus drei Spielkarten, Herzkönig (K), Herzdame (D) und Herzass (A), werden gleichzeitig mit geschlossenen Augen zwei Karten gezogen. Untersuche mithilfe eines Baumdiagramms die Anzahl aller Möglichkeiten für die Zusammensetzung der gezogenen Karten.

Lösung:

Ermittle die Anzahl der Stufen und die möglichen Ergebnisse je Stufe.

Es sind zwei Stufen, in der ersten Stufe sind es drei, in der zweiten Stufe zwei Möglichkeiten.

Zeichne das Baumdiagramm.

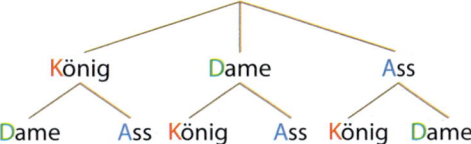

Ermittle die Anzahl der Ergebnisse, die zum gesuchten Ereignis gehören.

Ergebnisse: König, Dame oder König, Ass
Dame, König oder Dame, Ass
Ass, König oder Ass, Dame
Ohne Berücksichtigung der Reihenfolge gibt es drei Möglichkeiten.

Basisaufgaben

4. In einem Gefäß liegen 3 blaue und 2 rote Kugeln. Zwei Kugeln werden nacheinander zufällig entnommen, ohne die erste Kugel wieder zurückzulegen. Zeichne ein Baumdiagramm und berechne die Wahrscheinlichkeit, dass zwei gleiche Kugeln gezogen werden.

5. Die Klasse 8c besteht aus 13 Mädchen und 12 Jungen. Für die Schulkonferenz sollen zwei Schüler aus der Klasse zufällig ausgewählt werden.
Zeichne zunächst ein Baumdiagramm und berechne dann die Wahrscheinlichkeit, dass man genau einen Jungen und ein Mädchen auswählt.

Hinweis zu 6:
Hier findest du die gerundeten Wahrscheinlichkeiten.

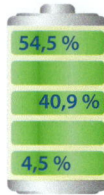

54,5 %
40,9 %
4,5 %

6. In einem Karton liegen 12 Glühlampen, darunter 3 defekte Glühlampen. Man entnimmt dem Behälter nacheinander zufällig zwei Lampen, ohne die erste Lampe wieder zurückzulegen. Zeichne ein Baumdiagramm und berechne die Wahrscheinlichkeit dafür, dass von den beiden Lampen:
   a) zwei defekt sind,   b) genau eine defekt ist,   c) keine defekt ist.

Verkürzte Baumdiagramme nutzen

Manchmal genügt es, nur einen Teil des Baumdiagramms zu zeichnen.

Beispiel 3: Ermittle die Wahrscheinlichkeit, mit der beim dreimaligen Werfen eines Spielwürfels genau zweimal eine 6 gewürfelt wird.

Lösung:

Ermittle die möglichen Ergebnisse je Stufe und die Anzahl der Stufen.

Bezeichne das Baumdiagramm und trage die Einzelwahrscheinlichkeiten an die Pfade an.

Ermittle, welche Ergebnisse zum gesuchten Ereignis gehören.

Berechne mit den Pfadregeln die Wahrscheinlichkeit des Ereignisses.

Zum Ereignis E: „genau zweimal 6" gehören die zusammengesetzten Ergebnisse:
(6; 6; keine 6), (6; keine 6; 6), (keine 6; 6; 6)

$P(E) = \frac{1}{6} \cdot \frac{1}{6} \cdot \frac{5}{6} + \frac{1}{6} \cdot \frac{5}{6} \cdot \frac{1}{6} + \frac{5}{6} \cdot \frac{1}{6} \cdot \frac{1}{6} = \frac{15}{216}$

Basisaufgaben

7. Ein Spielwürfel wird viermal geworfen. Ermittle die Wahrscheinlichkeit, dass man jedes Mal eine Sechs erhält. Zeichne dazu nur den Teil eines Baumdiagramms, der für die Bestimmung der Wahrscheinlichkeit benötigt wird.

8. Bei einem Quiz sollen 5 gegebene Flüsse der Länge nach geordnet werden. Ermittle, mit welcher Wahrscheinlichkeit ein ahnungsloser Kandidat, der die Flüsse rein zufällig ordnet, die richtige Reihenfolge rät. Zeichne dazu ein verkürztes Baumdiagramm.

9. Aus dem Gefäß sollen drei Kugeln zufällig gezogen werden. Zeichne ein verkürztes Baumdiagramm und berechne, mit welcher Wahrscheinlichkeit die Kugeln in der gezogenen Reihenfolge den Namen „INA" zeigen.
   a) Die Kugeln werden nach dem Ziehen immer wieder zurücklegt.
   b) Die Kugeln werden nach dem Ziehen nicht wieder zurücklegt.

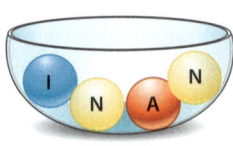

10. Ein Spielwürfel wird zweimal geworfen. Ermittle die Wahrscheinlichkeit dafür, dass die Augensumme 9 ist. Zeichne dazu ein verkürztes Baumdiagramm.

Wahrscheinlichkeiten von Gegenereignissen ermitteln

Das **Gegenereignis** $\overline{E}$ zu einem Ereignis E tritt genau dann ein, wenn das Ereignis E nicht eintritt. Für seine Wahrscheinlichkeit gilt: $P(\overline{E}) = 1 - P(E)$

> **Beispiel 4:** Ermittle die Wahrscheinlichkeit, mit der beim dreifachen Wurf mit einem Spielwürfel mindestens eine 6 gewürfelt wird.

Lösung:
Ermittle zunächst die Wahrscheinlichkeit für das Gegenereignis, also die Wahrscheinlichkeit dafür, dreimal hintereinander keine 6 zu würfeln.

Zeichne im Baumdiagramm nur den Pfad für das Gegenereignis. Bei allen anderen Pfaden wird mindestens eine 6 gewürfelt.

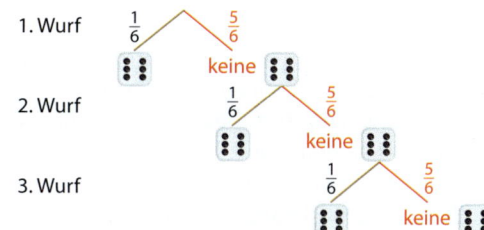

Berechne die Wahrscheinlichkeit für das Ereignis, dass mindestens eine 6 gewürfelt wird, aus der Wahrscheinlichkeit für das Gegenereignis.

Gegenereignis $\overline{E}$: dreimal keine 6
$P(\overline{E}) = \frac{5}{6} \cdot \frac{5}{6} \cdot \frac{5}{6} = \frac{125}{216} \approx 58\%$

Ereignis E: mindestens eine 6
$P(E) = 1 - P(\overline{E}) = 1 - \frac{125}{216} = \frac{91}{216} \approx 42\%$

Basisaufgaben

11. Gib das Gegenereignis in Worten an.
  a) Die Augenzahl beim Werfen eines Spielwürfels ist gerade.
  b) Aus einem Beutel mit farbigen Kugeln wird zufällig eine gelbe Kugel gezogen.
  c) Eine zufällig gewählte natürliche Zahl zwischen 1 und 49 ist kleiner als 20.
  d) Bei der zufälligen Auswahl zweier Schüler werden ein Mädchen und ein Junge gewählt.

12. Das abgebildete Glücksrad wird zweimal gedreht und jeweils die Farbe notiert.
  a) Bilde aus den sechs Ereignissen drei Paare bestehend aus einem Ereignis und einem Gegenereignis.

  E_1: zwei gleiche Farben E_2: keinmal „Orange"

  E_3: mindestens einmal „Orange" E_4: nur „Orange"

  E_5: nur „Blau" oder „Grün" E_6: zwei verschiedene Farben

  b) Berechne die Wahrscheinlichkeiten der Ereignisse aus a).

13. Eine Münze wird zehnmal geworfen. Ermittle die Wahrscheinlichkeit dafür, dass man mindestens einmal „Wappen" erhält.

14. In einem Gefäß liegen drei rote, drei blaue und drei weiße Kugeln. Viktoria zieht mit verbundenen Augen drei Kugeln ohne Zurücklegen.
Berechne die Wahrscheinlichkeit für folgendes Ereignis:
  a) Sie zieht drei rote Kugeln.
  b) Sie zieht mindestens eine rote Kugel.

Weiterführende Aufgaben

15. Fast jeder Schüler hat heutzutage ein Handy.
Das Baumdiagramm veranschaulicht die Ergebnisse einer Befragung von 100 Schülern.
a) Vervollständige und interpretiere das Diagramm.
b) Gib an, wie viele Schüler kein Handy haben. Erläutere dein Vorgehen.

16. Aus einem Skatspiel mit 32 Karten werden mit einem Griff zufällig zwei Karten gezogen. Berechne die Wahrscheinlichkeiten für folgende Ereignisse:
A: Es sind zwei Herzkarten.
B: Es sind zwei Karten gleicher Farbe.

17. Drei verdeckte Karten mit den Augenzahlen 2, 3 und 7 werden gemischt. Dann wird eine Karte gezogen und offen auf den Tisch gelegt. Danach wird eine zweite Karte gezogen und hinter die erste Karte gelegt, sodass eine zweistellige Zahl entsteht.
a) Zeichne ein Baumdiagramm.
b) Entscheide, welche zweistelligen Zahlen entstehen können.
c) Gib die Wahrscheinlichkeit dafür an, dass die Zahl 37 entsteht.
b) Gib die Wahrscheinlichkeit dafür an, dass die entstehende Zahl durch 9 teilbar ist.

18. Leo und Lea schreiben sich in unregelmäßigen Abständen Briefe. Wenn Lea einen Brief erhält, schreibt sie mit einer Wahrscheinlichkeit von 70 % einen Antwortbrief.
Jetzt hat Leo ihr wieder einen Brief geschrieben. Mit welcher Wahrscheinlichkeit bekommt er eine Antwort, wenn er nur 80 % seiner Briefe wirklich abschickt und den Rest liegen lässt?

19. Stolperstelle: Aus zwei Beuteln mit Losen wird zufällig ein Beutel ausgewählt, und aus diesem zufällig ein Los gezogen. In einem Beutel gibt es zwei Nieten und einen Gewinn. Im anderen Beutel befinden sich drei Nieten und drei Gewinne.
Niklas meint, dass es insgesamt vier Gewinne und neun Lose gibt und die Wahrscheinlichkeit für einen Gewinn somit $\frac{4}{9}$ beträgt. Was meinst du? Ermittle die Wahrscheinlichkeit, indem du ein zweistufiges Baumdiagramm zeichnest.

20. Ein Glücksrad mit den Farben Blau und Rot wird zweimal gedreht. Die zusammengesetzten Ergebnisse aus Blau und Rot haben folgende Wahrscheinlichkeiten:

Ergebnis	(Blau; Blau)	(Rot; Blau)	(Blau; Rot)	(Rot; Rot)
Wahrscheinlichkeit	$\frac{1}{16}$	$\frac{3}{16}$	$\frac{3}{16}$	$\frac{9}{16}$

a) Erstelle das zugehörige Baumdiagramm.   b) Zeichne das Glücksrad.

21. Für die Sicherheit eines Flugzeuges sind die Triebwerke von großer Bedeutung. Die Wahrscheinlichkeit, dass ein Triebwerk ausfällt, sei 0,1 %. Entscheide, ob ein Flugzeug mit zwei Triebwerken, von denen eines ausfällt, sicherer ist, als eines mit vier Triebwerken, von denen zwei ausfallen. Es sei vorausgesetzt, dass die Flugzeuge nach den beschriebenen Triebwerksausfällen noch fliegen können.

3.2 Wahrscheinlichkeiten mit Pfadregeln berechnen

22. Berechne die Wahrscheinlichkeit dafür, dass beim zweimaligen Drehen des nebenstehenden Glücksrades unterschiedliche Farben angezeigt werden.

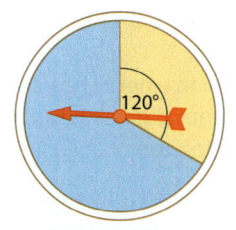

23. Die Klasse 8d besteht aus 15 Mädchen und 15 Jungen. Zwei Fünftel der Klasse tragen Ohrringe. Prüfe, ob folgende Aussage wahr ist:
 „Da die Wahrscheinlichkeit in der Klasse, ein Mädchen zu sein $\frac{1}{2}$ beträgt und die Wahrscheinlichkeit für das Tragen von Ohrringen $\frac{2}{5}$ ist, beträgt die Wahrscheinlichkeit, dass eine zufällig gewählte Person ein Mädchen mit Ohrringen ist: $\frac{1}{2} \cdot \frac{2}{5} = \frac{1}{5}$."

24. In einer Lostrommel mit 200 Losen befinden sich 50 Gewinnlose. Nicole zieht 4 Lose. Ermittle die Wahrscheinlichkeit für folgendes Ereignis:
 a) Es ist kein Gewinn dabei. b) Es ist genau ein Gewinn dabei.
 c) Es ist mindestens ein Gewinn dabei.

25. Der Zimmerkellner eines Hotels soll vier Gästen Tabletts mit Frühstück vor die jeweilige Zimmertür stellen, je ein Französisches-, ein Holländisches-, ein Gourmet- und ein Fitness-Frühstück. Leider hat er völlig vergessen, welches Frühstück zu welchem Zimmer gehört und stellt die Tabletts zufällig vor den vier Türen ab. Mit welcher Wahrscheinlichkeit stehen alle Tabletts vor dem richtigen Zimmer?

26. Galtonbretter sind Nagelbretter, bei denen kleine Kugeln an mehreren gleichartigen Nägeln nach links (L) oder nach rechts (R) abgelenkt werden. Beim einfachen Galtonbrett ist die Wahrscheinlichkeit für eine Links- bzw. Rechtsablenkung gleich.
 a) Entscheide, in welchem Schacht Kugeln landen, deren Weg sich beschreiben lässt mit LRRL oder RRLL?
 b) Berechne die folgenden Wahrscheinlichkeiten:
 ① Die Kugel fällt in den Schacht 0.
 ② Die Kugel fällt in den Schacht 3.
 c) Halte einen Kurzvortrag über Galtonbretter. Informiere dich dazu im Internet. Präsentiere dabei auch die Aufgabe und deinen Lösungsweg.

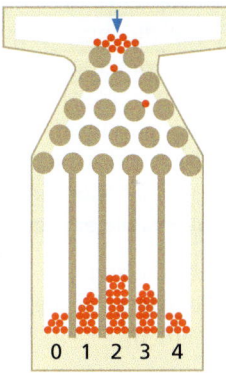

27. Ein Multiple-Choice-Test hat drei Fragen. Pro Frage muss man richtig oder falsch ankreuzen. Eine Person, die die Antworten nicht weiß und deshalb rät, füllt den Test aus. Bestimme die Wahrscheinlichkeiten für die folgenden Ereignisse.
 a) alle Antworten richtig
 b) mindestens eine Antwort falsch
 c) höchstens eine Antwort falsch
 d) richtige Antwort bei der ersten Frage
 e) nur die erste Frage falsch
 f) häufiger falsch als richtig geraten
 g) die zweite Frage falsch
 h) nicht nur falsch geraten
 i) genauso oft richtig wie falsch geraten
 j) häufiger richtig als falsch geraten

Hinweis zu 27:
Hier findest du die Lösungen.

28. **Ausblick:** Eine Klasse besteht aus 14 Mädchen und 12 Jungen, 10 der Jungen und 12 der Mädchen haben ein Smartphone. Stelle den Zusammenhang in zwei Baumdiagrammen mit den zugehörigen Pfadwahrscheinlichkeiten dar. Im ersten Baumdiagramm soll in der 1. Stufe das Geschlecht und im zweiten Diagramm (dem umgekehrten Baumdiagramm) soll in der 1. Stufe der Smartphonebesitz dargestellt werden.

3.3 Zufallsversuche mit Urnenmodellen simulieren

■ In einer Schale liegen sechs Überraschungseier. Nur zwei davon enthalten eine Figur. Es werden genau zwei Überraschungseier ohne hinzusehen zufällig entnommen.

Beschreibe, wie du durch einen Zufallsversuch mit Skatkarten die Wahrscheinlichkeit schätzen kannst, dass dabei die beiden Überraschungseier mit einer Figur gezogen werden. ■

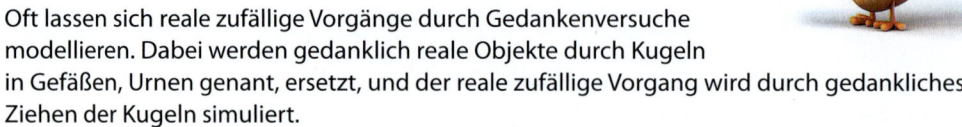

Oft lassen sich reale zufällige Vorgänge durch Gedankenversuche modellieren. Dabei werden gedanklich reale Objekte durch Kugeln in Gefäßen, Urnen genant, ersetzt, und der reale zufällige Vorgang wird durch gedankliches Ziehen der Kugeln simuliert.

> **Wissen: Simulationen mithilfe von Urnenmodellen**
> Reale zufällige **Vorgänge** können mit dem Urnenmodell **simuliert** werden, indem (gedanklich) aus einem oder mehreren Gefäßen (Urnen) zufällig Kugeln gezogen werden.
>
> Es ist zwischen einem **Ziehen mit Zurücklegen** und einem **Ziehen ohne Zurücklegen** zu unterscheiden. Das hat Einfluss auf die Wahrscheinlichkeit beim Ziehen einer Kugel von Stufe zu Stufe.

> **Beispiel 1:** In einem Einkaufszentrum wird ein Gewinnspiel durchgeführt. Ab einem Einkaufswert von 20 € bekommt man ein Rubbellos. Das Los enthält zehn Rubbelfelder. Hinter drei Rubbelfeldern verbirgt sich ein „Gewinn" und hinter sieben Rubbelfeldern eine „Niete". Einen Preis bekommt, wer dreimal „Gewinn" freigerubbelt hat.
> a) Beschreibe ein Urnenmodell, das diesen Vorgang simuliert.
> b) Erstelle ein Baumdiagramm und berechne die Gewinnwahrscheinlichkeit.

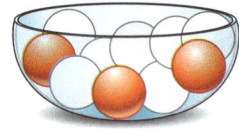

Lösung zu a):

Lege fest, wie viele Kugeln benötigt werden.	Das Rubbellos hat 10 Felder, es werden 10 Kugeln benötigt.
Entscheide, wie sich die realen Eigenschaften bei den Kugeln modellieren lassen (z. B. Farben oder Buchstaben).	Drei der Kugeln sollen rot sein. Sie repräsentieren „Gewinn", sieben der Kugeln sind weiß, sie stehen für „Niete".
Beurteile, wie oft Kugeln mit oder ohne Zurücklegen gezogen werden müssen, um den Vorgang zu simulieren.	Es muss dreimal eine Kugel ohne Zurücklegen gezogen werden, da ein freigerubbeltes Feld nicht noch einmal zum Rubbeln in Frage kommt.

Lösung zu b):
Zeichne ein Baumdiagramm.

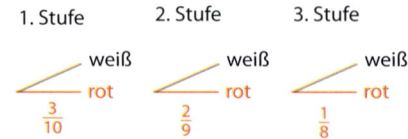

Berechne die Wahrscheinlichkeit mithilfe der Pfadregeln.

$$\frac{3}{10} \cdot \frac{2}{9} \cdot \frac{1}{8} = \frac{1}{128} \approx 0{,}0083 \ (0{,}83\ \%)$$

3.3 Zufallsversuche mit Urnenmodellen simulieren

Basisaufgaben

1. Beim Mini-Biathlon wird nach einer Runde mit drei Schüssen auf drei Scheiben geschossen. Ein Biathlet hat durchschnittlich bei jedem Schuss eine Trefferwahrscheinlichkeit von 60 %.
   a) Beschreibe und simuliere den Vorgang mit einem Urnenmodell.
   b) Begründe, warum es sich hier um einen Vorgang „mit Zurücklegen" handelt.
   c) Zeichne ein Baumdiagramm und berechne die Wahrscheinlichkeiten dafür, dass der Biathlet mindestens zwei Treffer erzielt.

2. Die Klasse 8a hat eine Verkehrszählung durchgeführt. Dabei wurden 65 LKW, 92 PKW und 18 sonstige Fahrzeuge gezählt.
   a) Beschreibe und simuliere den Sachzusammenhang mit einem Urnenmodell.
   b) Ermittle mithilfe des Urnenmodells die Wahrscheinlichkeit dafür, dass zu einem Zeitpunkt mit vergleichbarem Verkehrsaufkommen zuerst ein Pkw und dann ein Lkw an der Zählstelle vorbeifährt.

3. Beim Spiel „Mensch-ärgere-dich-nicht" hat man drei Versuche, um eine 6 zu würfeln, um aus dem Haus zu kommen. Beschreibe ein Urnenmodell für diesen Zufallsversuch und berechne seine Wahrscheinlichkeit.

Weiterführende Aufgaben

4. Ein Multiple-Choice-Test besteht aus vier Fragen. Zu jeder Frage gibt es drei Antwortmöglichkeiten, von denen jeweils genau eine richtig ist. Die richtige Antwort zu jeder Frage soll angekreuzt werden. Der Prüfling ist unsicher und rät, welche Antwort richtig ist.
   a) Erkläre und simuliere diesen Vorgang durch ein Urnenmodell.
   b) Ermittle, wie groß die Wahrscheinlichkeit für mindestens eine richtige Antwort ist.

5. **Stolperstelle:** Eine Münze wird so oft geworfen, bis „Wappen" oder „Zahl" zum zweiten Male erscheint. Gesucht ist die Wahrscheinlichkeit dafür, dass eine der Seiten beim dritten Wurf zum zweiten Mal erscheint. Torben entwickelt folgendes Urnenmodell dazu:
   „Weil dreimal geworfen wird und ich „Wappen" und „Zahl" als gleichwahrscheinlich annehmen kann, lege ich drei rote und drei weiße Kugeln in ein Gefäß. Es wird dreimal eine Kugel gezogen und die Farbe notiert. Dann stelle ich die relative Häufigkeit für Rot, Weiß, Rot fest."
   Beurteile Torbens Simulation.

6. In einer Reisegruppe von 15 Personen haben drei Personen Schmuggelware bei sich. Bei der Einreise wählt der Zoll zwei Personen zufällig aus. Ermittle die Wahrscheinlichkeit, dass die beiden ausgewählten Personen Schmuggelware bei sich haben.
   a) Ermittle das Ergebnis durch Simulation mithilfe eines Urnenmodells,
   b) Ermittle das Ergebnis durch Simulation mithilfe von Skatkarten.

7. Auf eine Torwand werden sechs Schüsse abgegeben.
   a) Beschreibe ein Urnenmodell für das Torwandschießen, wenn die Trefferwahrscheinlichkeit des Schützen konstant bei $\frac{1}{3}$ liegt.
   b) Berechne die Wahrscheinlichkeit, dass der Schütze mindestens einen Treffer erzielt.

8. **Ausblick:** Vier Jäger liegen bei einer Treibjagd im Hinterhalt, als plötzlich vier Enten auffliegen. Jeder Jäger entscheidet sich unabhängig von den anderen für eine Ente, schießt und trifft mit dem ersten Schuss. Ermittle durch eine Simulation, wie viele Enten im Durchschnitt überleben werden, wenn diese Situation sehr häufig eintritt.

Streifzug

3. Mehrstufige Zufallsversuche

Bananensuche

■ Der Affe hat Hunger und möchte sich Bananen holen, die auf den Inseln verteilt liegen. Es gelingt ihm immer dann, wenn das Würfelergebnis passt:
Die Differenz aus größerer und kleinerer Augenzahl ergibt die Zahl 0, 1, 2, 3, 4 bzw. 5 einer Insel. ■

Zwei Würfel werfen:

Differenz: 5 – 2 = 3

Der Affe kann eine Banane (●) von der **Insel 3** nehmen.

Wissen: Spielregeln

Anzahl Spieler:
Spielt zu zweit oder zu dritt.

Material:
- Ihr benötigt zwei Spielwürfel.
- Das Spielfeld findet ihr auf der Rückseite des Buches. Jeder Spieler verwendet ein eigenes Spielfeld.
- Je Spieler werden 12 Chips, Münzen o. ä. benötigt. Sie stellen die Bananen dar.

Vorbereitung:
Jeder Spieler verteilt die 12 „Bananen" auf die Inseln seines Spielfelds (siehe oben). Wie die Bananen verteilt werden, kann jeder Spieler frei wählen.

Je Spieler:

Spielverlauf:
1. Der jüngste Spieler beginnt.
2. Er würfelt mit zwei Würfeln.
3. Dann bildet er die Differenz aus der größeren und der kleineren Augenzahl. Sind beide Augenzahlen gleich, ist die Differenz 0.
4. Liegen auf einer Insel Bananen, dann kann man von dieser Insel auch Bananen wegnehmen. Liegt auf der Insel keine Banane, dann hat der Affe Pech …
5. Anschließend ist der nächste Spieler an der Reihe. Gewonnen hat der Spieler, der als Erster alle 12 Bananen von den Inseln seines Spielfelds eingesammelt hat.

Spielvariante 1: Ungewöhnliche Würfel
Als Würfel werden keine normale Spielwürfel, sondern andere Würfel verwendet:
- zwei Tetraederwürfel
- ein Tetraederwürfel und ein normaler Spielwürfel
- zwei Streichholzschachteln, deren Flächen mit 1 bis 6 beschriftet sind.

Spielvariante 2: Würfelsumme
Nach dem Würfeln wird nicht die Differenz, sondern die Summe der Augenzahlen gebildet.

Streifzug

Beispiel 1: Rechts siehst du, wie Nico und Lara ihre Bananen verteilt haben.
Wer hat die besseren Gewinnchancen? Begründe.

Nico:

Lara:

Lösung:
Nico hat seine Bananen auf alle Inseln gleichmäßig verteilt. Er muss darauf warten, dass er zweimal die Differenz 5 bekommt. Das passiert aber nur dann, wenn gleichzeitig eine 6 und eine 1 geworfen werden, also relativ selten.
Lara weiß, dass die Differenz 1 häufiger auftritt als andere Differenzen.
Deshalb hat sie viele Bananen auf der Insel 1 platziert. Beide Spieler können gewinnen, aber Lara hat die besseren Gewinnchancen.

Aufgaben

1. Untersucht die Wahrscheinlichkeiten, mit denen folgende Differenzen bei der Bananensuche auftreten:

Differenz	0	1	2	3	4	5
Strichliste						
Anzahl						
Anteil in %						

   a) Würfelt 50-mal mit zwei normalen Würfeln und tragt die Ergebnisse in einer Tabelle ein.
   b) Beantwortet zur Auswertung folgende Fragen:
      – Gab es Differenzen, die mit der gleichen Häufigkeit auftraten?
      – Welche Differenz trat am häufigsten (am seltensten) auf? Wie groß war ihr Anteil etwa?
      – Ordnet die Differenzen nach der Häufigkeit ihres Auftretens.
   c) Vergleicht die Ergebnisse in der Klasse. Was stellt ihr fest?
   d) Berechnet die Wahrscheinlichkeiten für die Differenzen, zum Beispiel mithilfe eines Baumdiagramms.

2. Begründe, dass die Strategie, alle Bananen gleichmäßig zu verteilen, nicht optimal ist.

3. Welche Strategie hat die höheren Gewinnchancen?
   A: Alle Bananen liegen auf der Insel, deren Zahl die größte Wahrscheinlichkeit hat.
   B: Die Bananen werden entsprechend der berechneten Wahrscheinlichkeiten aus Aufgabe 1d auf die Inseln verteilt.

4. Arbeitet in Gruppen.
   a) Testet auch das Würfeln mit Tetraederwürfel und Streichholzschachteln. Beschreibt, wie sich solche Würfel auf die Spielstrategien auswirken.
   b) Entwerft ein passendes Spielfeld für die Spielvariante „Würfelsumme".

3.4 Vermischte Aufgaben

1. Jedes Jahr nehmen zehn Schulen an einem Schulwettbewerb teil. Die besten drei Schulen werden mit einer Gold-, einer Silber- oder einer Bronzemedaille ausgezeichnet.
   a) Gib an, wie viele und welche Möglichkeiten es für die ersten drei Plätze gibt.
   b) Angenommen, alle Schulen sind gleich gut und die Platzierung ist zufällig. Wie wahrscheinlich ist es dann, dass die ersten drei Plätze dieselben sind wie im letzten Jahr? Betrachte die Platzierung als Laplace-Experiment und berechne so die Wahrscheinlichkeit.
   c) Bestimme die Wahrscheinlichkeit aus b) mithilfe eines Baumdiagramms.

2. Die beiden Glücksräder werden gleichzeitig gedreht.
   a) Zeichne ein Baumdiagramm mit der Farbe des linken Glücksrads als 1. Stufe und mit der Farbe des rechten Glücksrads als 2. Stufe. Trage die Wahrscheinlichkeiten ein.
   b) Zeichne ein Baumdiagramm mit der Farbe des rechten Glücksrads als 1. Stufe und mit der Farbe des linken Glücksrads als 2. Stufe. Trage die Wahrscheinlichkeiten ein.
   c) Bestimme die Wahrscheinlichkeit, dass beide Glücksräder „Orange" zeigen. Verwende einmal das Baumdiagramm aus a) und einmal das aus b). Vergleiche die Ergebnisse.

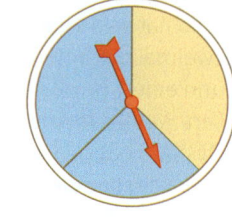

Hinweis zu 3:
Beim unten abgebildeten Würfel zählt die 4.

3. Beim Werfen eines Tetraeder-Würfels (Pyramide mit vier gleichseitigen Dreiecken) bleibt stets eine Ecke oben liegen. Es zählt immer die Augenzahl an der oben liegenden Ecke.
   ❄ Wie wahrscheinlich ist es, bei zweimaligem Würfeln jeweils eine gerade Augenzahl zu werfen? Zeichne ein Baumdiagramm und berechne die Wahrscheinlichkeit.
   ❀ Die Wahrscheinlichkeit für ein Ereignis beträgt $\frac{3}{16}$.
   Welches Ereignis könnte dieser Wahrscheinlichkeit zugrunde liegen?
   ● Wie wahrscheinlich ist es, dass die Augensumme beim zweimaligen Würfeln durch 3 teilbar ist?
   ❀ Das Ergebnis eines Wurfes mit zwei Tetraedern sei die Differenz der Augenzahlen. Hierbei wird immer die kleinere von der größeren Augenzahl subtrahiert. Stelle die möglichen Ergebnisse strukturiert (in einer Tabelle) dar und gib an, welche Differenz die größte Wahrscheinlichkeit hat.

4. Vivien fragt einen Passanten nach einer Straße. Der Passant ist zu 80 % ein Einheimischer. Während ein Einheimischer die Straße zu 80 % kennt, kennt eine andere Person sie nur zu 20 %. Bestimme die Wahrscheinlichkeiten für folgende Ereignisse.
   a) Ein Einheimischer kennt die Straße nicht.
   b) Der Passant kennt die Straße nicht.

5. Alina hört die Playlist mit ihren vier Lieblingssongs. Da sie die Zufallswiedergabe eingestellt hat, werden die vier Titel in zufälliger Reihenfolge abgespielt.
   a) Berechne, wie groß die Wahrscheinlichkeit ist, dass die Reihenfolge der Titel die gleiche ist wie beim Mal zuvor.
   b) Wie ändert sich diese Wahrscheinlichkeit, wenn die Playlist nicht vier, sondern neun Titel enthält?

3.4 Vermischte Aufgaben

6. a) Ermittle die Wahrscheinlichkeit, beim zweimaligen (viermaligen) Werfen eines Spielwürfels wenigstens einmal eine Sechs zu würfeln.
   b) Ermittle, wie oft man einen Spielwürfel werfen muss, um mit einer Wahrscheinlichkeit von mindestens 80 % wenigstens einmal eine Sechs zu würfeln.
   c) Ermittle, wie oft man eine Münze werfen muss, um mit einer Wahrscheinlichkeit von mindestens 80 % wenigstens einmal „Wappen" zu werfen.

7. Elias behauptet, dass auch der dreifache Münzwurf ein Laplace-Experiment ist. Überprüfe seine Behauptung, indem du ein Baumdiagramm zeichnest und für jedes zusammengesetzte Ergebnis die Wahrscheinlichkeit berechnest.

8. Zwei Würfel werden geworfen.
   a) Berechne die Wahrscheinlichkeit, dass die Augensumme 7 ist. Zeichne dazu ein zweistufiges Baumdiagramm.
   b) In der Tabelle kann man alle möglichen Ergebnisse beim Werfen zweier Würfel darstellen. Zum Beispiel zeigt das grüne Feld das Ergebnis 2 und 5, das blaue Feld zeigt das Ergebnis 3 und 4. Beschreibe, wie man hiermit die Wahrscheinlichkeit für die Augensumme 7 berechnen könnte.
   c) Berechne mithilfe der Tabelle die Wahrscheinlichkeit für die Augensumme 11.

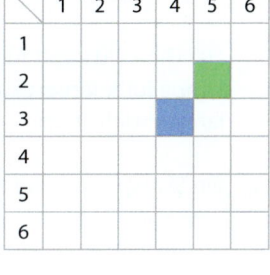

Hinweis zu 8:
Das gleichzeitige Würfeln kann auch stufenweise im Baumdiagramm dargestellt werden, als ob die Würfel einzeln nacheinander geworfen werden.

9. Nimm Folgendes an: Scheint an einem Tag die Sonne, so scheint sie am nächsten Tag mit einer Wahrscheinlichkeit von 80 %, andernfalls regnet es.
   Regnet es an einem Tag, so wiederholt sich dieses Wetter am nächsten Tag mit einer Wahrscheinlichkeit von 50 %, sonst scheint die Sonne.
   a) Heute scheint die Sonne. Markus will übermorgen eine Gartenparty geben. Mit welcher Wahrscheinlichkeit hat er mit dem Wetter Glück?
   b) Es regnet am Donnerstag. Mirjam will jetzt den Termin für ihre kurzfristig geplante Gartenparty festlegen. Kann sie eher für Samstag oder für Sonntag mit schönem Wetter rechnen?

10. Erik hat beim Mini-Biathlon eine Trefferquote von 90 % beim Liegend- und 75 % beim Stehendschießen. Es wird jeweils dreimal geschossen. Für jeden Fehlschuss muss man eine Strafrunde laufen. Bestimme die Wahrscheinlichkeit für folgendes Ereignis:
    a) Erik muss nach dem Liegendschießen keine Strafrunde laufen.
    b) Erik hat nach dem Stehendschießen zwei Strafrunden zu absolvieren.
    c) Erik macht in beiden Schießdurchgängen keinen Fehler.

11. Beim Roulette landet die Kugel in einem von 37 Fächern, die von 0 bis 36 nummeriert sind. Ein Spieler besitzt zu Beginn einen Chip und setzt diesen auf „Ungerade", sodass er bei einer geraden Zahl seinen Einsatz verliert, bei einer ungeraden Zahl seinen Einsatz zurück- und einen zweiten Chip dazubekommt. Sofern er noch Chips hat, setzt er erneut einen auf „Ungerade". Nach spätestens drei (vier) Spielen hört er auf. Ermittle, welche Anzahl von Chips er dann besitzen kann und wie groß die Wahrscheinlichkeit dafür jeweils ist.

Prüfe dein neues Fundament

3. Mehrstufige Zufallsversuche

Lösungen → S. 209

1. Ein Autohändler bietet einen Kleinwagen, eine Limousine, einen Kombi und einen Sportwagen an. Jedes Modell gibt es in den Farben weiß, rot, grün, blau, silber und schwarz.
   a) Frau Rubin möchte ein rotes Auto kaufen. Zwischen wie vielen Modellen kann sie wählen?
   b) Herr Groß interessiert sich für einen Kombi. Wie viele Wahlmöglichkeiten hat er?
   c) Wie viele Autos sind es, wenn jedes Modell in jeder Farbe zu sehen sein soll?

2. In einer Schale liegen vier Kugeln mit den Ziffern von 1 bis 4. Es wird zufällig eine Kugel gezogen und deren Ziffer notiert. Von den restlichen Kugeln wird eine zweite Kugel auch zufällig gezogen und deren Ziffer hinter die erste Ziffer geschrieben. Ermittle die Anzahl der zweistelligen Zahlen, die so entstehen können. Zeichne ein Baumdiagramm mit allen Möglichkeiten.

3. Herr Roward kauft für sein Auto zwei neue Scheinwerferlampen. Jede neue Scheinwerferlampe funktioniert zu 95 %. Berechne die Wahrscheinlichkeit, dass beide Scheinwerferlampen defekt sind.

4. Ein Skatspiel enthält 32 Karten, unter denen acht Herz-Karten sind. Es wird dreimal zufällig eine Karte gezogen und gleich wieder in den Stapel zurückgesteckt.
   a) Zeichne ein dreistufiges Baumdiagramm.
   b) Berechne die Wahrscheinlichkeit, dass drei Herz-Karten gezogen werden.
   c) Berechne die Wahrscheinlichkeit, dass genau eine Herz-Karte gezogen wird.

5. In einem Gefäß befinden sich fünf gelbe und zwei rote Kugeln. Es werden nacheinander zufällig zwei Kugeln gezogen.
   a) Übertrage das Baumdiagramm ins Heft und und vervollständige es.
   b) Entscheide und begründe, ob die erste gezogene Kugel wieder ins Gefäß zurückgelegt wurde.
   c) Berechne die Wahrscheinlichkeit, dass beide Kugeln verschiedenfarbig sind.

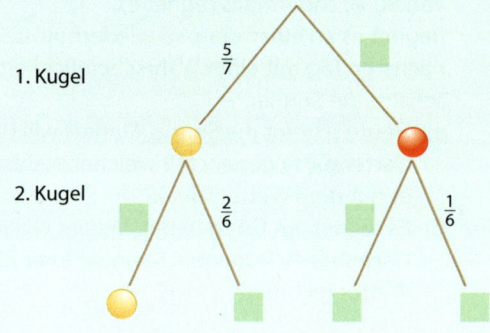

6. Berechne die Wahrscheinlichkeit dafür, dass beim Werfen zweier Würfel die Augensumme mindestens 11 ist. Zeichne ein Baumdiagramm, das nur die Pfade enthält, die zum gesuchten Ereignis gehören.

7. Henri tippt beim Pferderennen den Sieger und den Zweitplatzierten. Da die zehn Pferde etwa gleich schnell sind, nimmt er an, dass sie in zufälliger Reihenfolge ins Ziel kommen. Ermittle die Wahrscheinlichkeiten für folgende Ereignisse.
   a) Henri tippt den Sieger und den Zweitplatzierten richtig.
   b) Henri tippt nur den Sieger richtig.
   c) Henri tippt nur den Zweitplatzierten richtig.

Prüfe dein neues Fundament

8. In einer Schublade liegen sechs blaue und sechs schwarze Socken.
   Xaver greift hinein und nimmt ohne hinzuschauen zufällig zwei Socken heraus.
   a) Wie groß ist die Wahrscheinlichkeit dafür, dass beide Socken die gleiche Farbe haben?
   b) Beschreibe eine Simulation mit Spielkarten zur Ermittlung eines Schätzwertes dieser Wahrscheinlichkeit.

9. In einer Lostrommel befinden sich vier Lose, ein Gewinnlos und drei Nieten. Vier Kinder dürfen nacheinander je ein Los ziehen. Cansu behauptet: „Das erste Kind hat eine höhere Gewinnchance als alle anderen Kinder." Überprüfe dies mit einem Baumdiagramm.

10. Eine Münze wird dreimal geworfen. Berechne die Wahrscheinlichkeiten für das gegebene Ereignis. Erläutere, wie du vorgegangen bist. Beschreibe und realisiere eine Simulation mit einer Tabellenkalkulation zur Ermittlung von Schätzwerten dieser Wahrscheinlichkeiten.
    a) Man erhält mehr als zweimal „Zahl."   b) Man erhält mindestens einmal „Zahl".
    c) Man erhält höchstens zweimal „Wappen".   d) Man erhält genau einmal „Wappen".

11. Mira bearbeitet einen Multiple-Choice-Test mit vier Fragen. Bei jeder Frage gibt es drei Antwortmöglichkeiten, von denen genau eine richtig ist. Da Mira die Antworten nicht weiß, kreuzt sie bei jeder Frage zufällig eine Antwort an.
    Ermittle die Wahrscheinlichkeit dafür, dass Mira mindestens eine Frage falsch beantwortet und beschreibe ein Urnenmodell für diesen Zufallsversuch.

12. Das abgebildete Glücksrad wird mehrmals gedreht.
    Berechne die Wahrscheinlichkeit dafür, dass der Zeiger spätestens beim dritten Drehen auf „Blau" stehen bleibt.

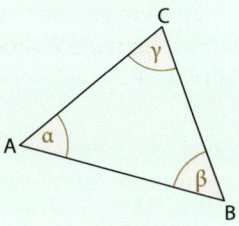

Wiederholungsaufgaben

1. Forme den Term $(2a - 3b)^2$ in eine Summe, den Term $121x^2 - 256y^2$ in ein Produkt um.

2. Gegeben ist die lineare Funktion $y = f(x) = -x + 1$
   a) Zeichne den Graphen f der Funktion und berechne $f(-0,5)$.
   c) Gib alle Zahlen x mit dem Funktionswert $f(x) = 5,5$ an.
   d) Berechne die Nullstelle der Funktion und markiere sie am Graphen.
   e) Berechne den Inhalt der Fläche, den die Gerade f mit beiden Koordinatenachsen vollständig einschließt.

3. Chris, Yannik und Tom helfen einer Nachbarin beim Renovieren. Chris fängt um 13 Uhr an, Yannik beginnt um 14 Uhr und Tom kommt um 14:30 Uhr dazu. Um 16 Uhr beenden alle drei die Arbeit. Sie erhalten als Dank zusammen 40 Euro. Entwickle einen Vorschlag zur möglichst gerechten Verteilung dieses Geldbetrages nach der geleisteten Arbeitszeit.

4. Entscheide und begründe, ob es ein Dreieck ABC mit den gegebenen Bestimmungsstücken geben kann:
   $\overline{AB} = 60\,\text{cm}$; $\overline{AC} = \overline{BC} = 40\,\text{cm}$; $\gamma = 60°$

5. Alina ist 1,45 m groß, Bea bringt es auf 1,54 m und Christin auf 1,52 m. Zusammen mit der Körpergröße von Dora ergibt sich eine durchschnittliche Körpergröße von 1,49 m.
   Ermittle, wie groß Dora ist.

Zusammenfassung

3. Mehrstufige Zufallsversuche

Mehrstufige Zufallsversuche; Baumdiagramme	**Mehrstufiger Zufallsversuch:** Gleichzeitig oder nacheinander werden mehrere Zufallsversuche durchgeführt. **Baumdiagramm:** Zu jedem Pfad gehört genau ein zusammengesetztes Ergebnis. Die Anzahl möglicher Fälle ist das Produkt aus den Anzahlen der Möglichkeiten auf jeder Stufe.	Aus einer Gruppe von drei Mädchen und zwei Jungen werden zufällig zwei Personen ausgewählt und ihr Geschlecht wird notiert. Mädchen: Mädchen und Jungen:  Es gibt $3 \cdot 2 = 6$ Möglichkeiten
Geordnete und ungeordnete Auswahl	Muss die **Reihenfolge** einer Auswahl beachtet werden, liegt eine **geordnete Auswahl** vor, sonst eine **ungeordnete Auswahl**.	**Geordnet:** Zuerst wird ein Mädchen, dann ein Junge zufällig ausgewählt. **Ungeordnet:** Ein Mädchen und ein Junge werden zufällig ausgewählt.
Simulationen mit dem Urnenmodell; Ziehen mit und ohne Zurücklegen	Es werden reale Zufallsversuche gedanklich simuliert: Aus einem Gefäß oder aus mehreren Gefäßen (Urnen) werden zufällig Kugeln mit oder ohne Zurücklegen gezogen. – **ohne Zurücklegen:** Eine gezogene Kugel wird nicht wieder zurückgelegt. – **mit Zurücklegen:** Jede gezogene Kugel wird wieder zurückgelegt.	Ein Gefäß wird mit drei schwarzen Kugeln (für die Mädchen) und zwei roten Kugeln (für die Jungen) gefüllt.  Die Person, die als erste ausgewählt wurde, kann nicht auch als zweite ausgewählt werden. (Ziehen ohne Zurücklegen)
Pfadregeln	1. Pfadregel: Die **Wahrscheinlichkeit für ein zusammengesetztes Ergebnis** ist das **Produkt** der Einzelwahrscheinlichkeiten längs des zugehörigen Pfades. 2. Pfadregel: Die **Wahrscheinlichkeit für ein Ereignis** ist die **Summe** der Wahrscheinlichkeiten der zugehörigen Pfade.	Aus einem Gefäß mit 3 schwarzen und 2 roten Kugeln werden zufällig 2 Kugeln gezogen: 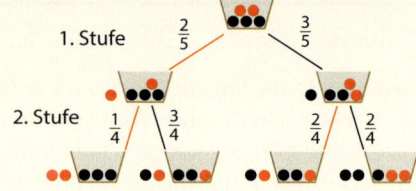 $P(E) = P(\text{rot; schwarz}) + P(\text{schwarz; rot})$ $= \frac{2}{5} \cdot \frac{3}{4} + \frac{3}{5} \cdot \frac{2}{4} = \frac{3}{10} + \frac{3}{10} = \frac{6}{10} = 0{,}6 = 60\%$
Verkürzte Baumdiagramme; Gegenereignis	In manchen Fällen genügt es, nur Teile von Baumdiagrammen mit den zugehörigen Pfaden zu zeichnen. Das **Gegenereignis** $\overline{E}$ zu einem Ereignis E tritt genau dann ein, wenn das Ereignis E nicht eintritt. Für seine Wahrscheinlichkeit gilt: $P(\overline{E}) = 1 - P(E)$	Aus einer Urne mit 10 verschiedenfarbigen Kugeln, von denen genau eine schwarz ist, wird dreimal mit Zurücklegen eine Kugel gezogen. Mit welcher Wahrscheinlichkeit wird mindestens einmal die schwarze Kugel gezogen? s: schwarz ¬s: nicht schwarz 0,1 s / 0,9 ¬s 0,1 s / 0,9 ¬s 0,1 s / 0,9 ¬s Ereignis E: **mindestens einmal schwarz** Gegenereignis $\overline{E}$: **dreimal nicht schwarz** $P(E) = 1 - P(\overline{E}) = 1 - 0{,}9^3 = 0{,}271$

4. Aufgabenpraktikum (Teil 1)

In der Mathematik werden oft spezielle Ausdrucksmittel wie beispielsweise Terme und Gleichungen sowie Tabellen und grafische Darstellungen verwendet.
Diese mathematischen Darstellungen treten beispielsweise beim Untersuchen von Funktionen und beim Ermitteln von Wahrscheinlichkeiten immer wieder auf.

Mathematische Darstellungen verwenden

- Zum Lösen von Anwendungsaufgaben im Mathematikunterricht ist ein sicherer Umgang mit Variablen, Termen, Gleichungen, Ungleichungen, Tabellen, Koordinatensystemen und Diagrammen erforderlich. Folgende Orientierungen können euch beim Lösen solcher Aufgaben helfen.

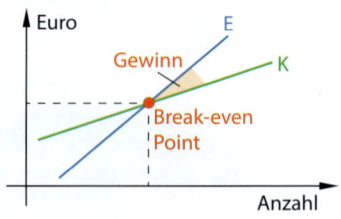

Hinweis:
Relationszeichen sind:
<; =; >; ≥; ≤

Variable, Terme, Gleichungen und Ungleichungen verwenden

- Bezeichne unbekannte Zahlen oder Größen mit Variablen, lege ihre Bedeutung fest und gib den Variablengrundbereich an.
- Übersetze auftretende Zusammenhänge durch Rechenzeichen oder Relationszeichen.

Gib eine Gleichung zur Berechnung des Strompreises an, wenn die Grundgebühr pro Tag 20 ct beträgt und eine Kilowattstunde 25 ct kostet.
- p: Preis in Euro; $p \in \mathbb{Q}_+$
- t: Anzahl der Tage; $t \in \mathbb{N}$; $t \leq 366$
- x: Anzahl der kWh, $x \in \mathbb{Q}_+$

Gleichung: $p = 0{,}2 \cdot t + 0{,}25 \cdot x$

Tabellen verwenden

- Überlege, welche Angaben im Tabellenkopf stehen sollen, und ob du die Tabelle zeilen- oder spaltenweise füllen willst.
- Entscheide, welche Werte direkt gegeben sind. Vervollständige die Tabelle, kontrolliere.

Entwickle für folgende Werte mit der Gleichung $p = 73 + 0{,}25 \cdot x$ eine Tabelle:
1000 kWh, 1500 kWh, 2000 kWh, 2500 kWh

x (in kWh)	1000	1500	2000	2500
p (in €)	323	448	573	698

Koordinatensysteme verwenden

- Überprüfe, ob die Daten in einem Koordinatensystem dargestellt werden können.
- Entscheide, welches die unabhängige, und welche die abhängige Größe ist.
- Zeichne ein Koordinatensystem. Trage die unabhängige Größe auf der horizontalen und die abhängige Größe auf der vertikalen Achse in sinnvollen Einheiten ab.
- Trage die Wertepaare (Punkte) ein. Überlege, ob und wie du die Punkte verbinden darfst.

Stelle die Angaben in der Wertetabelle grafisch dar.

Baumdiagramme verwenden

- Stelle fest, welche und wie viele Pfade („Äste") und wie viele Verzweigungsstufen zum Sachverhalt gehören.
- Zeichne und bezeichne alle Pfade.

Stelle die Preisstruktur der Stromkosten mit einem Baumdiagramm dar.

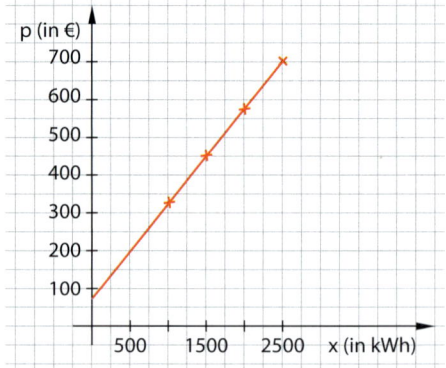

Mathematische Darstellungen verwenden

Grundlegendes

Die Aufgaben erfordern grundlegende Kenntnisse und Fähigkeiten.

Aufgabenmix zu „Terme untersuchen und aufstellen"

1. Gib die Struktur des Terms und der Teilterme sowie eventuelle Einschränkungen des Variablengrundbereichs an.
   a) $(x+y)^4$
   b) $\frac{1}{2}(a+b) - 2ab$
   c) $(a+3):(a-3)$
   d) $(b-3) \cdot \frac{1}{b+3}$

2. Schreibe als Term. Gib Einschränkungen für den Variablengrundbereich an.
   a) das Produkt aus der Summe von x und y und der Differenz aus a und b
   b) die Summe des Produktes aus x und y und des Quotienten aus a und b
   c) den Quotienten aus der 3. Potenz einer Zahl und der Quadratwurzel dieser Zahl

3. Formuliere die gegebene Formel aus der Geometrie mit Worten. Beispiel:
   $A = a \cdot b \rightarrow$ *Der Flächeninhalt A (eines Rechtecks) ist das Produkt der Seitenlängen a und b.*
   a) $A = \frac{1}{2} g \cdot h_g$
   b) $V = a \cdot b \cdot c$
   c) $u = a + b + c$
   d) $A = \frac{a+c}{2} \cdot h_a$

4. Gib einen Term mit der Variablen x an, für den durch Einsetzen der natürlichen Zahlen 0; 1; 2; 3; … für die Variable x folgende Zahlenfolge entstehen kann.
   a) 0; 4; 8; 12; …
   b) 2; 6; 10; 14; …
   c) 0; 1; 4; 9; 16; …
   d) –1; 0; 3; 8; 15; …

5. Welche x-Werte dürfen nicht auftreten?
   a) $\frac{3x+1}{0,5-x}$
   b) $(3y+1):(z+2)$
   c) $\frac{x^2-1}{x^2+1}$
   d) $\sqrt{x-1}$
   e) $\frac{1}{\sqrt{x-1}}$

6. Gib einen Term an, der natürliche Zahlen mit folgender Eigenschaft beschreibt:
   a) eine durch drei teilbare Zahl
   b) eine ungerade Zahl
   c) den Nachfolger einer Quadratzahl
   d) eine durch 2 und 3 teilbare Zahl

Aufgabenmix zu „Terme umformen"

1. Erkläre an den Beispielen $2x + (x-2y)$ und $2x - (x-2y)$, wie man Klammern auflöst.

2. Löse die Klammern auf und fasse soweit wie möglich zusammen.
   a) $7x - (4a + 6x)$
   b) $m + (-3m + 0,5n)$
   c) $-2(3x-4y) - 5y$
   d) $3(x+1) - (2x-3)$

3. Setze für $a = x + y$ und für $b = x - y$ ein. Vereinfache dann soweit wie möglich.
   a) $a + b$
   b) $a - b$
   c) $2a - b$
   d) $a - 2b$
   e) $a \cdot b$

4. Vereinfache den Term.
   a) $4b \cdot 3$
   b) $3y \cdot (-2)$
   c) $-2x \cdot (-0,5x)$
   d) $4yz \cdot \frac{1}{2}y$
   e) $a^2 b \cdot (-b)$
   f) $a^2 b : (-b)$
   g) $4yz : (2y)$
   h) $8xy : (12x^2)$
   i) $\frac{16m^2 n}{4mn^2}$
   j) $4,5 \frac{kg}{dm^3} \cdot 5 \, dm^3$

5. Multipliziere und fasse soweit wie möglich zusammen.
   a) $(3x - 2b) \cdot (-x)$
   b) $(x-y) \cdot (x+2y)$
   c) $(2x-y)^2$
   d) $-(a+b) \cdot (a-b)$
   e) $(0,5d + 2e)^2$
   f) $(x+2y)^2 - (x-2y)^2$
   g) $(2a-3) \cdot (2a+3)$
   h) $(3x - 3y) \cdot (x+y)$

6. Forme in ein Produkt um.
   a) $4x + 6y$
   b) $4ab + 7b$
   c) $3xy - 6y$
   d) $2x^3 - 4x^2 + 8x$
   e) $\sqrt{2} \cdot a - 2\sqrt{2} a^2$
   f) $4x^2 y + 2xy - 4xy^2$
   g) $-3p^2 q + 3pq^2$
   h) $a^2 + ab + b^2 + ab$

7. Überprüfe, ob richtig umgeformt wurde und korrigiere, wenn nötig.
   a) $-2a(a-2b) = -4a + 4ab$
   b) $-2a - (-a + 2b) = -3a - 2b$
   c) $4x^2 \cdot 0,25y : (-xy) = -x$
   d) $2\pi r^2 + 2\pi rh = 2\pi(r^2 + rh)$
   e) $(2x-3y)^2 = 4x^2 - 9y^2$
   f) $\frac{1}{2} mn^2 : (-2m) = -n^2 2\pi$

Wir suchen Nachfolger Jetzt bewerben!

Aufgabenmix zu „Funktionale Zusammenhänge"

1. a) Untersuche und begründe, ob diese Zuordnungen Funktionen sind.
   b) Stelle die Zuordnung (B) durch eine Wertetabelle dar.
   c) Gib den Definitionsbereich und den Wertebereich der Zuordnung (B) an.
   d) Formuliere die Zuordnung (B) mit Worten.

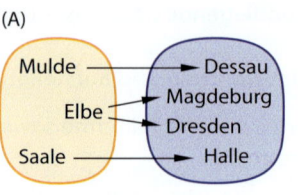
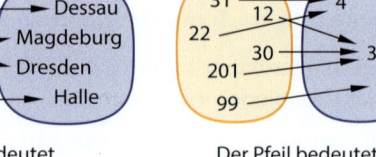

(A) Der Pfeil bedeutet „fließt durch"

(B) Der Pfeil bedeutet „hat die Quersumme"

2. Gegeben ist folgende Zuordnung: *Reelle Zahl x ↦ Quadrat der Zahl x*
   a) Gib dafür 6 Wertepaare an und stelle diese in einem Koordinatensystem dar.
   b) Begründe, dass die Zuordnung eine Funktion ist. Gib eine Funktionsgleichung an.
   c) Ermittle alle Argumente, die zum Funktionswert 9 gehören.

3. Entscheide, wie die Menge der Argumente einer Funktion heißt.
   A: Definitionsbereich   B: Wertebereich   C: Argumentbereich   D: Intervall

4. Gib jeweils ein Beispiel aus der Mathematik und aus dem Alltag an.
   a) für eine Funktion   b) für eine Zuordnung, die keine Funktion ist

Aufgabenmix zu „Lineare Funktionen"

1. Gegeben ist eine lineare Funktion durch: $y = f(x) = -1{,}5x - 3$
   a) Übertrage die Wertetabelle ins Heft und fülle sie aus.

x	–3			1	2
y		–1,5	–3		

   b) Stelle den Funktionsgraphen von f in einem Koordinatensystem dar.
   c) Erkläre, wie man die Koordinaten der Schnittpunkte des Funktionsgraphen von f mit den Koordinatenachsen berechnen kann und führe die Berechnung aus.
   d) Überprüfe, ob der Punkt P(21|–35) zum Funktionsgraphen von f gehört.

2. Gib den Anstieg, das absolute Glied, das Monotonieverhalten und die Nullstelle an.
   a) $f(x) = 2{,}5x + 7{,}5$ b) $f(x) = -2{,}5x - 7{,}5$
   c) $f(x) = -3{,}3x$ d) $f(x) = -3{,}3x + 3{,}3$

3. Der Graph einer linearen Funktion geht durch die Punkte A(–2|1) und B(1|3).
   a) Zeichne den Funktionsgraphen und ein Anstiegsdreieck.
   b) Erkläre an diesem Beispiel den Begriff Differenzenquotient.

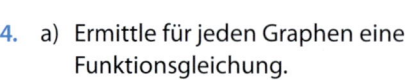

4. a) Ermittle für jeden Graphen eine Funktionsgleichung.
   b) Gib eine Funktionsgleichung so an, dass deren Graph parallel zum gegebenen Graphen ist.
   c) Gib zwei Funktionsgleichungen so an, dass deren Graphen mit dem gegebenen Graphen den Punkt P(2|0) gemeinsam haben.

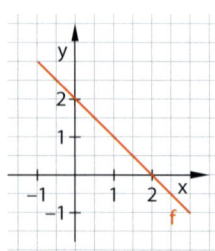
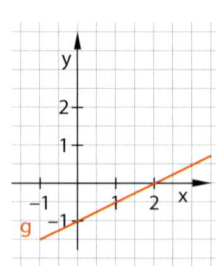

Mathematische Darstellungen verwenden

Aufgabenmix zu „Mehrstufige Zufallsversuche"

1. Ein Automat etikettiert Mineralwasserflaschen. Zur Kontrolle der korrekten Funktionsweise werden mehrmals am Tag bei laufender Produktion jeweils drei Flaschen entnommen und geprüft, ob die Etiketten korrekt sitzen.
   a) Veranschauliche die möglichen Ergebnisse einer solchen Kontrolle, die einem Zufallsversuch entspricht, durch ein Baumdiagramm.
   b) Aus Erfahrung ist bekannt, dass eine fehlerhafte Etikettierung nur mit einer Wahrscheinlichkeit von 0,002 vorkommt. Trage an alle Pfade des Baumdiagramms die Wahrscheinlichkeiten ein.
   c) Berechne die Wahrscheinlichkeit, dass bei einer solchen Kontrolle von den drei überprüften Flaschen mindestens eine falsch etikettiert wurde.

2. Michael und Sigrid würfeln mit dem Würfel „ich – du - wir" darum, wie sie sich die Hausarbeit (Staubsaugen und den Geschirrspüler ausräumen) teilen. Beim „ich – du – wir" -Würfel sind jeweils zwei Seiten gleich beschriftet. Michael würfelt zuerst, dann Sigrid. Das Baumdiagramm zeigt alle Möglichkeiten.

   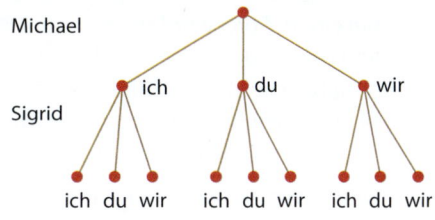

   a) Übertrage das Baumdiagramm ins Heft und trage an alle Pfade die Wahrscheinlichkeiten an.
   b) Beschreibe, bei welchen Versuchsausgängen welche Hausarbeit übernommen werden soll, und stelle dies in einer Tabelle dar. Gib dafür auch die zugehörigen Wahrscheinlichkeiten an.
   c) Beschreibe, wie das Würfeln mithilfe einer Urne simuliert werden kann.

3. Aus einer Lostrommel mit 49 Kugeln werden nacheinander drei Kugeln (zufällig ohne Zurücklegen) gezogen. Jede Kugel ist mit genau einer der natürlichen Zahlen von 1 bis 49 bezeichnet. Berechne die Wahrscheinlichkeit für das Ziehen folgender Zahlen:
   a) 3 einstellige Zahlen   b) 3 Primzahlen   c) 3 Quadratzahlen

Aufgabenmix zu „Darstellen von Zusammenhängen zwischen Zahlen und Größen"

1. Schreibe mit Variablen auf und gib jeweils einen Variablengrundbereich an.
   a) Umfang eines Rechtecks, dessen eine Seite um 2 länger ist, als die andere Seite
   b) eine beliebige Zahl, die bei Division durch 3 den Rest 2 lässt
   c) Produkt aus dem Vorgänger und dem Nachfolger einer natürlichen Zahl

2. Gegeben ist eine lineare Funktion durch die Gleichung $y = f(x) = m \cdot x + n$.
   a) Ersetze die Parameter m und n durch Zahlen.
   b) Gib die inhaltliche Bedeutung von x, y, m und n an.
   c) Von einer linearen Funktion $y = f(x)$ sind die Wertepaare $(x_1|y_1)$ und $(x_2|y_2)$ bekannt. Gib die inhaltliche Bedeutung des Terms $\frac{y_2 - y_1}{x_2 - x_1}$ an.

3. Beim Sport sollte der Maximalpuls idealerweise 200 minus Lebensalter sein und im Training mindestens 60 % und höchstens 80 % dieses Maximalpulses betragen.
   a) Sonja ist 14 Jahre alt. Berechne, zwischen welchen Werten sich ihr Trainingspuls bewegen sollte. Runde das Ergebnis auf Einer.
   b) Beschreibe den empfohlenen Trainingspuls mithilfe von Termen für ein beliebiges Lebensalter x. Stelle einen Term sowohl für den unteren als auch für den oberen Wert auf.

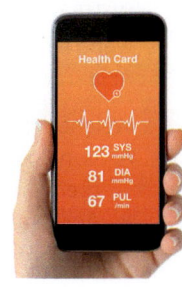

Mathematische Sprache – (k)ein Problem (!)?

Im Folgenden sind Ausdrucksmittel der mathematischen Sprache vielfältig anzuwenden.

„Aufgabenturm zu mathematischen Ausdrucksmitteln"
Löse möglichst viele Aufgaben. Du kannst in jeder Höhe beginnen. Die Aufgaben werden vom 3-Meter-Brett bis zum 10-Meter-Brett anspruchsvoller.

1. Temperaturen können in Grad Celsius (°C) und in Grad Fahrenheit (°F) angegeben werden. Es gilt: 0 °C ≙ 32 °F und 100 °C ≙ 212 °F
   a) Stelle den Zusammenhang zwischen den Temperaturen T_F in °F und T_C in °C in einem Koordinatensystem grafisch dar.
   b) Ermittle eine Funktionsgleichung $T_F = f(T_C)$, die den Zusammenhang zwischen beiden Temperaturskalen beschreibt.

1. In einem Fußballstadion gibt es 23 000 Sitzplätze und 4000 Stehplätze. Ein Sitzplatz kostet 20 €, ein Stehplatz 8 €. Bei einem Spiel werden insgesamt 232 000 € eingenommen.
   a) Ermittle dafür drei mögliche Belegungen des Stadions und gib diese in einer Tabelle an.
   b) Stelle zur Berechnung dieser Wertetabelle eine geeignete Funktionsgleichung auf.

Hinweis:
EG bedeutet: Erdgeschoss
OG bedeutet: Obergeschoss
h bedeutet: Höhe
t bedeutet: Zeit

2. Das nebenstehende Diagramm zeigt den Bewegungsablauf eines Fahrstuhls. Die Geschosshöhe beträgt 3 m.
   a) Beschreibe die Bewegung dieses Fahrstuhls.
   b) Untersuche, ob der Fahrstuhl nach oben genau so schnell wie nach unten fährt. Ermittle jeweils die Fahrgeschwindigkeit.

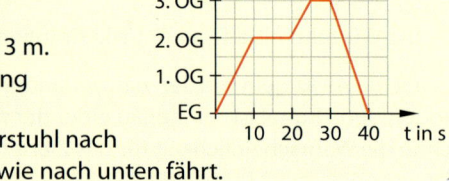

1. Der kreisförmige Querschnitt eines Rohres mit einer Wandstärke von 3 mm hat einen Innendurchmesser von d cm. Skizziere den Sachverhalt und gib einen Term für den Außendurchmesser des Rohres an.

2. Schreibe als Gleichung:
   Der Durchmesser eines Kreises wird um 3 cm verlängert. Der Flächeninhalt des Kreises beträgt dann 40 cm².

3. Zeichne in ein Koordinatensystem eine Gerade g durch die Punkte A(−2|0) und B(0|4) und gib eine Gleichung für g an.

1. Bei einem Rechteck ist eine Seite um 2 cm kürzer als die andere Seite. Welcher Term beschreibt den Flächeninhalt des Rechtecks richtig, wenn a die kürzere der beiden Seiten ist? Begründe deine Wahl.
   A: a · (a − 2)   B: 2a + 2   C: a · (a + 2)   D: 2a + a²

2. Welcher Text passt zum Term 90 − 60 : 3? Begründe deine Wahl.
   A: Von 90 € werden 60 € weggenommen und der Rest auf drei Personen aufgeteilt.
   B: Aus einer Schachtel mit 90 Kugeln wird einer Drittel von 60 Kugeln entnommen.

Mathematische Darstellungen verwenden

„Baumdiagramme und Urnenmodelle verwenden"

1. In einer Kiste befinden sich 50 Tischtennisbälle, von denen 10 defekt sind.
   Es werden nacheinander zufällig vier Tischtennisbälle herausgenommen.
   a) Stelle diesen Zufallsversuch mit einem Baumdiagramm dar.
   b) Ermittle die Wahrscheinlichkeit dafür, dass unter den entnommenen Tischtennisbällen genau zwei defekt sind.

2. In einer Urne befinden sich eine schwarze Kugel, drei gelbe und vier weiße Kugeln.
   Es wird zweimal nacheinander je eine Kugel zufällig gezogen:
   Variante 1: mit Zurücklegen   *Variante 2:* ohne Zurücklegen
   Bei welcher Variante ist die Wahrscheinlichkeit dafür, dass eine schwarze Kugel (eine gelbe Kugel) gezogen wird, größer? Begründe deine Vermutung und ermittle dann diese Wahrscheinlichkeiten mithilfe eines Baumdiagramms.

3. In einer 8. Klasse sind 16 Jungen (J) und 14 Mädchen (M). Davon sind 10 Jungen und 10 Mädchen Chormitglieder. Die Tabelle stellt diese Angaben übersichtlich dar:

	Mädchen (M)	Junge (J)
Chormitglied (C)	10	10
Kein Chormitglied ($\bar{C}$)	4	6

   a) Beschreibe, wie du mit dem Urnenmodell die zufällige Auswahl eines Kindes dieser Klasse simulieren kannst.
   b) Stelle den Sachverhalt als zweistufigen Zufallsversuch im Baumdiagramm dar.
   c) Ermittle die Wahrscheinlichkeit, dass bei diesem Zufallsversuch das Ereignis „Junge ist Chormitglied" eintritt.

„Graphen und Tabellen mit digitalen Mathematikwerkzeugen erzeugen"

1. a) Stelle mit einer dynamischen Geometriesoftware durch Eingabe der Funktionsgleichungen $y = 3x + 2$ und $y = -1,5x - 2$ die Funktionsgraphen dar.
   b) Erkunde, wie man die Koordinaten von Schnittpunkten zweier Graphen oder von Graphen mit Koordinatenachsen ermitteln kann, und ermittle auf diese Weise die Koordinaten aller möglichen Schnittpunkte für die in a) gegebenen beiden Funktionen.
   c) Veranschauliche mithilfe der Geometriesoftware den Einfluss des Anstiegs m und des absoluten Gliedes n auf den Funktionsgraphen einer linearen Funktion.

   Hinweis zu 1c):
   Nutze zur Variation von m und n einen Schieberegler.

2. Mit einer Tabellenkalkulation können Wertetabellen erzeugt werden.
   a) Gib eine Funktionsgleichung für die Wertetabelle an.
   b) Erzeuge eine Wertetabelle für die Funktion mit der Gleichung $y = -1,5x - 2$ im Intervall von -2 bis 2 bei einer Schrittweite von $0,25$.
   c) Erzeuge eine Wertetabelle für die Funktion mit der Gleichung $y = |2x - 0,4| - 0,7$ im Intervall von -1 bis 1 bei einer Schrittweite von $0,2$.
   d) Untersuche, ob die Funktion aus Aufgabe c) Nullstellen hat. Gib ein möglichst kleines Intervall an, in dem diese liegen.

	A	B
1	x	y
2	-3	=-3*A2+2
3	-2,5	=-3*A3+2
4	-2	=-3*A4+2
5	-1,5	=-3*A5+2
6	-1	=-3*A6+2
7	-0,5	=-3*A7+2
8	0	=-3*A8+2
9	0,5	=-3*A9+2
10	1	=-3*A10+2

   Hinweis zu 2b):
   Gib zum Erzeugen der x-Werte zwei aufeinanderfolgende Zahlen ein, markiere diese beiden Zellen und erweitere dann den markierten Bereich.

Interessantes und Kniffliges

Die folgenden Aufgaben fordern zum **Knobeln** auf.

„Gleichungen mit und ohne Variablen"
a) Beschreibe die drei im Gleichgewicht befindlichen Waagen jeweils mithilfe einer Gleichung.
b) Bei welcher Anzahl von Säcken (Hunden; Gänsen) ist die vierte Waage im Gleichgewicht?
c) Eine Gans wiegt 4 kg. Wie schwer ist dann ein Sack?

„Mit Köpfchen experimentieren"
Von 21 scheinbar gleichen Ein-Euro-Münzen ist eine Münze falsch. Sie ist leichter als die anderen Münzen. Es steht nur eine Balkenwaage zur Verfügung. Wie sollte man vorgehen, damit möglichst wenige Vergleichswägungen benötigt werden, um die falsche Münze zu finden?

„Chancengleichheit beim Losen?"
Auf einer Firmenfeier werden an drei Personen drei Hauptpreise verlost, ein Auto, ein Laptop, ein Abendmenü. Jedes der Lose befindet sich in einer von drei Kugeln, die von außen nicht unterscheidbar sind. Jeder der drei Personen zieht in alphabetischer Reihenfolge seines Namens jeweils eine der Kugeln, ohne sie zu öffnen. Erst zum Schluss entnimmt jede Person das auf sie gefallene Los und erfährt damit seinen Gewinn. Gegen diese Vorgehensweise protestieren diese Personen, da sie keine Chancengleichheit sichere.
Wenn beispielsweise der Autogewinn schon in der ersten Kugel ist, haben die anderen keine Chance mehr, das Auto zu gewinnen. Außerdem sei die nach dem Alphabet erste Person bevorzugt, weil sie aus der Gesamtheit der Kugel auswählen könne, während die dritte Person gar nicht mehr auswählen kann. Entscheide und begründe, ob der Protest berechtigt ist.

„Quiz about numbers"
Sebastian thinks of a number. He divides that number by 9 and then he doubles the result. He gets a number that is smaller by 28 than the number Sebastian had initially thought of. Which number does Sebastian think of?

„Sterndeuter in Not"
Der Sterndeuter „Seni" hat seinem König einen falschen Rat gegeben. Er soll deshalb bestraft werden. Seni bittet den König um Gnade. Nun gibt der König seinem Sterndeuter drei Urnen (A, B und C) sowie drei weiße und sechs schwarze Loskugeln. Seni soll die Loskugeln so auf die drei Urnen verteilen, dass keine leer bleibt. Dann will der König mit verbundenen Augen erst eine Urne auswählen und aus dieser dann eine Kugel ziehen. Zieht der König eine weiße Kugel, so begnadigt er Seni. Ist die Kugel schwarz, so bleibt die Strafe bestehen.
Entscheide, wie Seni die Kugeln auf die drei Urnen verteilen müsste, damit seine Chance auf Begnadigung so hoch wie möglich ist. Ermittle auch die Wahrscheinlichkeit für eine Begnadigung bei dieser Verteilung.

5. Ähnlichkeit

Beim Romanesco, einer Variante des Blumenkohls, zeigen die zusammenstehenden Blütensprossen gleichartige Strukturen in verschiedenen Größen.

Dein Fundament

5. Ähnlichkeit

Lösungen
↗ S. 211

Gleichungen lösen

1. Löse die Gleichung.
   a) $3x - 6 = 12$
   b) $\frac{1}{3}x - 1 = 5{,}6$
   c) $6 - 3x = 7x + 4$
   d) $\frac{3}{4}x - 2 = -0{,}25x + 3$
   e) $-5{,}5 + 1{,}5x = -2\frac{1}{2}x + 4{,}5$
   f) $3x - 10 + 2x = 0$

2. Löse die Gleichung.
   a) $\frac{x}{4} = 0{,}5$
   b) $\frac{6}{x} = -2$
   c) $\frac{x}{3} = -\frac{5}{6}$
   d) $\frac{2}{x} = \frac{2}{3}$
   e) $\frac{5}{6} = \frac{x}{12}$
   f) $-\frac{3}{4} = \frac{18}{x}$

3. Ersetze a, b und c so durch Zahlen, dass die Gleichung die Lösung x = 5 hat.
   a) $a + bx = c$
   b) $ax = \frac{b}{c}$
   c) $\frac{x}{a} = \frac{b}{c}$
   d) $\frac{a}{b} = \frac{c}{x}$

Maßstäbe sicher nutzen

4. Übertrage die Tabelle ins Heft und fülle sie aus.

	Maßstab	Entfernung Karte	Entfernung Wirklichkeit		Maßstab	Entfernung Karte	Entfernung Wirklichkeit
a)	1 : 100 000	3 cm		e)	1 : 25 000	2 cm	
b)	1 : 250 000		7,5 km	f)	1 : 25 000		1 km
c)	1 : 250 000	10 cm		g)	1 : 50 000 000		200 km
d)		5 cm	50 km	h)		1 cm	1 m

5. Zeichne ein Quadrat mit einer Seitenlänge von 3 m im Maßstab 1 : 100 ins Heft. Ermittle den Flächeninhalt und Umfang sowohl vom Original als auch vom verkleinerten Quadrat.

6. Gib an, in welchem Maßstab das jeweilige Rechteck gezeichnet wurde.

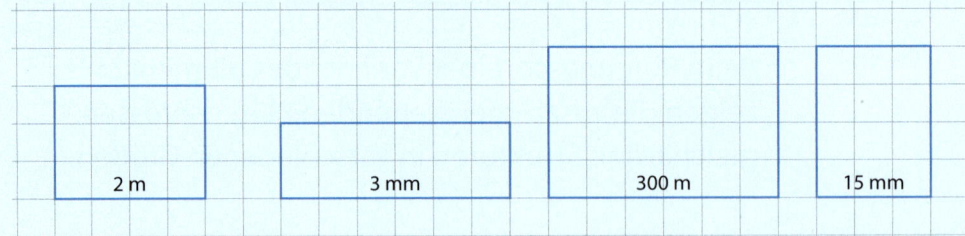

2 m — 3 mm — 300 m — 15 mm

7. Die Karte mit einem Maßstab von 1 : 500 000 zeigt die Städte Bernburg, Köthen und Könnern.
   a) Miss die Länge der B 185 von Bernburg nach Köthen auf dem Kartenausschnitt. Gib dann die Länge der B 185 von Bernburg nach Köthen in der Wirklichkeit an.
   b) Berechne, wie viel Kilometer ein Auto auf der B 71 von Bernburg nach Könnern fahren muss.

Zueinander kongruente Figuren erkennen

8. Prüfe, welche der Figuren zueinander kongruent sind. Begründe deine Entscheidungen.

①  ② ③ 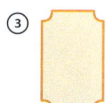 ④ 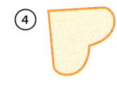 ⑤  ⑥

9. Prüfe, ob die Dreiecke ABC und DEF zueinander kongruent sind. Begründe die Antwort.
   a) $a = 6\,cm$; $\gamma = 80°$; $\beta = 38°$ und $e = 6\,cm$; $\delta = 80°$; $\varphi = 38°$
   b) $c = 8\,cm$; $\alpha = 40°$; $a = 6\,cm$ und $f = 6\,cm$; $\varphi = 40°$; $d = 6\,cm$
   c) $c = 1{,}2\,cm$; $\alpha = 49°$; $\beta = 91°$ und $d = 1{,}2\,cm$; $\varepsilon = 91°$; $\varphi = 49°$

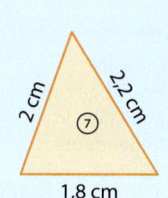

10. Welche der abgebildeten Dreiecke sind zueinander kongruent? Begründe deine Antwort.

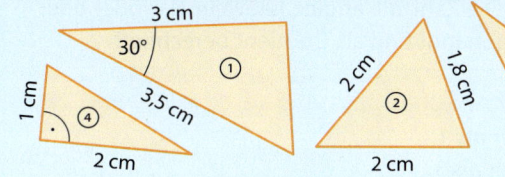 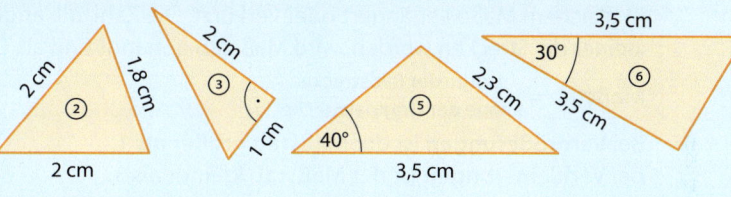

Umfang und Flächeninhalt berechnen

11. Berechne den Flächeninhalt der folgenden Figuren ohne Taschenrechner:
    a) Quadrat mit der Seitenlänge $0{,}7\,m$
    b) Rechteck mit den Seitenlängen $4\,m$ und $30\,dm$
    c) Dreieck mit der Seitenlänge $c = 4\,cm$ und der zugehörigen Höhe $h_c = 5\,cm$
    d) Parallelogramm mit der Seitenlänge $a = 5\,dm$ und der zugehörigen Höhe $h_a = 2\,cm$

12. Inka und Frank haben jeweils beide ein Zimmer mit rechteckigen Grundflächen. Inkas Zimmer hat die Maße $2{,}50\,m \times 3{,}10\,m$, Franks Zimmer hat die Maße $2{,}80\,m \times 2{,}80\,m$. Frank behauptet, dass die Grundfläche des Zimmers mit dem größeren Flächeninhalt auch den größeren Umfang hat. Was meinst du? Begründe deine Entscheidung.

Vermischtes

13. Konstruiere ein Dreieck ABC mit folgenden Seitenlängen:
    $a = 2{,}6\,cm$; $b = 2{,}4\,cm$; $c = 1{,}0\,cm$

14. Konstruiere, wenn möglich, ein Dreieck ABC aus folgenden Bestimmungsstücken:
    a) $c = 4\,cm$; $\alpha = 30°$; $\gamma = 45°$
    b) $\alpha = 25°$; $\beta = 75°$; $\gamma = 80°$

15. Überprüfe die Aussage und begründe deine Entscheidung.
    a) Wenn zwei Dreiecke in drei Seiten übereinstimmen, sind sie zueinander kongruent.
    b) Zwei Dreiecke, die in ihren Innenwinkeln übereinstimmen, sind zueinander kongruent.
    c) Alle Rechtecke mit gleichem Umfang sind zueinander kongruent.

5. Ähnlichkeit

5.1 Maßstäbliches Vergrößern und Verkleinern

Hinweis:
Die Nenngröße H0 (gesprochen: Ha-Null), ist eine Baugröße für Modelleisenbahnen mit einer Spurweite von 16,5 mm.

■ Die abgebildete Diesellokomotive der DB-Baureihe 151 wurde über viele Jahre erfolgreich im schweren Güterzugdienst eingesetzt:
Länge: 19 490 mm, Höchstgeschwindigkeit: 120 $\frac{km}{h}$, Höhe: 4478 mm, Leistung: 6288 kW, Raddurchmesser: 1250 mm, Breite: 3110 mm, Normalspurweite: 1435 mm

Aus welchen der Originalangaben lassen sich entsprechende Angaben für ein H0-Modell ermitteln? ■

> **Wissen: Maßstäbe ermitteln**
> Beim maßstäblichen Vergrößern oder Verkleinern einer Figur werden alle Strecken der Figur in gleichem Maße verlängert oder verkürzt. Die Zahl, die angibt, wievielmal größer oder kleiner die Strecken werden, wird Maßstab genannt und als Quotient berechnet:
>
> **Maßstab** = $\frac{\text{Länge der Bildstrecke}}{\text{Länge der Originalstrecke}}$
>
> Bei **Vergrößerungen** ist der **Maßstab größer als 1**,
> bei **Verkleinerungen** ist der **Maßstab kleiner als 1**.

Hinweis:
Häufig gibt man Maßstäbe in folgender Schreibweise an:
1 : 10 oder 100 : 1

> **Beispiel 1:**
> a) Die Spurweite einer Modellbahn im Maßstab 1 : 120 beträgt 12 mm. Berechne die Spurweite der Originalbahn.
> b) Eine Lupe vergrößert im Maßstab 6 : 1. Berechne, wie lang die Seitenränder einer quadratischen Briefmarke (a = 20 mm) beim Betrachten durch die Lupe sind.
>
>
>
> **Lösung:**
> a) Setze die gegebenen Größen in folgende Gleichung ein und löse die Gleichung:
>
> Maßstab = $\frac{\text{Länge der Bildstrecke}}{\text{Länge der Originalstrecke}}$
>
> $\frac{1}{120} = \frac{12\,mm}{x}$ → $\frac{120}{1} = \frac{x}{12\,mm}$
> → x = 120 · 12 mm
> → x = 1440 mm = 1,44 m
>
> b) Gehe wie bei a) vor.
>
> $\frac{6}{1} = \frac{x}{20\,mm}$ → x = 6 · 20 mm
> → x = 120 mm = 12 cm

Basisaufgaben

1. Ein Mikroskop vergrößert im Maßstab 100 : 1. Berechne, wie lang eine 0,1 mm lange Strecke beim Betrachten durch das Mikroskop erscheint.

2. Berechne die fehlenden Maßstäbe und Streckenlängen.

	a)	b)	c)	d)	e)	f)
Maßstab	1 : 2	1 : 10		1 : 1000		
Zeichnung	4 cm		1 cm	2 cm	2 cm	60 cm
Original		10 cm	300 cm		10 cm	3 cm

5.1 Maßstäbliches Vergrößern und Verkleinern

Weiterführende Aufgaben

3. Ermittle, welche Maßstäbe zwischen den Seitenlängen der Papierformate in nebenstehender Abbildung bestehen.

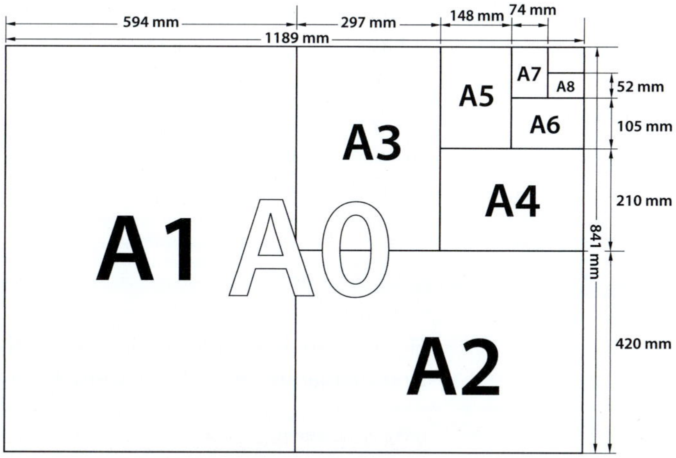

4. Vergrößere (verkleinere) im gegebenen Maßstab:
   a) 50 dm im Maßstab 1 : 10 (2 : 1)
   b) 200 cm im Maßstab 1 : 100 (2 : 1)
   c) 5 m im Maßstab 1 : 50 (10 : 1)

5. Ordne die Karten einander richtig zu.

   ① Maßstab 1 : k (k > 0)
   ② Maßstäbliche Vergrößerung
   ③ Streckenverhältnis 0 < k < 1
   ④ Streckenverhältnis k = 1
   ⑤ Maßstab 1 : 1
   ⑥ Maßstäbliche Verkleinerung
   ⑦ Maßstab k : 1 (k > 0)
   ⑧ Kongruente Abbildung
   ⑨ Streckenverhältnis k > 1

6. Zeichne die Figur entsprechend dem Maßstab auf Kästchenpapier.
   a) Maßstab 2 : 1   b) Maßstab 3 : 1 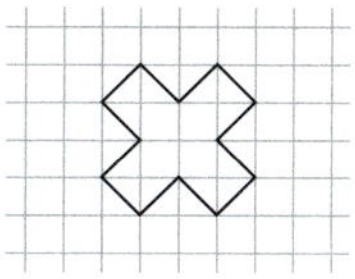   c) Maßstab 1 : 2 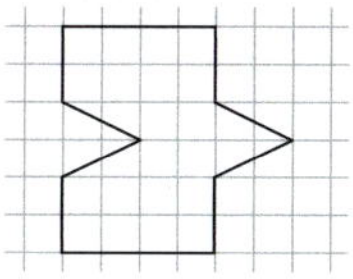   d) Maßstab 1 : 3

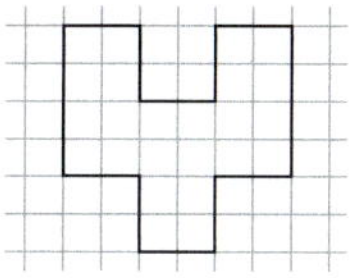

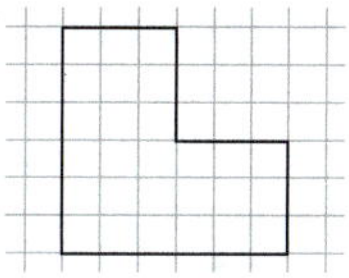

7. **Stolperstelle:** Prüfe, ob folgende Aussagen wahr sind. Begründe deine Antwort.
   a) Zwei in Wirklichkeit 30 km voneinander entfernte Orte haben auf einer Karte mit einem Maßstab von 1 : 500 000 einen Abstand von 15 cm.
   b) Zwei Orte, die auf einer Karte mit einem Maßstab von 1 : 10 000 einen Abstand von 5 cm haben, sind in Wirklichkeit 20 km voneinander entfernt.

8. Berechne die fehlenden Maßstäbe und Streckenlängen.

	a)	b)	c)	d)	e)	f)
Maßstab	1 : 3	1 : 5		1 : 100		
Zeichnung	3 cm		1 cm	0,2 cm	10 cm	30 cm
Original		5 cm	100 cm		50 cm	60 cm

	g)	h)	i)	j)	k)	l)
Maßstab	3 : 1	1 : 0,2		1 : 6,2	1 : 65 000	
Zeichnung	4,68 cm		5 mm	6,5 cm		7 m
Original		2,46 cm	6 cm		2210 km	98 km

9. **Ausblick:** Ermittle mit den Angaben in einem Atlas, wie weit dein Heimatort in Wirklichkeit (Luftlinie) von Magdeburg entfernt ist.

5.2 Eigenschaften zueinander ähnlicher Figuren

■ Die nebenstehende Darstellung zeigt Zeichenschablonen in verschiedenen Größen und Formen. Sie wurden an einem Kopierer erzeugt.

Finde heraus, wie viele verschiedene Vorlagen verwendet wurden und welche Vergrößerung oder Verkleinerung am Kopierer möglicherweise eingestellt war. ■

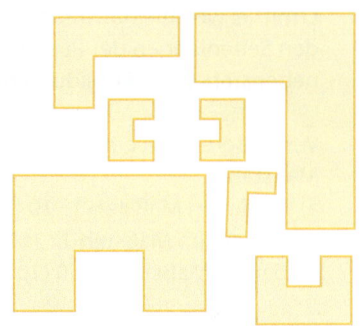

Figuren, die durch maßstäbliches Vergrößern oder Verkleinern auseinander hervorgehen, sind zueinander ähnlich. Sie werden oft auch als formgleich bezeichnet.

Hinweis:
Schreibe für:
„F_1 und F_2 sind zueinander ähnlich."
kurz: $F_1 \sim F_2$

Wissen: Zueinander ähnliche Figuren
Zwei Figuren F_1 und F_2 heißen zueinander ähnlich, wenn gilt:
– einander entsprechende Winkel sind immer gleich groß   *und*
– einander entsprechende Seitenlängen haben immer das gleiche Verhältnis

Das Verhältnis $k = \dfrac{\text{Länge der Bildstrecke}}{\text{Länge der Originalstrecke}}$

heißt **Ähnlichkeitsfaktor**.

Das Streckenverhältnis k gibt an, wievielmal länger oder kürzer Bildstrecken im Vergleich zu Originalstrecken sind:
– beim Vergrößern (k > 1)
– beim Verkleinern (k < 1)
Für k = 1 sind beide Figuren kongruent zueinander.

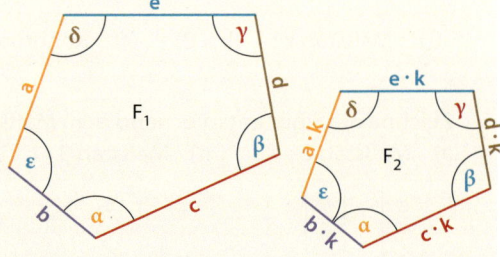

Zueinander ähnliche Figuren erkennen

Beispiel 1: Untersuche, welche der gelben Rechtecke zum grünen Rechteck ähnlich sind. Begründe deine Aussagen.

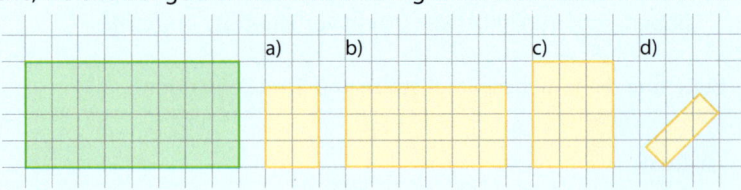

Lösung:
Prüfe, ob einander entsprechende Winkel bei beiden Figuren immer gleich groß sind und ob einander entsprechende Seitenlängen immer das gleiche Verhältnis haben.

Das Rechteck im Bild b) ist zum grünen Rechteck ähnlich.
(Alle einander entsprechenden Innenwinkel sind rechte Winkel und die Streckenverhältnisse der längeren und kürzeren Seiten sind gleich: 8 : 4 = 4 : 2 = 2
Für die anderen Rechtecke sind diese Verhältnisse nicht gleich.

5.2 Eigenschaften zueinander ähnlicher Figuren

Basisaufgaben

1. Prüfe, welche der Figuren zueinander ähnlich sind. Begründe deine Aussagen.

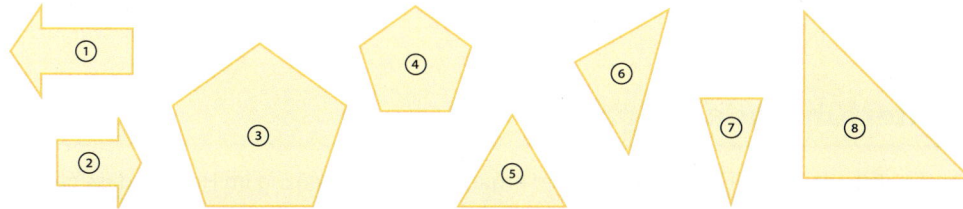

2. Prüfe, ob die Vierecke ② bis ④ ähnlich zur Figur 1 sind. Begründe deine Aussagen.

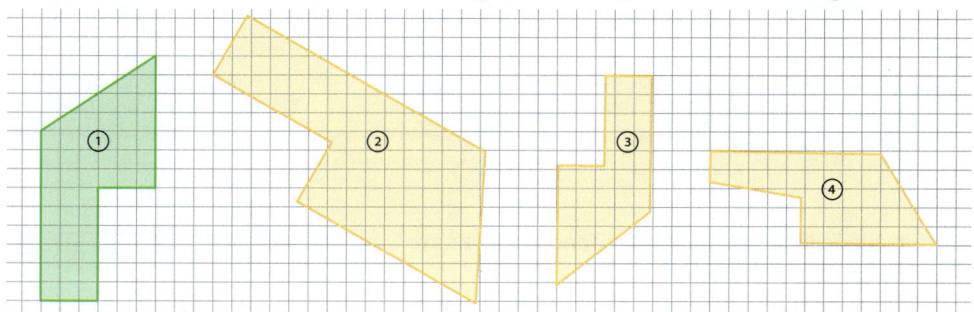

Streckenverhältnisse ermitteln

Beispiel 2: Übertrage den Streckenzug A'F'E'D' ins Heft und ergänze ihn so, dass eine zum Sechseck ABCDEF ähnliche Figur entsteht. Ermittle den Ähnlichkeitsfaktor k.

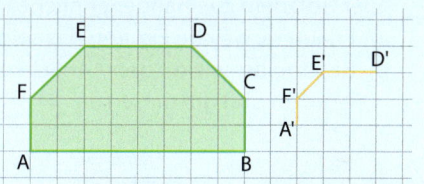

Lösung:
Ermittle den Ähnlichkeitsfaktor mit der Gleichung:

$k = \dfrac{\text{Länge der Bildstrecke}}{\text{Länge der Originalstrecke}}$

$k = \dfrac{\overline{E'D'}}{\overline{ED}} = \dfrac{1\,\text{cm}}{2\,\text{cm}} = 0{,}5$

$k = \dfrac{1}{2} = 1 : 2$

Ermittle die fehlenden Seitenlängen der Bildfigur mit der Gleichung:
Länge der Bildstrecke = k · Länge der Originalstrecke

$\overline{A'B'} = 0{,}5 \cdot \overline{AB} = 0{,}5 \cdot 4\,\text{cm} = 2{,}0\,\text{cm}$
$\overline{B'C'} = 0{,}5 \cdot \overline{BC} = 0{,}5 \cdot 1\,\text{cm} = 0{,}5\,\text{cm}$
$\overline{C'D'} = 0{,}5 \cdot \overline{DC} \triangleq$ Kästchendiagonale

Zeichne die fehlenden Bildstrecken.

Hinweis: Die Länge von $\overline{C'D'}$ lässt sich nicht genau ablesen.

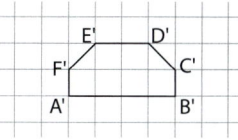

Basisaufgaben

3. Übertrage den Streckenzug ins Heft und ergänze ihn so, dass eine zum gegebenen Vieleck ähnliche Figur entsteht. Ermittle auch den Ähnlichkeitsfaktor k.

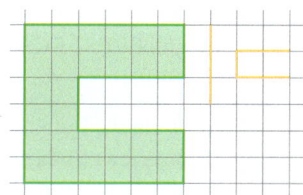

4. Ermittle den Ähnlichkeitsfaktor k und ergänze den Streckenzug im Heft zu einem Vieleck, das zum gegebenen Vieleck ähnlich ist.

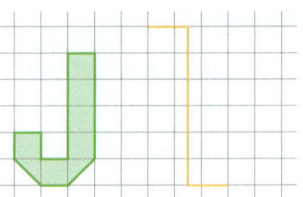

Weiterführende Aufgaben

5. Ermittle den Ähnlichkeitsfaktor k und ergänze den Streckenzug im Heft so, dass beide Figuren zueinander ähnlich sind.

   a) 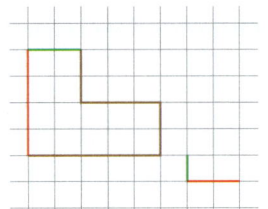   b) 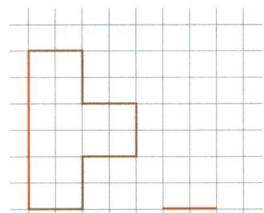   c)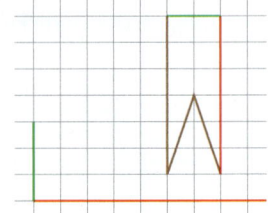

6. Gib alle Teile des abgebildeten Tangramspiels an, die zueinander ähnlich sind.
   Begründe deine Aussage und gib jeweils den Ähnlichkeitsfaktor an.

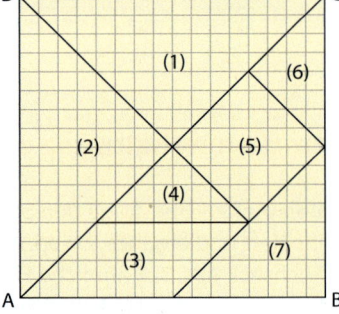

7. Die Figuren ① bis ⑥ sind zwar keine Vielecke, es sind aber trotzdem zueinander ähnliche Figuren darunter.
   a) Erläutere, welche Figuren das sein könnten.
   b) Beschreibe, wie du den Ähnlichkeitsfaktor ermitteln würdest und gib diesen an.

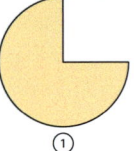 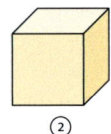  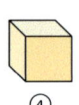 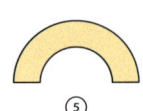 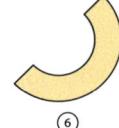

① ② ③ ④ ⑤ ⑥

8. Übertrage die Tabelle in dein Heft und fülle sie aus.

Typische Karte	Kartenstrecke	Naturstrecke	Maßstab
Weltatlas		600 km	1 : 3 000 000
Autokarte	18,0 cm	72 km	
Wanderkarte	5,0 cm		1 : 25 000
Gebäudeplan		88 m	1 : 1 000

9. Zeichne folgende Punkte in ein Koordinatensystem:
   ① A(−4|−2), B(−4|1), C(0|1)
   ② D(0|0), E(0|5), F(2|4), G(2|1)
   ③ H(−6|0), I(−1|−4), J(4|0), K(−1|4)

   a) Verbinde die Punkte jeweils zu einer geometrischen Figur.
   b) Zeichne jeweils eine dazu ähnliche Figur.
   c) Gib die Koordinaten der Eckpunkte dieser Figur und den Ähnlichkeitsfaktor an.

5.2 Eigenschaften zueinander ähnlicher Figuren

10. Gegeben sind zwei Dreiecke durch die Koordinaten ihrer Eckpunkte:
    Dreieck (1): A(2|2), B(8|2) und C(8|8)   Dreieck (2): D(1|10), E(7|10) und F(7|4)
    a) Zeichne die Dreiecke in ein gemeinsames Koordinatensystem.
    b) Prüfe, ob beide Dreiecke zueinander ähnlich sind.

11. In einem Copy-Shop können Vorlagen vergrößert oder verkleinert werden.
    a) Beschreibe, wie aus einem größeren Format das kleinere Format entsteht.
    b) Bestimme jeweils den Ähnlichkeitsfaktor zum größeren Format.
    c) Untersuche, wie sich der Flächeninhalt ändert.

Format DIN	Länge (mm)	Breite (mm)
A4	297	210
A3	420	297
A2	594	420
A1	841	594

12. **Stolperstelle:** Tim sollte als Hausaufgabe zum vorgegebenen farbigen Vieleck ein dazu ähnliches Vieleck zeichnen. Rika meint, dass es zwar Gemeinsamkeiten gibt, aber dass die beiden Figuren nicht zueinander ähnlich sind. Was meinst du?

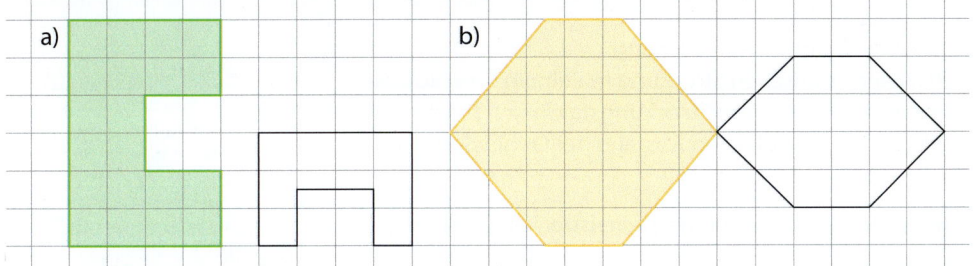

13. Entscheide, ob alle auftretenden Dreiecke zueinander ähnlich sind. Begründe deine Aussage.

    a)    b) 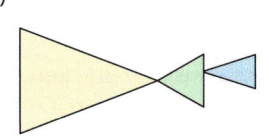   c)

14. Entscheide, ob die Aussage wahr ist. Begründe deine Entscheidung.
    a) Alle Quadrate sind zueinander ähnlich.
    b) Alle Rechtecke sind zueinander ähnlich.
    c) Alle Kreise sind zueinander ähnlich.
    d) Alle Rhomben sind zueinander ähnlich.
    e) Es gibt Rechtecke, die zueinander ähnlich sind.
    f) Es gibt Drachenvierecke, die zueinander ähnlich sind.

15. **Ausblick:** Die Kantenlängen eines Quaders sollen vergrößert oder verkleinert werden.
    a) Ermittle sowohl das Volumen als auch den Oberflächeninhalt eines Quaders mit den Kantenlängen a = 2 cm, b = 3 cm, c = 3 cm.
    b) Berechne die Kantenlängen, das Volumen und den Oberflächeninhalt bei einer Vergrößerung bzw. einer Verkleinerung der Kantenlängen für k = 2, für k = 3 und für k = 0,5.
    c) Wie groß ist der Ähnlichkeitsfaktor beim Ändern des Volumens und des Oberflächeninhalts, wenn beim Ändern der Kantenlängen der Faktor k gilt?

5.3 Zueinander ähnliche Figuren konstruieren

Hinweis:
„Pantograf", auch Storchschnabel genannt, bedeutet wörtlich aus dem Griechischen übersetzt „Alleschreiber".

■ Wer Zeichnungen verkleinern oder vergrößern möchte, kann dazu einen Pantografen verwenden.
Wie abgebildet, können dazu vier Schienen an vier Gelenkpunkten kombiniert werden.
Ein Stift am Ende von einer der beiden längeren Schienen überträgt die Zeichnung, die am unteren Gelenkpunkt der kurzen Schiene nachgezeichnet wird.

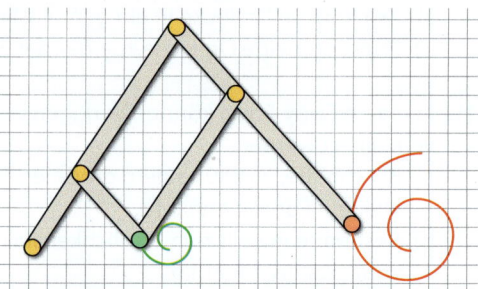

Erläutere, wodurch das Größenverhältnis von Bild und Original beeinflusst wird. Wie würdest du vorgehen, um eine Originalzeichnung zu verkleinern? ■

Das Vergrößern oder Verkleinern geometrischer Figuren kann auch mithilfe zentrischer Streckungen erfolgen.

Hinweis:
Im Folgenden wird zur Vereinfachung für zentrische Streckung nur Streckung verwendet.

Wissen: Zentrische Streckung
Bei einer zentrischen Streckung mit einem **Streckungszentrum** Z und einem **Streckungsfaktor** k > 0 haben die Bildpunkte den k-fachen Abstand der Originalpunkte zum Punkt Z.

Bildstrecken sind zu ihren Originalstrecken parallel.

Der Streckungsfaktor k ist dabei auch der Ähnlichkeitsfaktor.

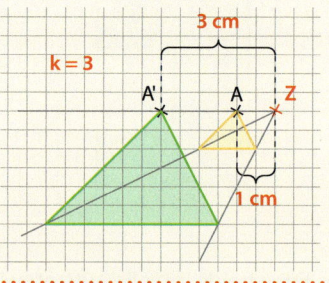

Hinweis:
Für 0 < k < 1 entsteht ein verkleinertes Bild, für k > 1 entsteht ein vergrößertes Bild.

Streckungszentrum und Streckungsfaktor sind bekannt

Beispiel 1: Übertrage das Quadrat ins Heft und konstruiere das Bild des Quadrates bei einer zentrischen Streckung mit dem Streckungszentrum M und dem Streckungsfaktor k = 2.

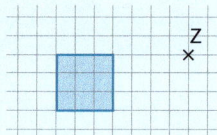

Lösung:
Verbinde alle Eckpunkte des Quadrates mit dem Streckungszentrum Z.

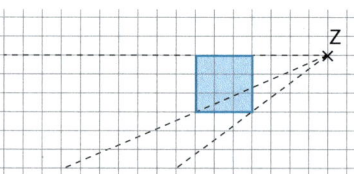

Trage jeweils den Abstand von jedem Eckpunkt zum Punkt Z noch einmal auf den Verbindungslinien ab.

Zeichne das Bildquadrat.

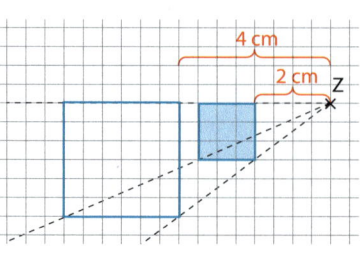

5.3 Zueinander ähnliche Figuren konstruieren

Basisaufgaben

1. Übertrage die Figur ins Heft. Konstruiere dann das Bild bei einer zentrische Streckung mit dem Streckungszentrum Z und dem Streckungsfaktor k = 1,5.

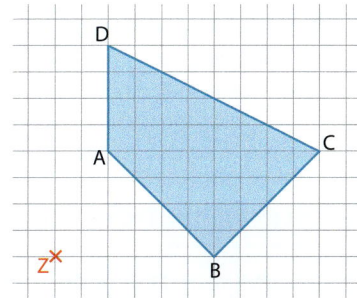

2. Übertrage ins Heft und konstruiere dann das Bild bei einer zentrischen Streckung mit dem Streckungszentrum Z und dem Streckungsfaktor k.

a) 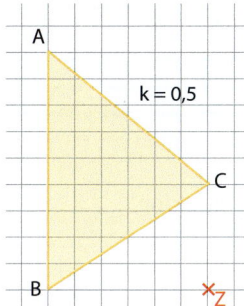   b) 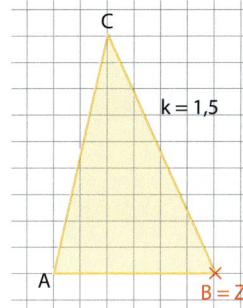   c)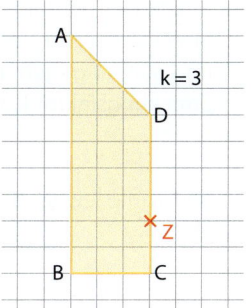

Streckungszentrum und Streckungsfaktor sind gesucht

Beispiel 2: Das gelbe Sechseck ist durch eine zentrische Streckung aus dem grünen Sechseck entstanden. Übertrage die Zeichnung in dein Heft. Ermittle dann das Streckungszentrum Z und den Streckungsfaktor k.

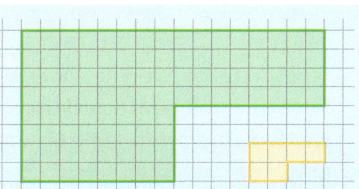

Lösung:
Verbinde einander entsprechende Eckpunkte miteinander. Es entsteht als Schnittpunkt das Streckungszentrum Z.

Ermittle die Längen zweier einander entsprechender Seiten.

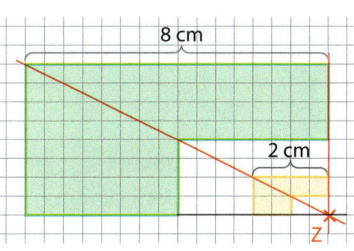

Bilde das Verhältnis

$k = \dfrac{\text{Länge der Bildstrecke}}{\text{Länge der Originalstrecke}}$

$k = \dfrac{2\,\text{cm}}{8\,\text{cm}} = \dfrac{2}{8} = \dfrac{1}{4}$

Der Streckungsfaktor beträgt 0,25.

Basisaufgaben

3. Das grüne Sechseck ist durch eine zentrische Streckung aus dem gelben Sechseck entstanden.
Übertrage die Zeichnung in dein Heft. Ermittle dann das Streckungszentrum Z und den Streckungsfaktor k.

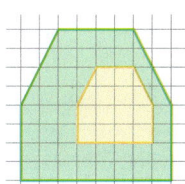

4. Trage folgende Punkte in ein rechtwinkliges Koordinatensystem ein.
   Die Bildpunkte sind durch eine zentrische Streckung entstanden:
   (1) Originalpunkte: A(4|1), B(3|3)   (2) Originalpunkte: C(0|0), D(4,5|0)
       Bildpunkte: A'(7|1) und B'(5|5)   Bildpunkte: C'(1|1) und D'(4|1)
   Ermittle jeweils das Streckungszentrum und den Streckungsfaktor.

Weiterführende Aufgaben

5. Übertrage ins Heft und führe eine zentrische Streckung mit dem Streckungszentrum Z und dem angegebenen Streckungsfaktor k aus.

   a)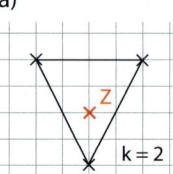
   b)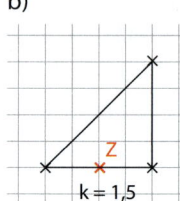
   c)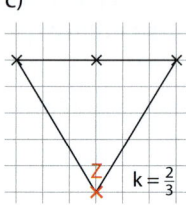

6. Bestimme jeweils das Streckungszentrum Z und den Streckungsfaktor k.

   a)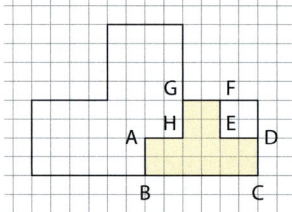
   b)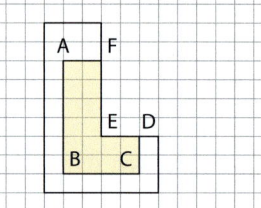

7. **Stolperstelle:** Sven hat zwei Aufgaben bearbeitet. Es sollte jeweils eine zentrische Streckung mit dem Streckungszentrum Z und dem Streckungsfaktor k = 0,5 durchgeführt werden. Überprüfe seine Lösungen und korrigiere gegebenenfalls.

   a)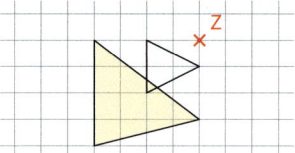
   b)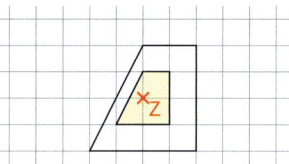

8. Zeichne ein rechtwinkliges Dreieck ABC mit ∢ ACB = 90°, c = 5 cm und b = 3 cm.
   a) Strecke das Dreieck mit k = 2 und verwende A als Streckungszentrum.
   b) Strecke das Dreieck mit k = $\frac{1}{2}$ und verwende C als Streckungszentrum.

9. **Ausblick:** Der Streckungsfaktor k kann auch negativ sein. Konstruiere zu jeder Figur die zentrische Streckung. Trage bei negativem Streckungsfaktor die geänderte Streckenlänge auf der dem Originalpunkt gegenüberliegenden Seite von Z ab.

   a)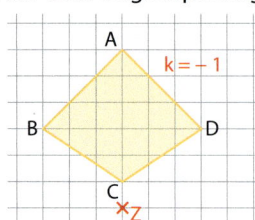
   b)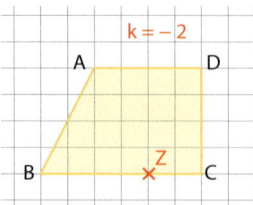
   c)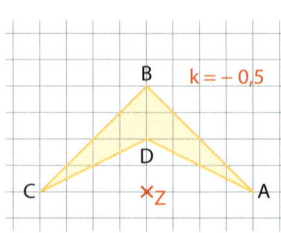

5.4 Dreiecke auf Ähnlichkeit untersuchen

■ Florian meint: „Wenn zwei Dreiecke gleiche Seitenlängen haben, sind sie zueinander kongruent."
Julia erwidert: „Das gilt auch, wenn beide Dreiecke gleich große Innenwinkel haben."

Was meinst du? ■

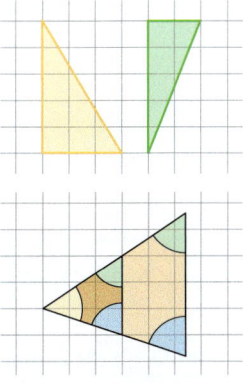

Zwei Dreiecke mit gleich großen Innenwinkeln lassen sich an einem Eckpunkt so übereinanderlegen, dass die diesem Punkt gegenüberliegenden Seiten zueinander parallel sind. Somit liegt eine zentrische Streckung mit dem Streckungszentrum am gemeinsamen Eckpunkt vor.

Zueinander ähnliche Dreiecke können durch zentrische Streckung auseinander hervorgehen. Winkelgrößen bleiben dabei unverändert und Seitenlängen ändern sich entsprechend dem Ähnlichkeitsfaktor (Streckungsfaktor).

Hinweis:
Zueinander ähnliche Dreiecke sind immer formgleich, aber nicht immer flächengleich.

Der Kongruenzsatz (wsw) ist ein Spezialfall des Hauptähnlichkeitssatzes.

> **Wissen: Ähnlichkeitssätze für Dreiecke**
> Bei zueinander ähnlichen Dreiecken ist das **Verhältnis** einander entsprechender **Seitenlängen** immer **gleich**.
>
> Da die Innenwinkelsumme bei Dreiecken immer 180° beträgt, gilt der **Hauptähnlichkeitssatz** für Dreiecke:
>
> **Dreiecke** sind **zueinander ähnlich**, wenn sie in **zwei Innenwinkeln übereinstimmen**.

Beispiel 1: Prüfe, ob die Dreiecke zueinander ähnlich sind.

a)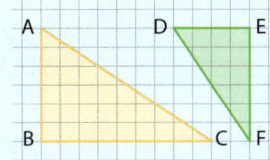

b) Dreick ABC mit:
$\alpha = 40°$, $\gamma = 80°$, $c = 8\,\text{cm}$

Dreieck A'B'C mit:
$\beta' = 60°$, $\alpha' = 40°$, $c' = 7\,\text{cm}$

Lösung:

a) Prüfe, ob sich die beiden Dreiecke übereinanderlegen lassen.

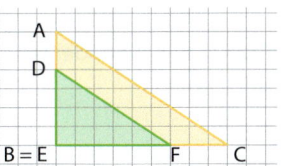

Suche zwei einander entsprechende Innenwinkel, die gleich groß sind.

Es gilt: ∢ CBA = ∢ FED (90°)
∢ BAC = ∢ EDF; (Stufenwinkel)

Wende den Hauptähnlichkeitssatz an.

Nach dem Hauptähnlichkeitssatz sind beide Dreiecke zueinander ähnlich.

b) Suche zwei einander entsprechende Innenwinkel, die gleich groß sind.

$\beta = 180° - \alpha - \gamma = 180° - 40° - 80° = 60°$
Also gilt: $\beta = 60° = \beta'$ und $\alpha = 40° = \alpha'$

Wende den Hauptähnlichkeitssatz an.

Nach dem Hauptähnlichkeitssatz sind beide Dreiecke zueinander ähnlich.

Basisaufgaben

1. Prüfe, ob die Dreiecke zueinander ähnlich sind.

   a)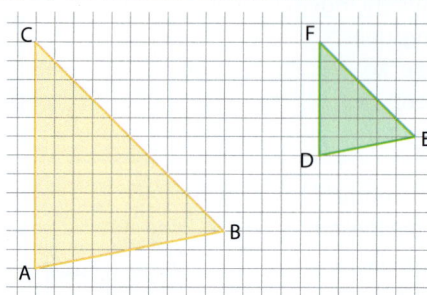

   b) Dreieck ABC mit:
      α = 40°, β = 90°, b = 3 cm

      Dreieck A'B'C' mit:
      γ' = 50°, α' = 40°, b' = 4,5 cm, c' = 6 cm

2. Prüfe, ob die Dreiecke ABC und A'B'C' zueinander ähnlich sind und ermittle gegebenenfalls den Ähnlichkeitsfaktor.
   a) a = 3 cm, b = 5 cm, γ = 45°   und   a' = 6 cm, b' = 10 cm
   b) a = 4 cm, b = 6 cm, a' = 9 cm   und   b' = 6 cm, γ' = 60°
   c) β = 30°, γ = 80°, α = 70°   und   β' = 30°, c' = 5 cm
   d) α = 42°, β = 57°, c = 5 cm   und   α' = 81°, β' = 42°, c' = 10 cm, a' = 7,5 cm

Weiterführende Aufgaben

3. Finde in den Zeichnungen zueinander ähnliche Dreiecke.
   Begründe mit dem Hauptähnlichkeitssatz.

   a) 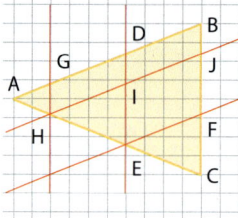 b) 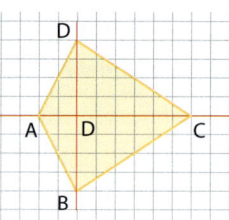 c)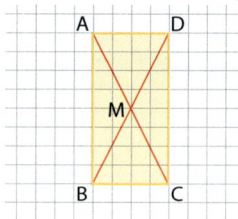

4. Beim abgebildeten Trapez gilt:
   $\overline{AB} \parallel \overline{CD}$ und $\overline{CD} = 2 \cdot \overline{AB}$
   Zeige, dass die Diagonalen einander im Verhältnis 2 : 1 schneiden.

   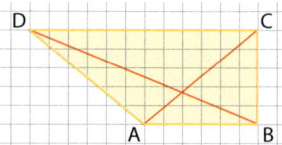

5. **Stolperstelle:** Kira behauptet, dass alle rechtwinkligen Dreiecke zueinander ähnlich sind, alle gleichschenkligen Dreiecke zueinander ähnlich sind und alle gleichseitigen Dreiecke zueinander ähnlich sind. Nimm dazu Stellung.

6. Zeichne die beiden rechtwinkligen Dreiecke mit den angegebenen Maßen in dein Heft.
   a) Berechne die Größen der Winkel α, β und γ.
   b) Prüfe und begründe, ob beide Dreiecke zueinander ähnlich sind.
   c) Berechne die Flächeninhalte der beiden Dreiecke und vergleiche sie miteinander.

   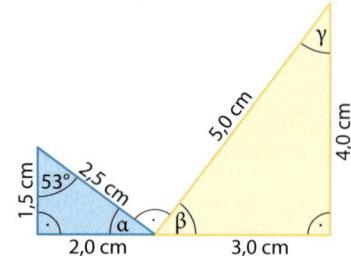

5.4 Dreiecke auf Ähnlichkeit untersuchen

7. Trage die folgenden Punkte in ein gemeinsames Koordinatensystem ein:
A(0|−1), B(−2|−4), C(3|2), D(2|1), E(−2|1), F(−2|−3), G(−1|−2), H(2|−4),
I(−1|−3), J(−3|2), K(2|−3), L(1|1), M(−3|−4), N(1|0), O(−1|1), P(1|−3),
Q(1|2), R(−1|2), S(−1|−4), T(1|−4), U(−2|2), V(2|2), W(3|−4), X(1|−2),
Y(−1|0), Z(0|3)
   a) Prüfe und entscheide, welche der folgenden Dreiecke zu △RQL ähnlich sind:
      △JRG; △MSG; △FPX; △STI und △IKD
   b) Gib gleichschenklige Dreiecke an, die zueinander ähnlich sind.

8. In den folgenden beiden Figuren sind Teildreiecke erkennbar:

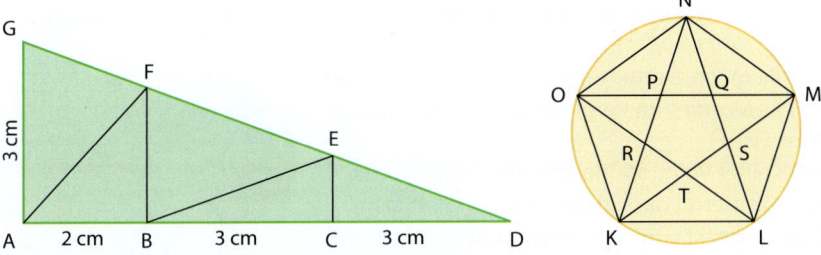

   a) Gib in jeder Figur Dreiecke an, die zueinander ähnlich sind.
      Begründe immer durch Angeben von Paaren gleich großer Winkel.
   b) Gib auch zueinander kongruente Figuren an. Begründe jeweils.

9. Zeichne ein Dreieck ABC mit a = 10 cm, b = 6 cm und c = 8 cm.
   a) Zeichne ein Quadrat DEFG mit einer Seitenlänge von a = 1 cm.
      Der Eckpunkt D soll dabei auf $\overline{AB}$ und der Eckpunkt G auf $\overline{AC}$ liegen.
   b) Führe eine zentrische Streckung des Quadrats mit Z = A aus.
      Ermittle das größtmögliche Quadrat, dessen Eckpunkte alle auf
      den Dreiecksseiten liegen.
   c) Zeige, dass die Dreiecke AEF und AE'F' zueinander ähnlich sind.

10. Konstruiere ein Parallelogramm ABCD mit $\overline{AB}$ = 5 cm und einem Punkt E auf der Seite $\overline{BC}$
    so, dass sich die Strecken $\overline{AE}$ und $\overline{BD}$ im angegebenen Verhältnis teilen. Gib an, welche
    Dreiecke ähnlich sind, und bestimme ihren Ähnlichkeitsfaktor.
    a) 5 : 7   b) 2 : 5   c) 1 : 2

11. Falte ein DIN-A4-Blatt entlang einer Diagonalen ① und dazu entlang der Lote von den beiden anderen Eckpunkten auf diese Diagonale ② und ③.

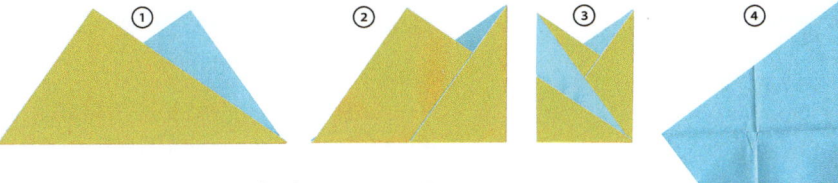

    a) Kennzeichne zueinander kongruente Figuren.
    b) Prüfe und begründe, ob alle so erzeugten rechtwinkligen
       Dreiecke zueinander ähnlich sind.

● 12. **Ausblick:** Zeichne ein Dreieck KLM mit $\overline{LM} = \overline{KM} = 2 \cdot \overline{KL}$.
    a) Gib die Dreiecksart von △KLM an.
    b) Prüfe und begründe, ob △KLM zu allen gleichschenkligen Dreiecken ähnlich ist.

5.5 Anwendungsaufgaben lösen

■ Matroschkas sind ineinander schachtelbare Puppen, die zum ersten Mal gegen Ende des 19. Jahrhunderts in Russland als zerlegbares Spielzeug gebaut wurden. Sie sehen nicht nur ähnlich aus, sie sind auch unter mathematischer Sicht zueinander ähnlich.
Die Höhen der abgebildeten Puppen sind:
14 cm; 11 cm; 9,54 cm; 8,17 cm; 7 cm
Auf einer Ausstellung wurden 5 Matroschkas ausgestellt, die größte mit einer Höhe von 13 m.

Gib die Höhen der anderen vier Matroschkas an. ■

Beispiel 1: Lydia möchte ermitteln, wievielmal größer der Durchmesser des Mondes im Vergleich zum Durchmesser einer 2-€-Münze ist.
Sie hält dazu in einer Vollmondnacht die Münze so weit von ihrem Auge entfernt, dass die gesamte Mondfläche von der Münze verdeckt wird. Lydia ermittelt den Abstand der Münze bis zum Auge mit etwa 57 cm.
Der Durchmesser der 2-€-Münze beträgt 25,75 mm.
Den Abstand Mond – Erde nimmt sie mit etwa 384 000 km an.

Lösung:
Fertige eine Skizze an.

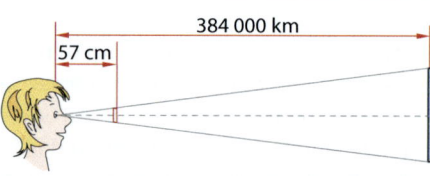

Entscheide, welche Objekte zueinander ähnlich sind und finde für die Ähnlichkeitsbeziehung einander entsprechende Größen.

Wenn die Mondscheibe das Bild der Münze bei einer zentrischen Streckung wäre, dann wären die Größenverhältnisse der beiden Durchmesser und die Größenverhältnisse der beiden Abstände zum Auge gleich.

Gib an, was gesucht und was gegeben ist.

Ges.: Größenverhältnis ($d_{Mond} : d_{Münze}$)
Geg.: 57 cm (Abstand Münze-Auge)
384 000 km (Abstand Erde-Mond)
25,75 mm (Durchmesser 2 €)

Hinweis:
Achte auf die Einheiten.

Berechne das Gesuchte.

$k = \frac{384\,000\,000\text{ m}}{0{,}57\text{ m}} = 669\,000\,000$

Führe eine Kontrolle durch.

$d_{Mond} = k \cdot d_{Münze} = 669\,000\,000 \cdot 25{,}75\text{ mm}$

$d_{Mond} = 17\,200\,000\,000\text{ mm}$

Formuliere einen Antwortsatz.

Der Durchmesser der Mondscheibe ist etwa 670 Millionen mal so groß wie der Durchmesser einer 2-Euro-Münze.

Basisaufgaben

1. Zeichne ein Rechteck mit der Breite x und der Länge y. Zeichne ein zu diesem Rechteck ähnliches Rechteck im Maßstab 1 : 3 und ein Rechteck im Maßstab 3 : 1.
   a) x = 3 cm und y = 6 cm
   b) x = y = 4,5 cm
   c) y = 2 · x

5.5 Anwendungsaufgaben lösen

2. Eine moderne Digitalkamera macht Fotos in der Größe 230 mm × 345 mm.
   In einem Fotogeschäft werden zur Nachbestellung der Bilder die üblichen Maße 9 × 13 cm, 10 × 15 cm und 13 × 18 cm angeboten.
   a) Prüfe, ob die angebotenen Maße das ganze Bild wiedergeben.
   b) Gib, wenn möglich, den Ähnlichkeitsfaktor an.

Weiterführende Aufgaben

3. Um die Höhe des Kirchturms zu bestimmen, legt Peter einen Spiegel auf den Boden und entfernt sich so weit vom Spiegel, bis er die Kirchturmspitze im Spiegel sehen kann. Peters Mitschüler messen die Entfernungen und fertigen eine Skizze an.

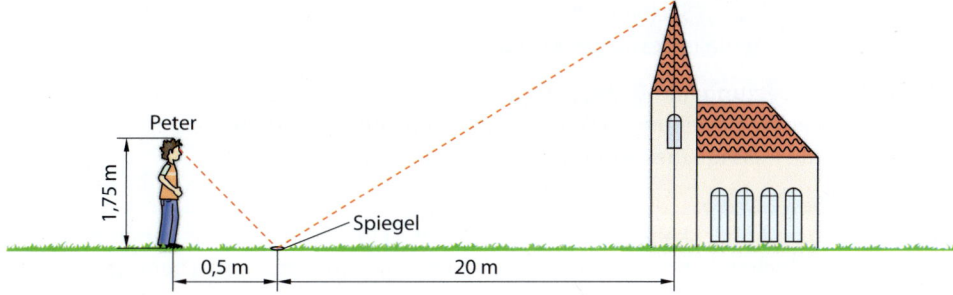

   a) Berechne, wie hoch der Kirchturm ist.
   b) Bestimme mit dieser Methode die Höhen anderer Objekte (z. B. Bäume).

4. **Stolperstelle:** Prüfe mit selbst gewählten Maßen, ob folgende Aussage wahr ist.
   a) Falls $\frac{\overline{AB}}{\overline{AD}} = \frac{\overline{AC}}{\overline{AE}}$ gilt, dann ist BC parallel zu DE.
   b) Falls $\frac{\overline{AB}}{\overline{BD}} = \frac{\overline{AC}}{\overline{CE}}$ gilt, dann ist BC parallel zu DE.

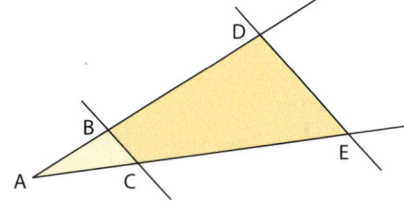

5. Sonne, Mond, Erde und eine Erbse sind näherungsweise kugelförmig.
   - Eine Erbse von 5 mm Durchmesser verdeckt gerade den 384 000 km entfernten Vollmond, wenn man sie 55 cm vom Auge entfernt hält. Berechne damit den Radius des Mondes.
   - Wie weit vom Auge entfernt müsste man eine Erbse mit 5 mm Durchmesser halten, wenn sie die 149 Mio km entfernte Sonne mit einem Durchmesser von 1,4 Mio km ganz verdecken soll?
   - Die Erde hat einen Durchmesser von ca. 12 800 km. Bestimme den Ähnlichkeitsfaktor zwischen Erde und Mond (3476 km Durchmesser) sowie zwischen Erde und Sonne (1,4 Mio. km Durchmesser). Welchen Maßstab müsstest du wählen, um die zentrische Streckung zwischen Erde und Sonne auf einem DIN-A4-Blatt darzustellen?
   - Eine Erbse hat einen Durchmesser von 5 mm. Erstelle ein Spaßfoto, auf dem die Erbse größer zu sein scheint als beispielsweise ein Fußball.

6. **Ausblick:** Konstruiere zu einem gleichseitigen Dreieck ABC mit einer Seitenlänge a = b = c = 6 cm ein einbeschriebenes Rechteck DEFG mit einem Seitenverhältnis von 2 : 1.

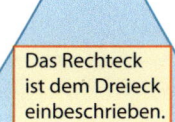

Das Rechteck ist dem Dreieck einbeschrieben.

Streifzug

5. Ähnlichkeit

Ähnlichkeitsbeweise

■ Fynn meint, dass folgende drei Dreiecke immer zueinander ähnlich sind, egal an welcher Stelle auf dem Halbkreis der Punkt C liegt.

△ ABC △ CAD △ BCD

Was meinst du? ■

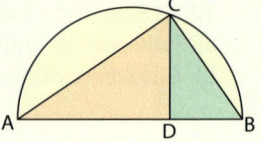

Auch geometrische Beweise sichern Erkenntnisse, die man aus bereits bekannten Zusammenhängen abgeleitet hat. Häufig werden bei solchen Beweisen Ähnlichkeitsbeziehungen zwischen geometrischen Figuren verwendet.

Wissen: Beweisschritte bei Ähnlichkeitsbeweisen

Veranschauliche den Sachverhalt:
Fertige eine Skizze zum Sachverhalt an.
Markiere gegebenenfalls Gesuchtes und Gegebenes.

Trenne Voraussetzung und Behauptung:
Schreibe bekannte Beziehungen (Voraussetzungen) auf und formuliere die zu beweisende Aussage (Behauptung).

Finde eine Beweisidee:
Überlege, ob du Ähnlichkeitsbeziehungen zwischen Figuren kennst, aus denen du die Behauptung ableiten kannst. Betrachte auch Teilfiguren, insbesondere Dreiecke, und zeichne Hilfslinien oder weitere Punkte ein.

Beweis:
Schreibe alle Folgerungen in geordneter Reihenfolge auf. Begründe dabei jeden Schritt.

Beispiel 1: Ein rechtwinkliges Dreieck ABC mit dem rechten Winkel bei C wird durch die Höhe von C auf $\overline{AB}$ in zwei Teildreiecke zerlegt. Beweise, dass jedes der Teildreiecke ADC und DBC ähnlich zum Dreieck ABC ist.

Lösung:

Fertige eine Skizze an.

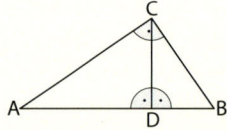

Schreibe Voraussetzung und Behauptung auf.

Voraussetzung: ∢ACB = 90°; DC ⊥ AB;
Hauptähnlichkeitssatz für Dreiecke
Behauptung: △ ADC ~ △ ABC und △ DBC ~ △ ABC

Überlege dir eine Beweisidee.

Zum Beweis der Ähnlichkeit von Dreiecken kann der Hauptähnlichkeitssatz für Dreiecke genutzt werden.
(Dreiecke sind zueinander ähnlich, wenn sie in zwei Winkeln übereinstimmen.)

Führe den Beweis.

△ ADC und △ ABC   △ DBC und △ ABC
∢ CDA = ∢ ACB   ∢ BDC = ∢ ACB   (Voraussetzung)
∢ DAC = ∢ BAC   ∢ CBD = ∢ CBA   (gemeinsam)

Da jeweils zwei Winkel in den Dreiecken gleich groß sind, gilt der Hauptähnlichkeitssatz.
Die Teildreiecke sind zueinander ähnlich. (w. z. b. w.)

Aufgaben

1. Zur Seite b eines Dreiecks ABC liegt eine Gerade parallel so, dass sie Seite c des Dreiecks im Punkt D und Seite a im Punkt E schneidet. Beweise, dass △ ABC ähnlich ist zum △ DBE.

2. Gegeben sei ein Trapez ABCD, dessen Seiten a und c parallel zueinander sind. Die Diagonalen des Trapezes schneiden einander in einem Punkt M und bilden vier Dreiecke. Zeige, dass es unter diesen Dreiecke solche gibt, die zueinander ähnlich sind.

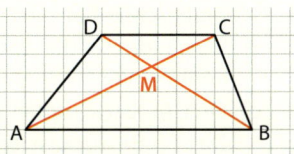

3. Bei einem Dreieck ABC sei H_c der Fußpunkt der Höhe über der Seite c und H_a der Fußpunkt der Höhe über der Seite a.
   a) Skizziere den Sachverhalt.
   b) Die Mittelsenkrechten zu $\overline{AH_c}$ und $\overline{CH_a}$ schneiden einander im Mittelpunkt M von b. Zeichne die Mittelsenkrechten ein und begründe die Lage von M.
   c) Zeige, dass die Dreiecke ABC und BH_aH_c zueinander ähnlich sind.

4. Eine Strecke $\overline{AB}$ soll durch Konstruktion in drei gleiche Abschnitte geteilt werden.

   Zur Lösung der Aufgabe wird folgendes Vorgehen vorgeschlagen:
   (1) Zeichne einen nicht mit der Strecke zusammenfallenden Strahl s durch einen der Punkte A oder B.
   (2) Trage mit dem Zirkel auf s von A (oder B) aus drei gleich große Strecken ab und markiere den jeweiligen Endpunkt.

   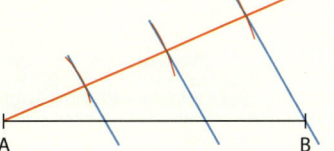

   (3) Verbinde den letzten so auf s erhaltenen Punkt mit B (oder A).
   (4) Zeichne die Parallelen zu der Verbindungsgeraden durch die markierten Punkte auf s.

   Die Schnittpunkte der Parallelen mit der Strecke $\overline{AB}$ teilen diese in genau drei gleiche Teile.
   a) Führe die Konstruktion für $\overline{AB} = 5\,cm$ aus.
   b) Zeige, dass die Konstruktion immer zum gewünschten Ergebnis führen muss.
   c) Überlege, wie du eine andere Strecke in sieben gleiche Teile teilen könntest.

5. Beweise, dass die Dreiecke AEF und ABG im Rechteck ACEF zueinander ähnlich sind.
   Es gilt: $\overline{EC} = \overline{AB} = a$
   $\overline{BG} = 0{,}6 \cdot a$

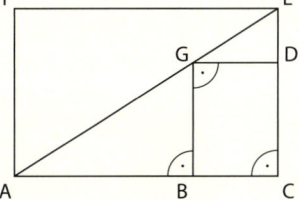

6. In einem Parallelogramm ABCD seien a = 4 cm und b = 3 cm. Durch den Mittelpunkt der Seite a wird eine Parallele zur Seite b gezeichnet.
   Diese Parallele schneidet die Seiten a bzw. c in den Punkten E bzw. F. Prüfe und begründe, ob die Parallelogramme ABCD und AEFD zueinander ähnlich sind.

7. In einem Parallelogramm ABCD wird die Seite d durch einen Punkt E im Verhältnis 1 : 3 geteilt. Zeige, dass die Diagonale durch die Punkte A und C durch die Strecke $\overline{BE}$ im Verhältnis 3 : 4 geteilt wird.

8. **Forschungsauftrag:** Ein Försterdreieck ist ein Hilfsmittel zur Höhenbestimmung senkrecht stehender Objekte wie Bäume, Türme oder Masten. Baue dir ein Försterdreieck und bestimme damit die Höhe deiner Schule.

5.6 Vermischte Aufgaben

1. a) Erläutere an einem Beispiel, was es bedeutet, wenn an einer Zeichnung steht: Maßstab 1 : 100
   b) Vergleiche *Maßstab* und *Ähnlichkeit* an einem praktischen Beispiel.
   c) Was bedeutet die Angabe 4 : 1? In welchem Zusammenhang könnte man solch eine Angabe finden?
   d) Ein Grundstücksplan wurde im Maßstab 1 : 125 gezeichnet. Das Grundstück ist in Wirklichkeit 81,25 m lang und 20 Meter breit. Gib die Größe des Grundstücks auf dem Plan an.

2. Zeichne jede Figur sowohl halb so groß als auch 1,5-mal so groß ins Heft.

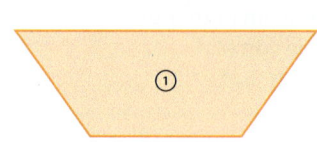 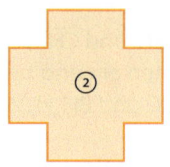 

3. Fülle die Tabelle im Heft für eine zentrische Streckung mit dem Streckungsfaktor k aus.
   a) Für Quadrate:

k	Seitenlänge		Flächeninhalt	
	Original	Bild	Original	Bild
	5 cm	2,5 cm		
2				36 cm²
		8 cm	144 cm²	

   b) Für Kreise:

k	Durchmesser		Flächeninhalt	
	Original	Bild	Original	Bild
2	5 m			
			3,14 m²	0,19 m²
		4 m	28,27 m²	

4. Für biologische Untersuchungen können Objekte mit Lichtmikroskopen in 1000-facher Vergrößerung wiedergegeben werden.
   a) Ein Cholera-Bakterium ist unter dem Mikroskop 3 mm lang und 1 mm breit. Es wurde im Maßstab 1250 : 1 vergrößert. Gib die Originalmaße des Bakteriums an.
   b) Maike beobachtet unter dem Mikroskop in gleichen Zeitabständen, wie sich die Zellkulturen teilen. Aus einer Zelle haben sich innerhalb von zehn Minuten acht neue Zellen gebildet. Stark vergrößert (und vereinfacht) sehen sie wie in der Abbildung aus. Wie viele zueinander ähnliche Zellen erkennst du?

5. Zeichne ein Quadrat ABCD mit $a = \overline{AB} = 6\,cm$ und konstruiere die Mittelpunkte der Quadratseiten. Führe dann von jedem Mittelpunkt als Streckungszentrum eine zentrische Streckung mit $k = \frac{1}{3}$ durch.

5.6 Vermischte Aufgaben

6. Prüfe und begründe, ob das Bildquadrat bei einem Ausgangsquadrat mit einer Seitenlänge von $a = 3\,\text{cm}$ und einem Streckungsfaktor $k = \frac{1}{6}$ genauso groß ist wie das Bildquadrat bei Aufgabe 5.

7. Trage folgende Punkte in ein rechtwinkliges Koordinatensystem ein und gib den Streckungsfaktor k für die zentrische Streckung an:

   Streckungszentrum: $Z(1|1)$ Originalpunkte: $A(4|1), B(3|3)$
                                      Bildpunkte: $A'(7|1)$ und $B'(5|5)$

   Streckungszentrum: $Z(3|3)$ Originalpunkte: $A(0|0), B(4,5|0)$
                                      Bildpunkte: $A'(1|1)$ und $B'(4|1)$

8. Ordne die Begriffe „Kongruenz", „Verkleinerung" und „Vergrößerung" den folgenden Streckungsfaktoren richtig zu:

   | $k = 1{,}5$ | $k = \frac{2}{3}$ | $k = 1$ | $k = 3\frac{1}{2}$ | $k = \frac{5}{2}$ |

9. In nebenstehender Abbildung ist Punkt P' das Bild von Punkt P bei einer zentrischen Streckung mit Z als Streckungszentrum.
   Bei der gleichen Streckung soll das Bild von Punkt Q konstruiert werden.
   Beschreibe, wie du Q' konstruieren würdest.

   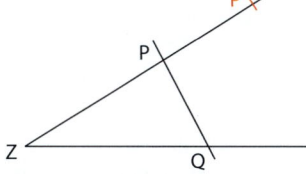

10. Bei folgender zentrischer Streckung ist etwas durcheinandergeraten:

    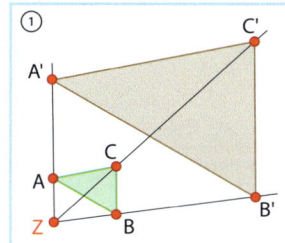 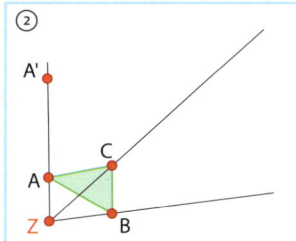 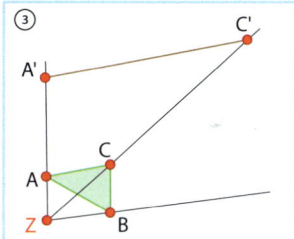

    a) Bringe die Bilder in die richtige Reihenfolge.
    b) Formuliere eine Konstruktionsbeschreibung.

11. Entscheide und begründe, bei welcher der folgenden Figuren alle auftretenden Dreiecke zueinander ähnlich sind und bei welcher nicht.

    a)    b) 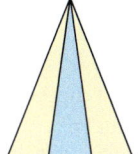   c)

12. Prüfe und begründe, ob bei der zentrischen Streckung mit dem Streckungszentrum Z und dem Streckungsfaktor k in einem Koordinatensystem fehlerfrei gearbeitet wurde.
    a) $Z(3|6)$, $k = 2$, $A(3|1)$, $B(8|2)$, $A'(3|3)$, $B'(5|4)$
    b) $Z(0,5|0)$, $k = \frac{1}{4}$, $A(0,5|5)$, $B(3|3)$, $A'(0,5|2,5)$, $B'(1,75|1,5)$
    c) $Z(0|-2)$, $k = 1,5$, $A(-3|2)$, $B(0|0)$, $A'(-4,5|4)$, $B'(0|1)$

13. Entscheide und begründe, ob die roten und die blauen Figuren zueinander ähnlich sind oder nicht.

① 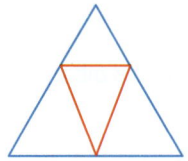 ② 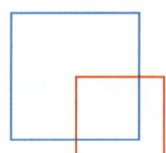 ③

14. Übertrage die Tabelle ins Heft und fülle sie aus.

k	a	a'	b	b'	A	A'
2	1 cm		$\frac{1}{2}$ cm			
$\frac{3}{4}$	4 cm			16 cm²		
		2 cm	5 cm		0,1 dm²	

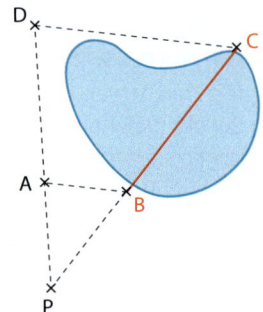

15. Über einen See soll eine Brücke $\overline{BC}$ gebaut werden. Folgende Streckenlängen wurden gemessen: $\overline{PA} = 85$ m, $\overline{PB} = 100$ m und $\overline{PD} = 210$ m.
    a) Welche Bedingung müssen $\overline{AB}$ und $\overline{CD}$ erfüllen, damit die Dreiecke PAB und PDC zueinander ähnlich sind?
    b) Fertige eine maßstabsgerechte Zeichnung an und ermittle die Länge von $\overline{BC}$ zeichnerisch.

16. Die Länge einer Ruderstrecke vom Westufer W zum Ostufer O soll bestimmt werden.
    Da eine direkte Messung nicht möglich ist, werden die Entfernungen $\overline{AW}$, $\overline{AB}$ und $\overline{BC}$ gemessen.
    Ermittle jeweils die Länge der Ruderstrecke $\overline{WO}$.
    a) $\overline{AW} = 500$ m; $\overline{AB} = 10$ m; $\overline{BC} = 30$ m
    b) $\overline{AW} = 1,5$ km; $\overline{AB} = 0,5$ km; $\overline{BC} = 2$ km
    c) $\overline{AW} = 600$ m; $\overline{AB} = 5$ dm; $\overline{BC} = 4$ m

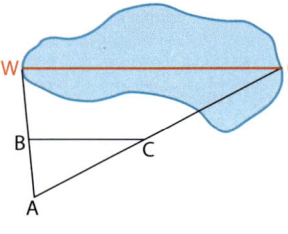

17. a) Zeichne ein beliebiges rechtwinkliges Dreieck ABC mit $\gamma = 90°$.
    b) Fälle das Lot von C auf $\overline{AB}$. Bezeichne den Schnittpunkt mit $\overline{AB}$ mit D.
    c) Zeige, dass die beiden Dreiecke ABC und ADC zueinander ähnlich sind.

18. Konstruiere das Dreieck ABC mit $\overline{AB} = 5$ cm, $\overline{AC} = 5$ cm und $\alpha = 60°$.
    a) Fälle das Lot von C auf $\overline{AB}$. Der Fußpunkt des Lotes sei D.
    b) Konstruiere den Mittelpunkt M der Seite BC.
    c) Zeichne eine Parallele zu CD durch M. Der Schnittpunkt mit AB sei N.
    d) Zeige, dass die Dreiecke DBC und NBM zueinander ähnlich sind.
    e) Der Punkt N teilt die Strecke $\overline{AB}$. Gib an, in welchem Verhältnis.

19. a) Ermittle die Höhe des Turms für $\overline{ES} = 5$ m und $\overline{ST} = 12$ m zeichnerisch.
    Gib auch den verwendeten Maßstab an.

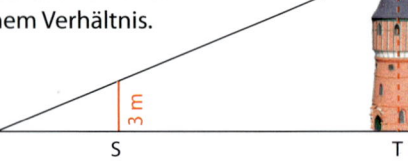

5.6 Vermischte Aufgaben

20. Ermittle die Länge der markierten Strecke zeichnerisch.

a) 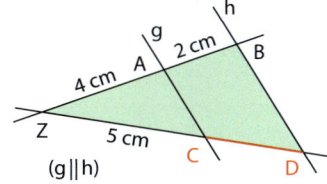   b)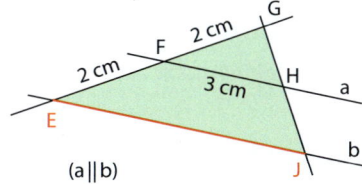

21. Zeichne ein Quadrat ABCD mit a = 8 cm.
  a) Zeichne ein zweites Quadrat A'B'C'D', dessen Seitenlänge halb so groß ist wie die Seitenlänge beim Quadrat ABCD.
     Zeichne so, dass gilt: (1) A = A'   (2) B' liegt auf AB
  b) Zeichne ein drittes Quadrat A''B''C''D'', dessen Seitenlänge halb so groß ist wie die Seitenlänge beim Quadrat A'B'C'D'.
     Zeichne so, dass gilt: (1) A' = A''   (2) B'' liegt auf A'B'
  c) Zeige, dass die Quadrate die Bedingungen einer zentrischen Streckung erfüllen. Gib das Streckungszentrum und den Streckungsfaktor an.

22. Eine Lochkamera lässt Lichtstrahlen durch ein kleines Loch auf eine lichtempfindliche Fläche fallen. Aufgenommene Gegenstände werden also verkleinert dargestellt.
  a) Vervollständige die Tabelle.
     (G = Gegenstandsgröße, g = Gegenstandsweite, B = Bildgröße, b = Bildweite)
  b) Stelle eine Formel auf, die die Längenverhältnisse der Lochkamera beschreibt.

g	G	b	B
10 m	1,80 m	10 cm	
	5 m	10 cm	2,5 cm
120 m		7,5 cm	2,5 cm
6,3 m	4,2 m		4 cm

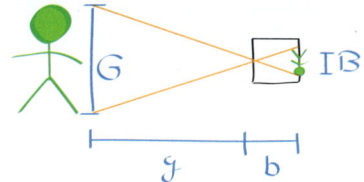

23. Erstelle mit einer dynamischen Geometrie-Software das abgebildete Dreieck. Es ist ein Sierpinski-Dreieck, bei dem, von außen beginnend, Dreiecke immer wieder in vier zueinander kongruente und zum Ausgangsdreieck ähnliche Dreiecke erzeugt werden, deren Eckpunkte die Seitenmittelpunkte des Ausgangsdreiecks sind.
  a) Öffne ein leeres Dokument, zeichne ein Dreieck und trage auf jeder Seite des Dreiecks den Mittelpunkt ein.
  b) Verbinde jeweils zwei dieser Mittelpunkte mit einem Eckpunkt des Dreiecks zu einem neuen Dreieck. So entstehen insgesamt 3 kleinere Dreiecke. Und dazwischen bleibt ein weiteres kleines Dreieck frei.
  c) Wiederhole diesen Vorgang mit allen so entstandenen Dreiecken.

24. Mit einem Försterdreieck kannst du die Höhe eines Objekts, z. B. eines Baums, bestimmen. Das Dreieck ist rechtwinklig und gleichschenklig. Peilst du über die längere Dreiecksseite den Baum wie in der Zeichnung an, so erhältst du die Höhe h des Baums, indem du h = a + d mit Augenhöhe a und Entfernung d berechnest.
  a) Begründe, warum das Verfahren korrekt ist.
  b) Gib eine Formel an für den Fall, dass das eingesetzte Dreieck nicht gleichschenklig ist.

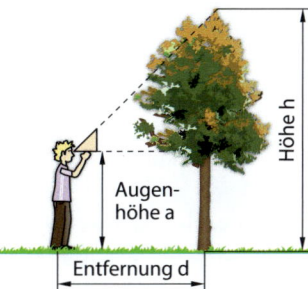

Prüfe dein neues Fundament

5. Ähnlichkeit

Lösungen
↗ S. 212

1. Prüfe, ob die Figuren ② bis ⑤ zum Trapez ① ähnlich sind.
Begründe deine Aussagen.

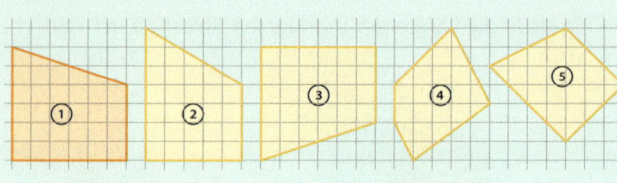

2. Ergänze den Streckenzug im Heft so, dass eine zur gegebenen Figur ähnliche Figur entsteht.
Gib den verwendeten Ähnlichkeitsfaktor an.

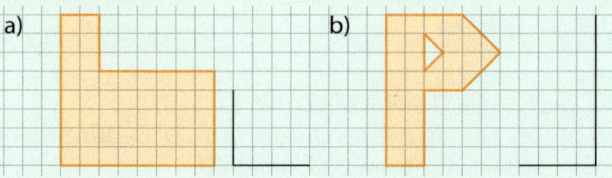

3. Übertrage ins Heft und führe die zentrische Streckung mit dem Streckungszentrum M und dem Streckungsfaktor k aus.

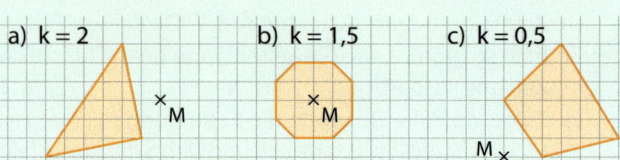

a) k = 2   b) k = 1,5   c) k = 0,5

4. Das grüne Vieleck entsteht durch zentrische Streckung aus dem hellbraunen Vieleck. Übertrage die Zeichnung ins Heft. Ermittle das Streckungszentrum Z und den Streckungsfaktor k.

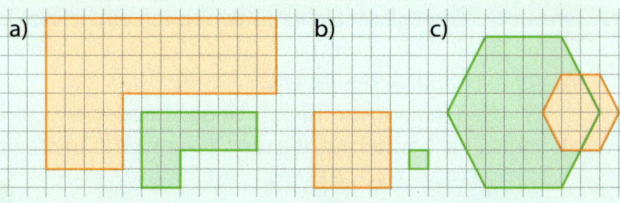

5. Übertrage die Zeichnung ins Heft. Überprüfe, ob die Dreiecke zueinander ähnlich sind. Gib dann auch an, welche Seiten einander entsprechen, und ermittle den Ähnlichkeitsfaktor.

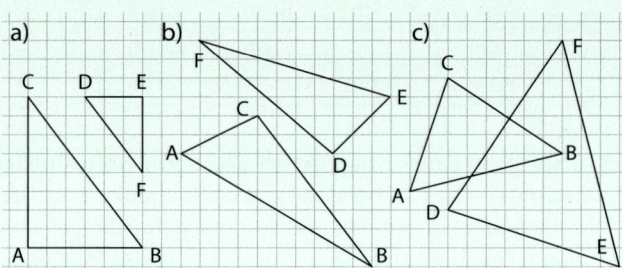

6. Überprüfe, ob die Dreiecke ABC und A'B'C' zueinander ähnlich sein können.
Gib an, welche Seiten einander entsprechen, und ermittle den Ähnlichkeitsfaktor.
   a) a = 3 cm, b = 5 cm   und   a' = 4,5, b' = 7,5 cm
   b) α = 65°, β = 42°   und   β' = 42°, γ' = 73°
   c) α = 30°, β = 52°, b = 4 cm   und   γ' = 30°, α' = 98°, b' = 5 cm, c' = 6 cm

7. Führe eine zentrische Streckung im Koordinatensystem durch.
   a) Original: Dreieck ABC mit
      A(−4|1), B(2|5) und C(−3|3)
      Streckungszentrum: Z(0|0)
      Streckungsfaktor: k = 0,5
   b) Original: Viereck DEFG mit
      D(−2|2), E(−1|1), F(1|1), G(2|2)
      Streckungszentrum: Z(0|0)
      Streckungsfaktor: k = 2

8. Prüfe, ob folgende Aussage wahr ist. Begründe deine Aussage.
   a) Zwei gleichseitige Dreiecke sind stets zueinander ähnlich.
   b) Zwei gleichschenklig-rechtwinklige Dreiecke sind stets zueinander ähnlich.

Prüfe dein neues Fundament

9. a) Vergleiche die beiden Vierecke miteinander. Gib Gemeinsamkeiten und Unterschiede an.
   b) Bestimme den Streckungsfaktor k.
   c) Berechne drei Verhältnisse einander zugehöriger Strecken und vergleiche mit dem Streckungsfaktor.

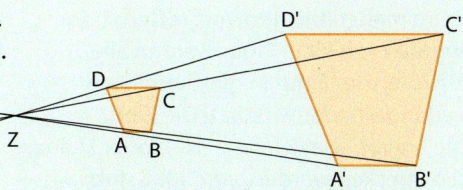

10. Es soll die Breite eines Flusses vom Südufer S zum Nordufer N bestimmt werden. Da eine direkte Messung nicht möglich ist, wird am Südufer ein Dreieck ABC mit Pfählen markiert. Es werden die Seitenlängen $\overline{AC}$, $\overline{BC}$ und zusätzlich die Länge von $\overline{BS}$ gemessen. Berechne die Breite des Flusses.
    a) $\overline{AC} = 1\,m$; $\overline{BC} = 1\,m$; $\overline{BS} = 4\,m$
    b) $\overline{AC} = 11,2\,m$; $\overline{BC} = 5,7\,m$; $\overline{BS} = 13,4\,m$

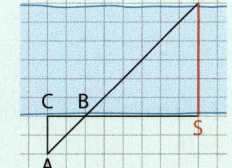

11. Der Eiffelturm in Paris ist 324 m hoch. Im Jahr 2014 stand in Sichtweite des „echten" Turms ein Modell. Eine Kamera wurde so (wie in der Abbildung) positioniert, dass auf dem Foto die Spitze des Modellturms und die Spitze des Eiffelturms genau übereinander lagen. Die Kamera stand etwa a = 10 m vom Lotfußpunkt des Modellturms entfernt auf der Erde. Die Entfernung vom Lotfußpunkt des Eiffelturms bis zu dem Lotfußpunkt des Modellturms betrug b = 290 m. Ermittle die ungefähre Höhe des Modells.

Wiederholungsaufgaben

1. Löse die Gleichung.
   a) $\frac{24}{x} = \frac{8}{21}$
   b) $2^k = 16$
   c) $z^3 = 27$
   d) $3 \cdot (x - 7) = -63$

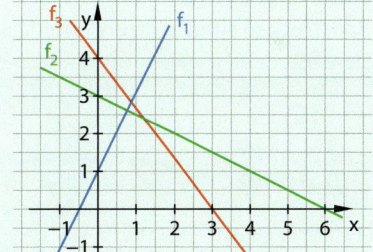

2. Gib Funktionsgleichungen zu den Funktionsgraphen f_1, f_2 und f_3 an.

3. An einer Umfrage zu den Lieblingsfächern haben 120 Schülerinnen und Schüler der achten Klassen einer Schule teilgenommen. Es konnte zwischen vier Fächern gewählt werden:

Englisch	Geschichte	Mathematik	Sport
24	20	36	40

Stelle die Angaben in einem Kreisdiagramm dar.

4. Der Eintrittspreis für das Schwimmbad hat sich von 4,00 € auf 5,00 € verteuert. Begründe, warum das einen Anstieg um 25 % bedeutet.

5. Der Klassenraum der 8 c ist 6,00 m breit und 10,00 m lang.
   a) Skizziere den Grundriss des Klassenraums.
   b) Berechne das Luftvolumen im Klassenraum, wenn dessen Höhe 3,50 m beträgt.

Zusammenfassung

5. Ähnlichkeit

Maßstäbliches Vergrößern und Verkleinern	Beim **maßstäblichen Vergrößern** oder **Verkleinern** einer Figur werden alle Strecken der Figur in gleichem Maße verlängert oder verkürzt. Die Zahl, die angibt, wievielmal größer oder kleiner die Strecken werden, wird **Maßstab** genannt. Bei Vergrößerungen ist der Maßstab größer als 1, bei Verkleinerungen ist der Maßstab kleiner als 1.	Die Sitzfläche eines Stuhls ist 50 cm hoch, auf dem Foto aber nur 1 cm. (1 cm auf dem Foto sind 50 cm in der Wirklichkeit.) Maßstab: 1 : 50 Gesprochen: 1 zu 50

Ähnlichkeit von Figuren

Zwei Vielecke sind zueinander **ähnlich**, wenn
- einander entsprechende Winkel (hier gleichfarbig markiert) gleich groß sind und
- einander entsprechende Seitenlängen alle mit demselben Faktor k vergrößert (verkleinert) wurden.

$$\text{Ähnlichkeitsfaktor } k = \frac{\text{Länge der Bildstrecke}}{\text{Länge der Originalstrecke}}$$

Zueinander ähnliche Figuren sind immer formgleich, aber nur für $k = 1$ flächengleich.

$$k = \frac{9 \text{ Längeneinheiten}}{3 \text{ Längeneinheiten}}$$
$$k = 3$$

Zentrische Streckung

Bei einer zentrischen Streckung mit einem **Streckungszentrum** Z und einem **Streckungsfaktor** $k > 0$ haben die Bildpunkte den k-fachen Abstand der Originalpunkte zum Punkt Z.
Bildstrecken sind zu ihren Originalstrecken parallel.

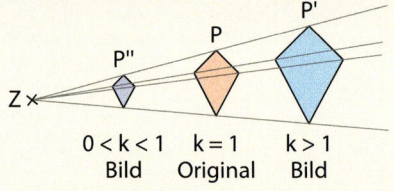

$0 < k < 1$ $k = 1$ $k > 1$
Bild   Original   Bild

$k > 1$: Maßstäbliche Vergrößerung
$k = 1$: Original und Bild sind gleich groß
$0 < k < 1$: Maßstäbliche Verkleinerung

Das Fünfeck P'Q'R'S'T' ist durch eine zentrischen Streckung mit dem Streckungszentrum Z aus dem Fünfeck PQRST hervorgegangen. Ermittle den Streckungsfaktor k.

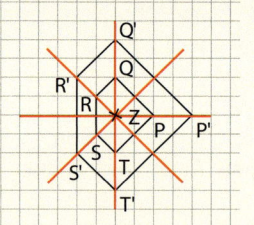

$k = \dfrac{\overline{ZP'}}{\overline{ZP}}$
$\overline{ZP} = 2$ LE
$\overline{ZP'} = 4$ LE
$k = \dfrac{4 \text{ LE}}{2 \text{ LE}}$
$k = 2$

Hauptähnlichkeitssatz für Dreiecke

Dreiecke sind **zueinander ähnlich**, wenn sie in **zwei Innenwinkeln übereinstimmen**.

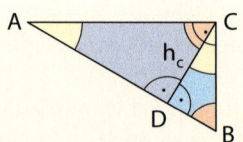

Die Dreiecke ABC, ADC und DBC stimmen in zwei Innenwinkeln überein. Sie sind zueinander ähnlich.

6. Satzgruppe des Pythagoras

Von rechtwinkligen Dreiecken können bei Vorgabe geeigneter Bestimmungsstücke fehlende Seitenlängen berechnet werden.
Das hat schon der griechische Mathematiker Pythagoras von Samos erkannt, der vor über 2500 Jahren lebte.

Dein Fundament

6. Satzgruppe des Pythagoras

Lösungen
↗ S.214

Winkel

1. Zeichne ins Heft und gib die Winkelgröße an.
   a) einen spitzen Winkel
   b) einen stumpfen Winkel
   c) einen rechten Winkel

2. Gib die Winkelgröße und die Winkelart an.
   a)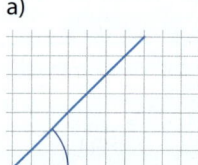
   b)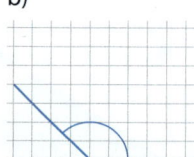
   c)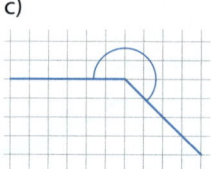
   d)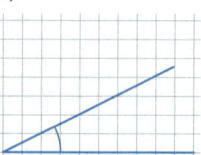

3. Ermittle die Größe:
   a) der Winkel α_2, β_2 und β_3, für $\alpha_1 = 110°$
   b) des Winkels α_4 für $\beta_2 = 76°$
   c) des Winkels β_1 für $\alpha_1 = 100°$

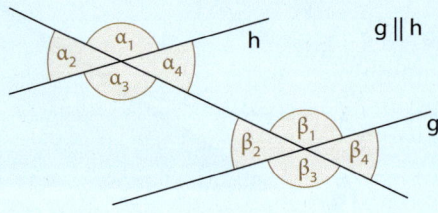

Dreiecke und Vierecke

4. Berechne Umfang und Flächeninhalt der gegebenen Figur.
   a) Rechteck mit $a = 3\,cm$ und $b = 7\,cm$
   b) Quadrat mit $a = 11\,cm$
   c) Dreieck ABC mit $a = 6\,cm$, $b = 8\,cm$, $c = 10\,cm$ und $\gamma = 90°$

5. Ordne die gegebenen Dreiecke ① bis ⑥ in Kategorien ein.
   ①  ② 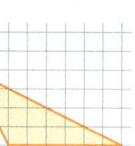 ③ 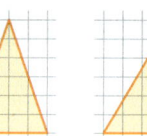 ④ ⑤ 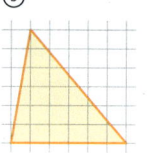 ⑥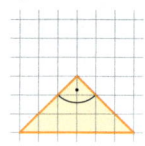

   a) nach ihren Seiten (gleichseitig, gleichschenklig, unregelmäßig)
   b) nach ihren Innenwinkeln (spitzwinklig, rechtwinklig, stumpfwinklig)

6. Berechne die nicht gegebenen Innenwinkelgrößen des Dreiecks ABC. Gib auch an, welche Dreieckseite am längsten ist.
   a) $\alpha = 43°$; $\beta = 65°$
   b) $\alpha = 40°$; $\beta = 90°$
   c) $\beta = \gamma = 60°$
   d) $\beta = 143°$; $\gamma = 35°$
   e) $\alpha = 90°$; $\beta = \gamma$
   f) $\beta = 2\alpha$; $\gamma = 3\alpha$

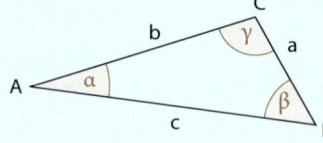

7. Konstruiere ein Dreieck ABC aus folgenden Stücken:
   a) $a = 3\,cm$; $b = 4\,cm$ und $c = 5\,cm$
   b) $\alpha = 30°$; $b = 2\,cm$ und $c = 3\,cm$

8. Gib die Seitenlänge des Quadrates mit dem gegebenen Flächeninhalt an.
   a) $A = 25\,cm^2$
   b) $A = 1{,}69\,dm^2$
   c) $A = 0{,}81\,m^2$
   d) $A = 0{,}04\,km^2$

Dein Fundament

9. Konstruiere ein Dreieck ABC aus folgenden Stücken:
   ① $c = 6\,cm$; $\alpha = 75°$ und $\gamma = 90°$ ② $a = 6\,cm$; $\alpha = 90°$ und $b = 4\,cm$
   a) Nutze den Satz des Thales und beschreibe die Konstruktion.
   b) Beschreibe eine Konstruktion ohne Verwendung vom Satz des Thales.

10. a) Zähle, wie viele rechtwinklige Dreiecke in der nebenstehenden Zeichnung erkennbar sind.
    b) Begründe, warum die Dreiecke AFE und ABC zueinander ähnlich sind.

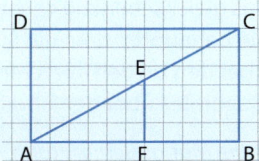

11. Zeichne ein rechtwinkliges Dreieck ABC mit dem rechten Winkel bei C. Lege eine Gerade g so durch das gegebene Dreieck, dass zum Dreieck ABC ähnliche Dreiecke entstehen.

12. Ein gleichseitiges Dreieck ABC wird durch die Höhe $\overline{MC}$ in zwei Teildreiecke AMC und BMC zerlegt. Entscheide, ob die Aussage wahr ist.
    a) Die Dreiecke ABC und BMC sind zueinander kongruent.
    b) Die Dreiecke AMC und BMC sind zueinander kongruent.
    c) Der Flächeninhalt von Dreieck AMC ist halb so groß wie der des Dreiecks ABC.
    d) Die Dreiecke AMC und BMC sind zueinander ähnlich.
    e) Es gilt: $\overline{EF} \cdot \overline{AC} = \overline{AM} \cdot \overline{CF}$

Vermischtes

13. Löse die Gleichung.
    a) $3x + 5 = 2x + 0,5$ b) $x^2 + 16 = 25$ c) $1 + x^2 = 5$ d) $x + 4 = \sqrt{2 \cdot 18}$

14. Stelle die Gleichung nach den in Klammern angegebenen Variablen um.
    a) $a + \frac{2}{c} = b$ (a; c)   b) $\frac{a+2}{c} = d$ (a; c)   c) $\frac{a \cdot 2}{c} = 25$ (a; c)   d) $\frac{a+b}{2} = c$ (a; b)

15. Übertrage die Figuren ins Heft.

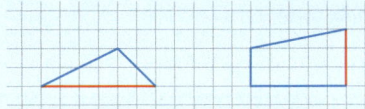  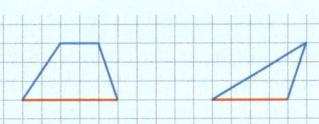

   a) Zeichne zu den rot markierten Grundseiten jeweils eine Höhe ein.
   b) Berechne den Flächeninhalt jeder Figur.

16. Formuliere die Aussage in der „Wenn-dann-Form". Gib Voraussetzung und Behauptung an.
    a) Jede durch 6 teilbare Zahl ist auch durch 3 teilbar.
    b) Die Summe der Innenwinkel eines Dreiecks beträgt immer 180°.
    c) Das Produkt zweier Quadratzahlen ist wieder eine Quadratzahl.
    d) Wechselwinkel an geschnittenen Parallelen sind gleich groß.

17. Michael, der gern Knobelaufgaben löst, meint, dass es Quadratzahlen gibt, deren Summe wieder eine Quadratzahl ist. Er nennt als Beispiele 5^2 und 12^2.
    a) Prüfe die Aussage von Michael.
    b) Untersuche, ob es solche Zahlen auch zwischen 2^2 und 11^2 gibt.

6.1 Zusammenhänge am rechtwinkligen Dreieck erkennen

Hinweis:
Du kannst hier auch eine dynamische Geometrie-Software nutzen.

■ Maria erkennt, dass das Muster der nebenstehenden Fliesen aus gleichschenklig-rechtwinkligen Dreiecken besteht.
Sie behauptet, dass die Summe der Flächeninhalte der Quadrate über den beiden kürzeren Seiten (grün) mit dem Flächeninhalt des Quadrates über der längsten Seite (blau) übereinstimmt.

Prüfe Marias Behauptung. ■

Bestimmungsstücke eines rechtwinkligen Dreiecks erkennen

Wissen: Bezeichnungen am rechtwinkligen Dreieck
Bei rechtwinkligen Dreiecken bilden zwei Seiten immer einen rechten Winkel. Diese beiden Seiten heißen **Katheten**.
Die dritte (längste) Seite liegt dem rechten Winkel immer gegenüber. Diese Seite heißt **Hypotenuse**.
Die Höhe über der Hypotenuse teilt diese in zwei **Hypotenusenabschnitte**.

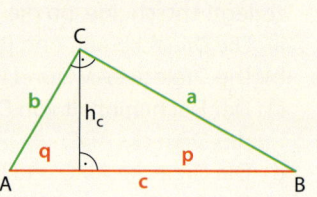

Beispiel 1: Gib vom rechtwinkligen Dreieck in der abgebildeten Figur Katheten, Hypotenuse und Hypotenusenabschnitte an.

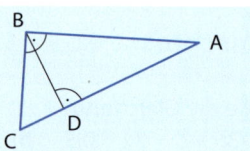

Lösung:
Ermittle als Katheten die Seiten des Dreiecks, die den rechten Winkel bilden.

Ermittle als Hypotenuse die längste Seite des Dreiecks und als Hypotenusenabschnitte die durch die Höhe über der Hypotenuse gebildeten Teilstrecken.

Dreieck	ABC	BCD	ABD
Katheten	$\overline{AB}$; $\overline{BC}$	$\overline{BD}$; $\overline{CD}$	$\overline{AD}$; $\overline{BD}$
Hypotenuse	$\overline{AC}$	$\overline{BC}$	$\overline{AB}$
Hypotenusenabschnitte	$\overline{CD}$; $\overline{DA}$		

Basisaufgaben

1. Gib von jedem rechtwinkligen Dreieck in der abgebildeten Figur Katheten, Hypotenuse und (wenn möglich) Hypotenusenabschnitte an.

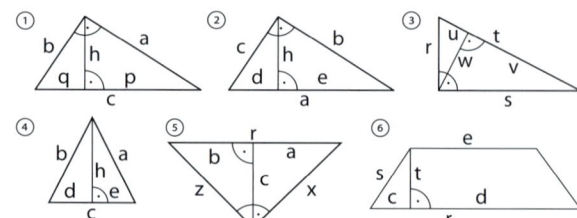

2. Zeichne ein Quadrat RSTU und ein Drachenviereck EFGH mit seinen Diagonalen und dem Diagonalenschnittpunkt M. Entscheide dann, welche Strecken in welchem Dreieck Katheten, Hypotenusen und Hypotenusenabschnitte sind.

6.1 Zusammenhänge am rechtwinkligen Dreieck erkennen

Beziehungen am rechtwinkligen Dreieck erkennen

Beziehungen an rechtwinkligen Dreiecken lassen sich mithilfe der Ähnlichkeit von Dreiecken erschließen. Die Höhe h_c teilt das rechtwinklige Dreieck ABC in die beiden rechtwinkligen Dreiecke ADC und CDB. Die Dreiecke ABC, ADC und DBC sind nach dem Hauptähnlichkeitssatz jeweils ähnlich zueinander.

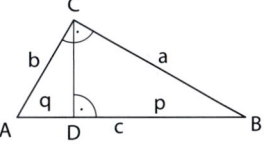

Es gilt:
$a : c = p : a$ → $a^2 = p \cdot c$
$b : c = q : a$ → $b^2 = q \cdot c$

Wissen: Sätze am rechtwinkligen Dreieck

Für rechtwinklige Dreiecke ABC mit γ = 90° gilt:
Der Flächeninhalt des Quadrates über einer Kathete ist gleich dem Flächeninhalt des Rechtecks, das durch die Hypotenuse und dem zugehörigen Hypotenusenabschnitt bestimmt wird.
Kathetensatz: $a^2 = p \cdot c$; $b^2 = q \cdot c$

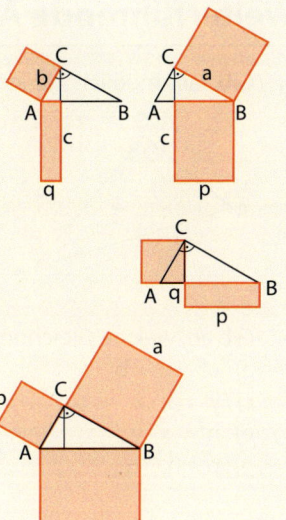

Der Flächeninhalt des Quadrates über der Höhe der Hypotenuse ist gleich dem Flächeninhalt des Rechtecks, das durch beide Hypotenusenabschnitte bestimmt wird.
Höhensatz: $h^2 = p \cdot q$

Die Summe der Flächeninhalte beider Quadrate über den Katheten ist gleich dem Flächeninhalt des Quadrates über der Hypotenuse.
Satz des Pythagoras: $c^2 = a^2 + b^2$

Hinweis:
Der Satz des Pythagoras folgt aus dem Kathetensatz:
$a^2 + b^2 = p \cdot c + q \cdot c$
$= c \cdot (p + q) = c^2$

Beispiel 2: Stelle mit den angegebenen Streckenlängen a bis f jeweils eine Gleichung nach dem Satz des Pythagoras, nach dem Höhensatz und nach dem Kathetensatz auf.

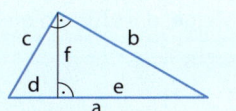

Lösung:
Bestimme die Höhe, die Hypotenuse, die Katheten und die Hypotenusenabschnitte.

f (Höhe), b und c (Katheten), a (Hypotenuse) d und e (Hypotenusenabschnitte)

Ersetze im Satz des Pythagoras, im Höhensatz und im Kathetensatz die entsprechenden Variablen.

Satz des Pythagoras: $a^2 = b^2 + c^2$
Höhensatz: $f^2 = d \cdot e$
Kathetensatz: $c^2 = d \cdot a$; $b^2 = e \cdot a$

Basisaufgaben

3. Stelle mit den angegebenen Streckenlängen jeweils eine Gleichung nach dem Satz des Pythagoras, nach dem Höhensatz und nach dem Kathetensatz auf, sofern dies möglich ist.

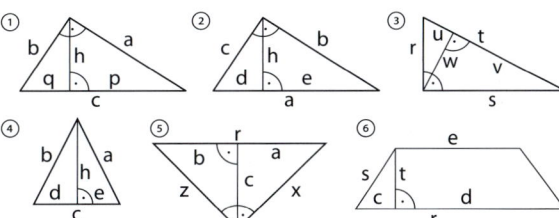

4. Gegeben sei ein Dreieck ABC mit dem rechten Winkel bei A. Entscheide, welche der Gleichungen bzw. Ungleichungen für das Dreieck ABC gültig sind.
   a) $h^2 = r^2 + s^2$
   b) $c^2 = a \cdot r$
   c) $a^2 + b^2 = c^2$
   d) $h + s > b$
   e) $a = b + c$
   f) $h^2 = r \cdot s$
   g) $b^2 = s \cdot a$
   h) $a^2 > b^2$

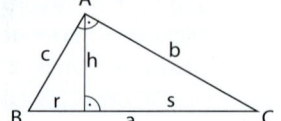

Weiterführende Aufgaben

5. Gib, falls möglich, für jedes Dreieck eine Gleichung nach dem Satz des Pythagoras an.

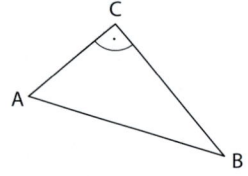 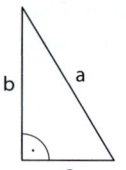 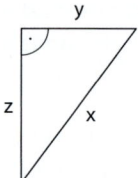 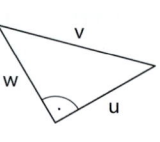 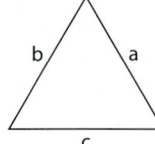

6. Gib an, welche Gleichungen auf das abgebildete Dreieck zutreffen.
   a) $c^2 - a^2 = b^2$
   b) $y^2 = h^2 + x^2$
   c) $y^2 = x \cdot z$
   d) $h^2 = b \cdot p$
   e) $h^2 = x \cdot y$
   f) $q^2 = a \cdot z$
   g) $p = h^2 : q$
   h) $h^2 = p \cdot b$

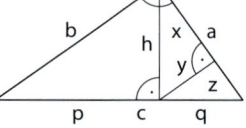

7. **Stolperstelle:** Lisa ist der Meinung, dass sie mit 24 gleich langen Streichhölzern ein rechtwinkliges Dreieck legen kann, ohne dass ein Streichholz übrig bleibt. Prüfe, ob dies möglich ist und gib dann an, aus wie vielen Streichhölzern jede Dreieckseite bestehen müsste.

8. Zeige, dass für ein gleichschenklig-rechtwinkliges Dreieck ABC mit γ = 90° gilt:
   a) $a^2 = \dfrac{c^2}{2}$
   b) $h^2 = \dfrac{1}{4}c^2$
   c) $c = b\sqrt{2}$

9. Zeige, dass man mit dem Satz des Pythagoras und mit dem Kathetensatz den Höhensatz herleiten kann.

Hinweis zu 10:
Du kannst deine Lösung mit einer DGS überprüfen.

10. Ermittle jeweils den Abstand des gegebenen Punktes vom Ursprung des Koordinatensystems.
    P (3|4), Q (4|3), R (−4|−3), S (−3|4),
    T (6|8), U (0|4), V (−3|0), W (2|3)

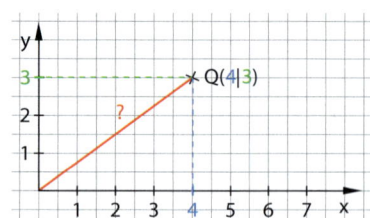

11. **Ausblick:** Pia behauptet, dass zwischen den Flächeninhalten der Dreiecke ABC_1, ABC_2, ABC_3, ABC_4 und ABC_5 und den Streckenlängen $\overline{BC_1}$, $\overline{BC_2}$, $\overline{BC_3}$, $\overline{BC_4}$ und $\overline{BC_5}$ ein proportionaler Zusammenhang besteht.
    a) Entscheide und begründe, ob Pias Behauptung stimmt.
    b) Untersuche, ob es zwischen den Umfängen der Dreiecke und der Lage des Punktes C einen proportionalen Zusammenhang gibt.

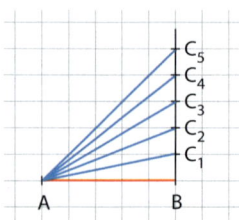

6.2 Seitenlängen am rechtwinkligen Dreieck berechnen

■ Klaus ist 1,70 m groß. Er stellt eine 3 m lange Leiter an eine 4,50 m hohe Mauer. Dabei muss er beachten, dass der Anstiegswinkel der Leiter nicht zu groß, aber auch nicht zu klein ist, damit sie einen sicheren Stand hat.

Entscheide und begründe, ob es möglich ist, dass er so über den oberen Rand der Mauer schauen kann. ■

Für Berechnungen an rechtwinkligen Dreiecken können die bekannten Sätze (Satz des Pythagoras, Kathetensatz, Höhensatz) genutzt werden.

Beispiel 1: Berechne die Länge der Seite c für ein rechtwinkliges Dreieck ABC mit $\gamma = 90°$.
a) $a = 6\,\text{cm}$ und $b = 8\,\text{cm}$ b) $p = 4\,\text{cm}$ und $a = 6\,\text{cm}$

Lösung:

Stelle Gesuchtes und Gegebenes in einer Planfigur dar.

Entscheide, ob der Satz des Pythagoras, der Kathetensatz oder der Höhensatz genutzt werden kann.

a) Katheten a und b sind gegeben, Hypotenuse c ist gesucht:
Satz des Pythagoras

b) Kathete a und Hypotenusenabschnitt p sind gegeben, Hypotenuse c ist gesucht:
Kathetensatz

Schreibe eine Gleichung auf und stelle diese, wenn nötig, nach der gesuchten Größe um.

$c^2 = a^2 + b^2$

$a^2 = p \cdot c \qquad |:p$

$c = \dfrac{a^2}{p}$

Setze die gegebenen Größen in die Gleichung ein und berechne die gesuchte Größe.

$c^2 = (6\,\text{cm})^2 + (8\,\text{cm})^2$
$c^2 = 36\,\text{cm}^2 + 64\,\text{cm}^2$
$c^2 = 100\,\text{cm}^2$
$c = 10\,\text{cm}$

$c = \dfrac{(6\,\text{cm})^2}{4\,\text{cm}}$
$c = \dfrac{36\,\text{cm}^2}{4\,\text{cm}}$
$c = 9\,\text{cm}$

Hinweis: Ergebnisse mit dem Vorzeichen „–" entfallen, da Streckenlängen immer positiv sind.

Basisaufgaben

1. Berechne die fehlende Seitenlänge des Dreiecks ABC.
   a) $a = 3\,\text{m}$
   $b = 4\,\text{m}$
   $\gamma = 90°$
   b) $a = 12\,\text{cm}$
   $c = 20\,\text{cm}$
   $\gamma = 90°$
   c) $a = 6,0\,\text{cm}$
   $b = 4,8\,\text{cm}$
   $\alpha = 90°$
   d) $a = 3,0\,\text{dm}$
   $c = 1,6\,\text{dm}$
   $\beta = 90°$
   e) $a = 2,9\,\text{m}$
   $b = 2,1\,\text{m}$
   $\alpha = 90°$

2. Berechne alle fehlenden Seiten, Höhen und Hypotenusenabschnitte des rechtwinkligen Dreiecks ABC mit dem rechten Winkel bei C.
   a) $a = 3\,\text{cm}$; $c = 5\,\text{cm}$; $p = 1,8\,\text{cm}$
   b) $a = 5,75\,\text{cm}$; $b = 3\,\text{cm}$; $h = 2,6\,\text{cm}$

3. Berechne, wenn möglich, die dritte Seitenlänge des rechtwinkligen Dreiecks ABC.
   a) $a = 5\,\text{cm}$; $c = 3\,\text{cm}$; $\alpha = 90°$
   b) $a = 1,2\,\text{cm}$; $c = 1,6\,\text{cm}$; $\beta = 90°$

Weiterführende Aufgaben

4. Begründe, warum man die Seite c eines Dreiecks ABC nicht ohne weitere Angaben ermitteln kann, wenn nur die Seiten a = 3 cm und b = 2 cm bekannt sind.

5. Berechne von einem rechtwinkligen Dreieck ABC mit α = 90° die in Klammern stehenden Stücke. Kennzeichne Gesuchtes und Gegebenes in einer Planfigur.
   a) p = 32 cm; q = 2 cm (h)   b) p = 2 m; a = 40 dm (q; h)   c) q = 30 mm; h = 0,06 m (c)

Hinweis zu 6:
Der Hypotenusenabschnitt p gehört zur Kathete a.

6. Übertrage die Tabelle ins Heft und fülle sie für ein rechtwinkliges Dreieck ABC mit γ = 90° und den Katheten a und b aus.

a	b	c	h	p	q
6,0 cm	8,0 cm				
4,1 m		5,4 m			
4,9 cm				2,1 cm	
	5,4 mm				5,0 mm
			51 cm	3,9 dm	

7. **Stolperstelle:** Berechne mithilfe des Kathetensatzes, Höhensatzes oder des Satzes von Pythagoras, wenn möglich, die gesuchte Seitenlänge des Dreiecks ABC.
   a) Geg.: α = 45°; a = 3 cm; c = 5 cm   b) Geg.: α = 90°; a = 2,5 cm; b = 1,5 cm
      Ges.: b   Ges.: c

8. Entscheide und begründe, ob eine rechteckige Holzplatte (210 mm × 250 mm) durch eine 2,00 m hohe und 0,80 m breite Tür passt.

Hinweis zu 9:
Wähle eine geeignete Zerlegung der Vielecke in Dreiecke.

9. Berechne Umfang und Flächeninhalt der Figur. Runde das Ergebnis auf Zehntel.
   a) 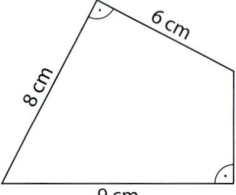   b)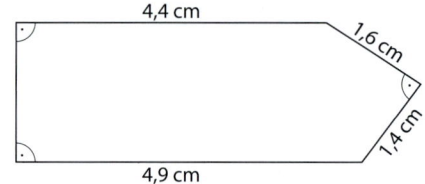

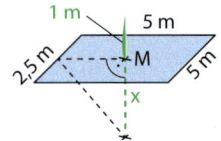

10. Im Mittelpunkt eines quadratischen Teiches von 5 m Seitenlänge ragt eine Schilfpflanze 1 m über die Wasseroberfläche hinaus. Als man sie an das Ufer nach der Mitte einer Seite hinzog, reichte sie gerade bis an den Rand des Teiches. Berechne die Wassertiefe im Mittelpunkt des Teiches.

11. **Ausblick:** Gerbers wollen im Garten einen rechteckigen Sandkasten anlegen. Sie schlagen dazu für die Ecken vier Pfähle in den Boden und vermessen die Diagonalen. Prüfe, ob ein Sandkasten mit den Seitenlängen 2,10 m × 2,00 m für die angegebene Länge der Diagonalen die Form eines Rechtecks hat. Begründe, warum man beide Diagonalen messen muss.
    a) 3,00 m   b) 2,90 m   c) 2,80 m

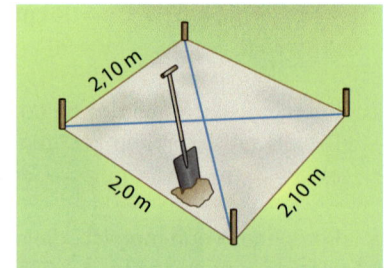

6.3 Konstruktionen mithilfe der Satzgruppe des Pythagoras durchführen

■ Die nebenstehende Skizze zeigt die Lage einer Brücke $\overline{AB}$ über einen Fluss. Der Winkel S_2BS_1 soll dabei unter Berücksichtigung der bereits abgesteckten Strecken $\overline{S_1A} = 15$ m und $\overline{AS_2} = 75$ m ein rechter Winkel sein.

Ermittle die Länge von $\overline{AB}$ näherungsweise durch Konstruktion. ■

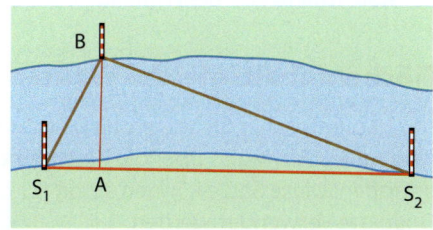

Rechtwinklige Dreiecke konstruieren

Nutze auch zum Konstruieren rechtwinkliger Dreiecke die bekannte Vorgehensweise:

Wissen: Schrittfolge beim Konstruieren
- Erstelle eine **Planfigur**.
- Entwickle eine **Konstruktionsidee**.
- Führe die **Konstruktion schrittweise** durch.
- **Prüfe** die Lösung auf Eindeutigkeit.

Beispiel 1: Konstruiere ein rechtwinkliges Dreieck ABC mit $\gamma = 90°$, $a = 4$ cm und $c = 5$ cm.

Lösung:
Erstelle eine Planfigur.

Planfigur: (Dreieck mit C oben, rechtem Winkel bei C, $a = 4$ cm, b, $c = 5$ cm)

Entwickle eine Konstruktionsidee.

Der Punkt A und somit die Länge der Seite b wird durch den freien Schenkel des rechten Winkels bei C, der Kathete a, und durch die Länge der Seite c, der Hypotenuse, bestimmt.

Konstruktion:
Zeichne einen rechten Winkel mit dem Scheitelpunkt C und trage auf einem der Schenkel 4 cm ab. Nenne den Endpunkt B.

Zeichne um B einen Kreis mit dem Radius 5 cm und nenne den Schnittpunkt des Kreises mit dem freien Schenkel des rechten Winkels A.

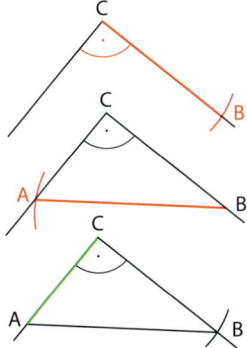

Prüfe die Lösung auf Eindeutigkeit.

Die Konstruktion ist nach Kongruenzsatz (SsW) eindeutig. Außerdem gilt der Satz des Pythagoras: $3^2 + 4^2 = 5^2$

Hinweis:
Du kannst zur Überprüfung auch den Thalessatz nutzen.

Basisaufgaben

1. Konstruiere ein rechtwinkliges Dreieck ABC mit $\gamma = 90°$, $b = 3\,cm$ und $c = 6\,cm$.

2. Konstruiere ein rechtwinkliges Dreieck, dessen Katheten 6 cm und 8 cm lang sind.

Flächeninhaltsgleiche Figuren konstruieren

Aus geometrischer Sicht werden beim Höhensatz, beim Kathetensatz und beim Satz des Pythagoras Aussagen über die Gleichheit von Flächeninhalten bei Quadraten und Rechtecken getroffen. Diese Sätze können somit für die Konstruktion flächeninhaltsgleicher Rechtecke und Quadrate verwendet werden.

> **Wissen: Konstruktion eines Quadrates, das zu einem Rechteck flächeninhaltsgleich ist**
> - Wähle für die Konstruktion den **Höhensatz** oder den **Kathetensatz**.
> - Zeichne das **Rechteck**.
> - Konstruiere mit einer Rechteckseite als Hypotenusenabschnitt eines rechtwinkligen Dreiecks und mit der anderen Rechteckseite die **Hypotenuse des Dreiecks**.
> - Konstruiere **das Quadrat** über der Höhe (der Kathete).

> **Beispiel 2:** Konstruiere mithilfe des Höhensatzes zu einem Rechteck mit den Seitenlängen $a = 5\,cm$ und $b = 3\,cm$ ein flächeninhaltsgleiches Quadrat.

Lösung:
Nach dem Höhensatz gilt:
$h^2 = p \cdot q$

Es ist das Quadrat über der Höhe des Dreiecks aus den Hypotenusenabschnitten zu konstruieren.

Zeichne das Rechteck.

Konstruiere die Hypotenuse eines rechtwinkligen Dreiecks. Trage beide Seitenlängen des Rechtecks auf einer Geraden ab.

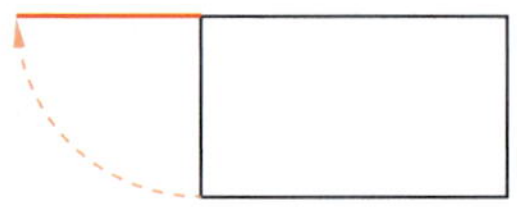

Zeichne den Thaleskreis über der Hypotenuse und die Senkrechte im gemeinsamen Punkt der Hypotenusenabschnitte.
Der entstehende Schnittpunkt bestimmt die Länge der Dreieckshöhe.

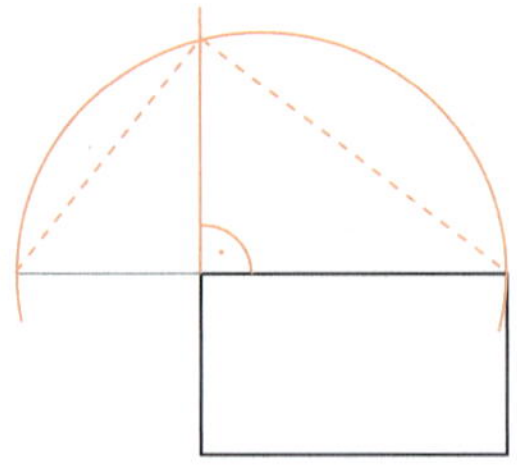

Zeichne das Quadrat mit der Höhe als Seitenlänge.

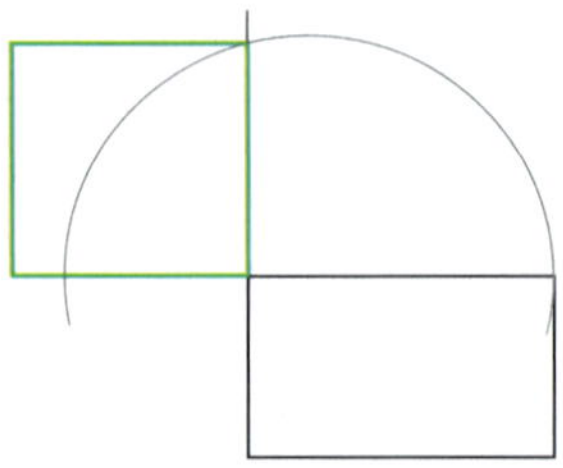

6.3 Konstruktionen mithilfe der Satzgruppe des Pythagoras durchführen

Basisaufgaben

3. Konstruiere mithilfe des Höhensatzes zu einem Rechteck mit den Seitenlängen $a = 4\,cm$ und $b = 8\,cm$ ein flächeninhaltsgleiches Quadrat.

4. Konstruiere mithilfe des Kathetensatzes zu einem Rechteck mit den Seitenlängen $a = 5\,cm$ und $b = 3\,cm$ ein flächeninhaltsgleiches Quadrat.

Weiterführende Aufgaben

5. Eine Strecke $c = 1\,dm$ sei die Hypotenuse in einem rechtwinkligen Dreieck ABC mit dem rechten Winkel bei C.
   a) Fertige eine Skizze an und erläutere, unter welchen Bedingungen das Dreieck den größtmöglichen Flächeninhalt hat.
   b) Ermittle durch Konstruktion die Längen der Katheten des Dreiecks mit dem größtmöglichen Flächeninhalt.

6. Ein rechtwinkliges Dreiecks ABC hat die Hypotenusenabschnitte $p = 1{,}8\,cm$ und $q = 9{,}0\,cm$.
   a) Konstruiere das Dreieck.
   b) Miss die Längen der Katheten und der Höhe über $\overline{AC}$.
   c) Miss die Größen der Innenwinkel des Dreieck ABC.

7. Zwei Strecken $a = 4{,}5\,cm$ und $b = 1{,}8\,cm$ sind Seitenlängen eines Rechtecks ABCD. Konstruiere zu diesem Rechteck ein flächeninhaltsgleiches Quadrat RSTU.

8. Konstruiere zu einem Quadrat mit einer Seitenlänge von $2{,}7\,cm$ mithilfe des Kathetensatzes (des Höhensatzes) ein flächeninhaltsgleiches Rechteck mit der Seitenlänge von $3{,}5\,cm$.

9. **Stolperstelle:** Lisa zeichnet ein rechtwinkliges Dreieck mit einer Höhe von $3{,}6\,cm$.
   Für die Hypotenusenabschnitte p und q gilt: $p : q = 1 : 4$
   Lars meint, dass dann $q = 7{,}2\,cm$ und $p = 1{,}8\,cm$ sein müsse.
   Prüfe, ob Lars die Längen von p und q richtig angegeben hat.

10. Ein rechtwinkliges Dreieck hat die Hypotenusenabschnitte p und q. Gib jeweils an, welche Wurzelwerte am Dreieck ablesbar sind.
    a) $p = 5\,cm$ und $q = 4\,cm$ b) $p = 6\,cm$ und $q = 3\,cm$

11. **Ausblick:** Der Flächeninhalt des dargestellten Quadrates ist gleich dem des Rechteckes ABCD.
    a) Wiederhole die Konstruktion mithilfe einer dynamischen Geometriesoftware für gleiche Maße.
    b) Konstruiere für weitere Rechtecke mit den Seitenmaßzahlen 4 und x mit $2 < x < 6$ ($x \in \mathbb{N}$) solche flächengleiche Quadrate.
    c) Zeichne den Punkt P_x, der durch die Seitenlänge x des Rechtecks und durch die Seitenlänge des zugehörigen Quadrates festgelegt ist.
    d) Finde den Zusammenhang, der zwischen den Koordinaten der Punkte besteht.

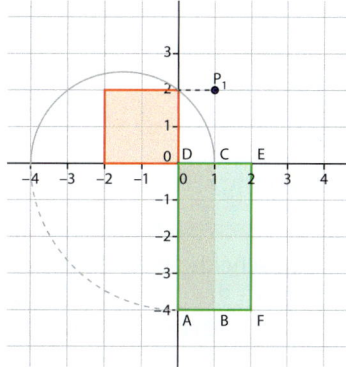

6.4 Satz des Pythagoras umkehren

■ Ina behauptet, sie könne aus 12 Streichhölzern ein rechtwinkliges Dreieck legen. Für die Hypotenuse benötige sie fünf Streichhölzer. Wie viele Streichhölzer benötigt sie für jede der Katheten? ■

Schon vor etwa 2500 Jahren wurde in Ägypten der Zusammenhang zwischen den Seitenlängen eines Dreiecks und seiner Rechtwinkligkeit genutzt, um rechte Winkel bei der Landvermessung abzustecken. Dabei wurde die Umkehrung des Satzes von Pythagoras genutzt.

Hinweis: Abstecken eines rechten Winkels mit einer 12-Knotenschnur:

	Voraussetzung	Behauptung
Satz des Pythagoras	Das Dreieck ABC ist rechtwinklig mit $\gamma = 90°$.	Für die Seitenlängen des Dreiecks ABC gilt $a^2 + b^2 = c^2$.
Umkehrung des Satzes des Pythagoras	Für die Seitenlängen des Dreiecks ABC gilt $a^2 + b^2 = c^2$.	Das Dreieck ABC ist rechtwinklig mit $\gamma = 90°$.

Beim Umkehren eines Satzes vertauscht man dessen Voraussetzung und Behauptung miteinander.

> **Wissen: Umkehrung vom Satz des Pythagoras**
> Wenn für die Seitenlängen des Dreiecks ABC die Gleichung $a^2 + b^2 = c^2$ gilt, dann ist das Dreieck rechtwinklig mit $\gamma = 90°$.

Hinweis: Umkehrungen von Sätzen sind nicht immer wahr.

Die Umkehrung des Satzes des Pythagoras ist auch eine wahre Aussage.

Beispiel 1: Entscheide, ob das Dreieck ABC rechtwinklig ist.
a) $a = 4\,cm$; $b = 5\,cm$; $c = 6\,cm$
b) $a = 6\,cm$; $b = 8\,cm$; $c = 10\,cm$

Lösung:

a) Prüfe, ob das Quadrat der längsten Seite mit der Summe der Quadrate der beiden anderen Seiten übereinstimmt. Ist das der Fall, dann ist das Dreieck rechtwinklig, der rechte Winkel liegt der längsten Seite gegenüber, sonst nicht.

$(6\,cm)^2 = (4\,cm)^2 + (5\,cm)^2$
$36\,cm^2 = 16\,cm^2 + 25\,cm^2$
$36\,cm^2 = 41\,cm^2$ (falsche Aussage)
$\triangle$ ABC mit $a = 4\,cm$, $b = 5\,cm$ und $c = 6\,cm$ ist nicht rechtwinklig.

b) Gehe wie bei a) vor.

$(10\,cm)^2 = (6\,cm)^2 + (8\,cm)^2$
$100\,cm^2 = 36\,cm^2 + 64\,cm^2$
$100\,cm^2 = 100\,cm^2$ (wahre Aussage)
$\triangle$ ABC mit $a = 6\,cm$, $b = 8\,cm$ und $c = 10\,cm$ ist rechtwinklig mit $\gamma = 90°$.

Basisaufgaben

1. Prüfe, ob das Dreieck ABC rechtwinklig ist. Begründe deine Aussage. Entscheide auch, ob der rechte Winkel α, β oder γ ist.
   a) $a = 9\,cm$
      $b = 12\,cm$
      $c = 15\,cm$
   b) $a = 10\,cm$
      $b = 4\,cm$
      $c = 6\,cm$
   c) $a = 1,8\,m$
      $b = 3,0\,m$
      $c = 1,2\,m$
   d) $a = 6,0\,dm$
      $b = 3,6\,dm$
      $c = 4,8\,dm$
   e) $a = 1,6\,cm$
      $b = 3,0\,cm$
      $c = 3,5\,cm$

6.4 Satz des Pythagoras umkehren

2. Entscheide, ob die Aussage wahr ist und begründe das.
   a) Wenn ein Dreieck ABC gleichseitig ist, dann ist es auch gleichschenklig.
   b) Wenn ein Dreieck ABC spitzwinklig ist, dann ist der Innenwinkel α kleiner als 90°.
   c) Wenn ein Viereck ABCD ein Parallelogramm ist, so sind je zwei Gegenseiten gleich lang.

3. Bilde die Umkehrungen der Aussagen von Aufgabe 2. Entscheide, welche davon wahr sind.

Weiterführende Aufgaben

4. Gestalte einen Kurzvortrag zum Umkehren von Sätzen am Beispiel des Höhensatzes und des Kathetensatzes.

5. Formuliere den angegebenen Zusammenhang in der „Wenn-dann-Form", bilde eine Umkehrung und prüfe diese auf ihren Wahrheitsgehalt:
   a) Zwei Scheitelwinkel sind immer gleich groß.
   b) Jede durch vier teilbare Zahl ist auch durch zwei teilbar.

6. Ein Dreieck ABC sei gleichschenklig mit der Basislänge c = 6 cm. Wie groß müssen die Schenkellängen a und b sein, damit das Dreieck ABC rechtwinklig ist?

7. Ein Dreieck ABC sei ein gleichschenklig-rechtwinkliges Dreieck mit der Hypotenuse x. Gib die Kathetenlängen a und b in Abhängigkeit von x an.

8. Überprüfe, ob es ein rechtwinkliges Dreieck ABC mit γ = 90° und c = 10 cm gibt, bei dem die Längen der Katheten (in Zentimeter angegeben) natürliche Zahlen sind.

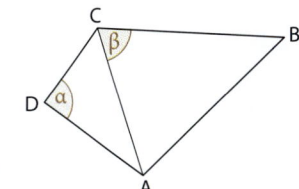

9. **Stolperstelle:** Die alten Ägypter haben mit 12-Knotenschnüren rechtwinklige Dreiecke aufgespannt. Ben meint, dass das auch mit 24-Knotenschnüren geht. Was meinst du? Begründe deine Aussage. Gib mindestens eine weitere Knotenschnur an, mit der man ein rechtwinkliges Dreieck aufspannen kann.

10. Entscheide, ob Winkel α bzw. β im Viereck ABCD ein rechter, ein spitzer oder ein stumpfer Winkel ist. Für das Viereck ABCD gilt: $\overline{AB}$ = 6,5 cm; $\overline{AC}$ = 2,5 cm; $\overline{BC}$ = 5,5 cm; $\overline{CD}$ = 2 cm; $\overline{DA}$ = 1,5 cm (Die Zeichnung ist nicht maßgenau.)

11. Ist für einen wahren Satz auch seine Umkehrung eine wahre Aussage, dann kann man beide Aussagen mithilfe der Redeweise „genau dann, wenn" zusammenfassen. Fasse den Satz des Pythagoras und seine Umkehrung zu einem Satz zusammen.

12. **Ausblick:** Ein Schiff fährt, wie in der Skizze angedeutet, an einem Leuchtturm in 15 km Entfernung vorbei. Nach einiger Zeit ist es vom Leuchtturm 19 km entfernt. Dabei hat es geradlinig eine Strecke von 8 km zurückgelegt.
    a) Prüfe, ob das Schiff genau nach Westen gefahren ist. Begründe deine Aussage.
    b) In welcher Richtung wäre das Schiff gefahren, wenn es nach 8 km genau 17 km vom Leuchtturm entfernt gewesen wäre?
    (Skizze nicht maßgenau)

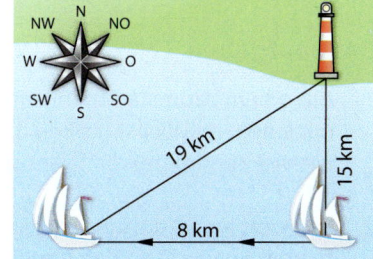

6.5 Anwendungsaufgaben lösen

■ Auf Wanderwegen werden Entfernungen oft in Wegstunden angegeben.

Gib an, wie viele Wegstunden die Orte A und B, und die Orte B und C voneinander entfernt sind. Berechne aus diesen Angaben die Wegstundenentfernung zwischen den Orten A und C. ■

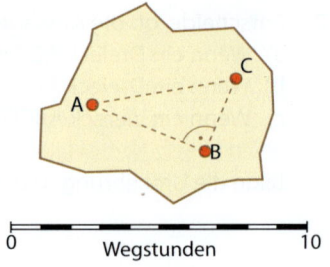

Berechnungen an rechtwinkligen Dreiecken durchführen

Die Satzgruppe des Pythagoras (Satz des Pythagoras, Kathetensatz, Höhensatz) kann immer dann für Berechnungen genutzt werden, wenn rechtwinklige Dreiecke auftreten.

> **Wissen: Schrittfolge bei Berechnungen an rechtwinkligen Dreiecken**
> – Stelle **Gesuchtes** und **Gegebenes** in einer **Planfigur** dar.
> – Entscheide, welcher Satz der Satzgruppe des Pythagoras genutzt werden kann.
> – Schreibe eine **Gleichung** auf.
> – **Stelle** die Gleichung nach der gesuchten Größe **um**.
> – **Setze** die gegebenen Größen in die Gleichung **ein** und **berechne** die gesuchte Größe.

Beispiel 1: Ein Antennenmast von 100 m Höhe soll durch vier Spannseile gesichert werden, die alle in einer Höhe von 75 m angebracht und auf dem Erdboden 64 m vom Fußpunkt des Mastes entfernt verankert werden. Berechne, wie viel Meter Seil dafür insgesamt erforderlich sind.

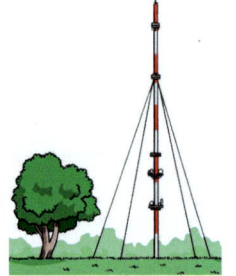

Hinweis:
Ergebnisse mit dem Vorzeichen „–" entfallen, da Streckenlängen immer positiv sind.

Lösung:
Erstelle eine Planfigur.

Entscheide, ob der Satz des Pythagoras, der Kathetensatz oder der Höhensatz genutzt werden kann.

Schreibe eine Gleichung auf und setze die gegeben Größen in die Gleichung ein. Berechne die gesuchte Größe.

Formuliere einen Antwortsatz.

Gesucht: l = 4 s
Gegeben: h = 75 m, a = 64 m

Die Katheten h und a sind gegeben, die Hypotenuse s ist gesucht: Satz des Pythagoras

$s^2 = h^2 + a^2$
$s^2 = (75\,m)^2 + (64\,m)^2$
$s^2 = 5625\,m^2 + 4096\,m^2$
$s^2 = 9721\,m^2$
$s \approx 98{,}6\,m$

Insgesamt werden 4 · s = 4 · 98,6 m, also etwa 395 m Seil benötigt.

Planfigur

Basisaufgaben

1. Aus einem Baumstamm mit einem kreisförmigen Querschnitt (d = 30 cm) soll ein Balken mit einem möglichst großen quadratischen Querschnitt geschnitten werden. Berechne, wie viel Zentimeter die Seitenlänge des Balkenquerschnitts beträgt. Runde auf Zehntel.

2. Prüfe, ob ein 50 cm langer Holzstab in einen 20 cm hohen, 30 cm langen und 40 cm breiten quaderförmigen Karton verpackt werden kann. Begründe rechnerisch.

6.5 Anwendungsaufgaben lösen

Pythagoreische Zahlentripel ermitteln

Schon in der Antike war bekannt, dass es unendlich viele natürliche Zahlen a, b und c gibt, die die Gleichung $a^2 + b^2 = c^2$ erfüllen.

> **Wissen: Pythagoreisches Zahlentripel**
> Sind die Seitenlängen eines rechtwinkligen Dreiecks natürliche Zahlen, so bilden diese Zahlen ein **pythagoreisches Zahlentripel**.

Hinweis:
Die griechische Vorsilbe tri bedeutet *drei* auch in Triathlon und Triangel.
Ein **Tripel** besteht aus drei Zahlen.

Beispiel 2: Prüfe, ob die gegebenen drei Zahlen auch pythagoreische Zahlentripel sind.
a) 3; 4; 5   b) 1; 2; 3

Lösung:

Bilde das Quadrat der größten Zahl.	$5^2 = 25$	$3^2 = 9$
Prüfe, ob die Summe der Quadrate der beiden anderen Zahlen gleich dem Quadrat der größten Zahl ist.	$3^2 + 4^2 = 9 + 16 = 25$ 3; 4; 5 bilden ein pythagoreische Zahlentripel.	$1^2 + 2^2 = 1 + 4 = 5$ 1; 2; 3 bilden kein pythagoreisches Zahlentripel

Basisaufgaben

3. a) Gib an, welche der folgenden drei Zahlen pythagoreische Zahlentripel sind.
   ① 8; 15; 17   ② 5; 7; 9   ③ 20; 21; 29   ④ 13; 19; 23
   b) Übertrage ins Heft und ersetze, wenn möglich, die fehlende Zahl ■ so durch eine natürliche Zahl, dass ein pythagoreisches Zahlentripel entsteht.
   (Die größte Zahl des Tripels steht jeweils rechts.)
   ① (6 | 8 | ■)   ② (5 | ■ | 13)   ③ (■ | 35 | 37)   ④ (8 | 13 | ■)   ⑤ (■ | 99 | 101)
   c) Gib zwei weitere pythagoreische Zahlentripel an.

4. Setze in die Gleichungen a = 3n; b = 4n und c = 5n für n die natürlichen Zahlen von 1 bis 9 ein und prüfe, ob die Zahlentripel (a | b | c) immer pythagoreische Zahlentripel sind.

Weiterführende Aufgaben

5. Drei natürliche Zahlen a, b und c lassen sich wie folgt angeben:
   $a = x^2 - y^2$ $b = 2xy$ $c = x^2 + y^2$
   a) Wähle x = 2 und y = 1 und ermittle dann die drei Zahlen. Was stellst du fest?
   b) Bilde fünf weitere pythagoreische Zahlentripel.
   c) Begründe, warum ein Zahlentripel (n · a; n · b; n · c) auch pythagoreisch ist, wenn (a; b; c) ein solches Zahlentripel ist.

6. In einer 6,0 cm langen, 3,0 cm breiten und 10,0 cm hohen Saftpackung steckt ein Trinkhalm, der 4,0 cm aus der Packung herausragt. Das Ende des Trinkhalmes befindet sich in der Ecke, die der Öffnung diagonal gegenüber liegt.
   Berechne die Länge des Trinkhalms.

7. Dreiecke ABC, für deren Seiten $a^2 + b^2 = c^2$ gilt, sind rechtwinklig und können daher auch als „pythagoreische Dreiecke" bezeichnet werden. Ein Viereck ABCD soll analog dazu „pythagoreisch" heißen, wenn für die Seiten eine der folgenden Bedingungen gilt:
$$a^2 + b^2 = c^2 + d^2 \qquad a^2 + c^2 = b^2 + d^2 \qquad a^2 + b^2 + c^2 = d^2$$
Prüfe, ob sich für jede der Beziehungen Vierecke angeben lassen. Skizziere eine Möglichkeit.

8. **Stolperstelle:** Eine Bahnstrecke überwindet horizontal auf einer Länge von 12 km einen Höhenunterschied von 220 m. Zur Vereinfachung wird angenommen, dass die Bahnstrecke durchgängig den gleichen Anstieg hat.
Lara meint, dass der Schienenstrang etwa 200 m länger als 12 km ist.
Ben meint, dass der Schienenstrang genau 11,9 km lang ist.
Kia meint, dass der Schienenstrang nur ca. 2 m länger als 12 km ist.
Bewerte die Aussagen von Lara, Ben und Kia.

9. Übertrage die Tabelle ins Heft und fülle sie für ein Dreieck ABC mit $\beta = 90°$ aus.

a	b	c	u	A
	3,4 m	3,0 m		
12 cm				96 cm²
4,8 m	6,0 m		14,4 m	

10. a) Zeige, dass für die Länge der Diagonalen d in einem Rechteck ABCD gilt: $d = \sqrt{a^2 + b^2}$
    b) Zeige, dass für die Länge der Diagonalen d in einem Quadrat ABCD gilt: $d = a \cdot \sqrt{2}$

11. Ein halbkreisförmiger Tunnel mit einem Durchmesser d = 9,50 m, umspannt eine Straße mit Randstreifen, die beide 1,75 m breit sind. Wie hoch darf ein Fahrzeug mit seiner Ladung sein, wenn man noch einen Sicherheitsabstand von 10 cm zur Tunneldecke berücksichtigt und davon ausgeht, dass das Fahrzeug unmittelbar am Randstreifen durch den Tunnel fährt?

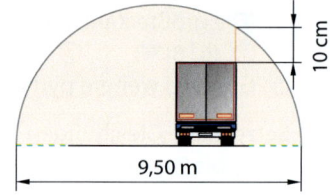

12. Gegeben sei ein Kreis mit dem Radius r = 3 cm und ein in diesen Kreis einbeschriebenes Rechteck, dessen eine Seite die Länge von 1 cm (2 cm; 3 cm; 4 cm; 5 cm) hat.
    a) Berechne den Flächeninhalt der fünf Rechtecke.
    b) Gib an, welches der fünf Rechtecke den größten Flächeninhalt hat. Finde eine Lösung sowohl mithilfe einer dynamischen Geometriesoftware als auch ohne Hilfsmittel.

13. Die Grundfläche eines geraden dreiseitigen Prismas ist ein rechtwinkliges Dreieck. Die Länge der einen Kathete beträgt 6,3 cm und die Länge der anderen Kathete 1,6 cm. Das Prisma ist 6,0 cm hoch. Ermittle den Oberflächeninhalt des Prismas.

14. **Ausblick:** Entwickle anhand der nebenstehenden Abbildung Ideen zum Nachweis vom Satz des Pythagoras.

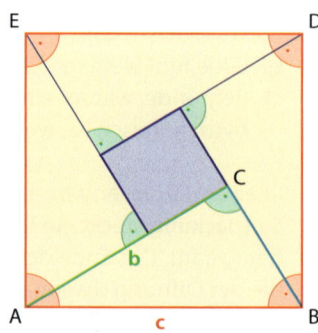

6.6 Vermischte Aufgaben

1. Entscheide, welche der Aussagen ① bis ⑤ durch die Figur I, II oder III veranschaulicht wird. Begründe, warum das so ist.
   ① Wenn $\gamma = 90°$, dann ist $a^2 + b^2 = c^2$.
   ② Wenn $\gamma > 90°$, dann ist $a^2 + b^2 > c^2$.
   ③ Wenn $\gamma > 90°$, dann ist $a^2 + b^2 < c^2$.
   ④ Wenn $\gamma < 90°$, dann ist $a^2 + b^2 < c^2$.
   ⑤ Wenn $\gamma < 90°$, dann ist $a^2 + b^2 > c^2$.

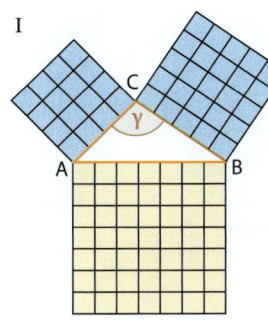
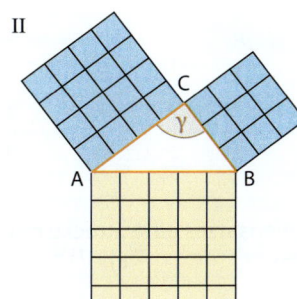
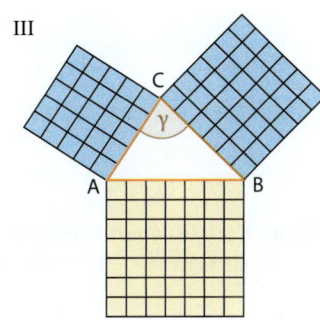

Erinnere dich:
Dreiecksarten:
- spitzwinklig: alle Innenwinkel sind kleiner als 90°;
- rechtwinklig: genau ein Innenwinkel ist 90°;
- stumpfwinklig: genau ein Innenwinkel ist größer als 90°.

2. Überprüfe, ob ein Dreieck mit den gegebenen Seitenlängen rechtwinklig, spitzwinklig oder stumpfwinklig ist.
   a) $a = 3{,}3\,\text{cm}$; $b = 7{,}3\,\text{cm}$; $c = 3{,}3\,\text{cm}$
   b) $a = 2\,\text{cm}$; $b = 4\,\text{cm}$; $c = 5\,\text{cm}$
   c) $a = 12\,\text{dm}$; $b = 14\,\text{dm}$; $c = 8\,\text{dm}$
   d) $a = 13\,\text{cm}$; $b = 5\,\text{cm}$; $c = 12\,\text{cm}$

3. In einem Viereck mit den Seiten a, b, c und d gilt $a = 1{,}1\,\text{dm}$ und $b = 6{,}0\,\text{dm}$.
   a) Kann das Viereck ein Rechteck sein, wenn die Länge einer Diagonalen 7,0 dm beträgt?
   b) Kann das Viereck ein Rechteck sein, wenn die Länge einer Diagonalen 6,1 dm beträgt?

4. Berechne Flächeninhalt und Umfang des Dreiecks. (Zeichnungen nicht maßgenau.)
   a) b) c) d)

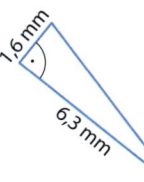
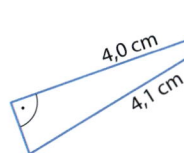
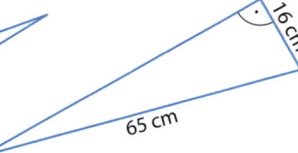

Hinweis zu 4:
Hier findest du die Maßzahlen.
504   14,4
6   1,8
1,5   5,04
144
9

5. Zum Abstecken rechter Winkel wird zum Teil noch heute das sogenannte „Maurerdreieck" verwendet. Man schlägt drei Pflöcke in die Erde, die voneinander einen Abstand von 80 cm, 60 cm und 1,00 m haben. Begründe das Vorgehen.

6. Gegeben ist ein rechtwinkliges Dreieck ABC mit $\gamma = 90°$.
   a) Berechne die Länge der Höhe h, wenn die Hypotenusenabschnitte $p = 4{,}5\,\text{cm}$ und $q = 2\,\text{cm}$ lang sind.
   b) Berechne die Länge des Hypotenusenabschnitts q, wenn der Hypotenusenabschnitt $p = 2\,\text{cm}$ und die Höhe $h = 4\,\text{cm}$ lang sind.

7. Zeichne die Punkte $A(2|5)$; $B(5|0)$; $C(4|-2)$; $D(0|-4)$; $E(-1|3)$ in ein Koordinatensystem und berechne den Umfang des Fünfecks ABCDE.

8. Berechne von einem Dreieck ABC mit γ = 90° die dritte der drei Strecken p, q und h. Runde das Ergebnis auf Zehntel, falls erforderlich.

   a) p = 2,8 m
      q = 0,7 m
   b) p = 4 cm
      q = 1 cm
   c) p = 3 dm
      q = 2 dm
   d) h = 2 m
      q = 1,6 m
   e) h = 40 dm
      p = 2 m
   f) q = 4 cm
      h = 40 mm

9. Berechne für ein Dreieck ABC mit γ = 90° jeweils die nicht angegebenen Größen.

	a	c	p
a)		9	1
b)	12	36	
c)	5		2

	b	c	q
d)		18	2
e)	4		2
f)	3	4	

Tipp zu 10:
Ein Quadrat mit einem Flächeninhalt von 5 cm² hat eine Seitenlänge von √5 cm.

10. a) Konstruiere mithilfe des Höhensatzes eine Strecke mit folgender Länge:

   a) $\sqrt{10}$ cm   b) $\sqrt{6}$ cm   c) $\sqrt{12}$ cm   d) $\sqrt{2}$ cm

11. Der Satz des Pythagoras lässt sich anschaulich durch Falten eines quadratischen Papierstücks begründen. Falte nach folgender Anleitung und begründe die einzelnen Schritte der Argumentation.

Schritt 1: Falte ein quadratisches Papier entlang einer Diagonalen (Punkt A auf C).

Schritt 2: Falte den Punkt B so nach oben, dass die entstehende Faltlinie parallel zu DC liegt (hier gibt es viele verschiedene Möglichkeiten).

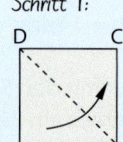
Schritt 1:
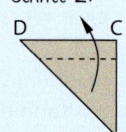
Schritt 2:

Schritt 3: Falte den Punkt D nach innen, wie in der Abbildung (auf der Rückseite entsteht ein Rechteck).

Schritt 4: Wende das Papier und falte das Rechteck entlang seiner Diagonalen (Punkt E schräg nach oben).

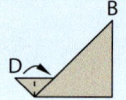
Schritt 3:
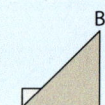

Schritt 5: Falte das Papier komplett auf. Die vier kleinen, nicht gleichschenklig-rechtwinkligen, Dreiecke sind zueinander kongruent. Sind a und b die Seiten eines Rechtecks, das von je zwei dieser Dreiecke gebildet wird, so gilt für den Flächeninhalt des gesamten Papiers: $A = a^2 + b^2 + 2ab$

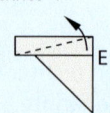
Schritt 4:
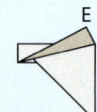

Schritt 6: Schneide diese vier Dreiecke aus. (Das kleine Quadrat entfällt dabei.)

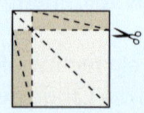
Schritt 5:
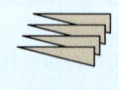
Schritt 6:

Schritt 7: Lege die Dreiecke so zusammen wie in der Abbildung. Ist c die Hypotenuse eines Dreiecks, so gilt für den Flächeninhalt des Quadrats: $A = c^2 + 4 \cdot \frac{ab}{2} = c^2 + 2ab$

Die beiden großen Quadrate der Schritte 5 und 7 haben denselben Flächeninhalt. Daraus folgt, dass die beiden Quadrate über den Katheten zusammen denselben Flächeninhalt haben wie das Quadrat über der Hypotenuse eines kleinen rechtwinkligen Dreiecks.

Schritt 7:

6.6 Vermischte Aufgaben

12. Beweise den Satz des Pythagoras mithilfe des Kathetensatzes.

13. a) Berechne die Seitenlängen des abgebildeten Sterns für $a = 6\,\text{cm}$.
    b) Entscheide und begründe, welcher der drei Terme die Seitenlänge der Sterns beschreibt:
       (1) $\frac{4}{5}a^2$ (2) $\frac{13}{36}a^2$ (3) $\frac{2}{3}a^2$
    c) Prüfe, ob der Flächeninhalt des Sterns mehr als 60 % des Ausgangsquadrates einnimmt.

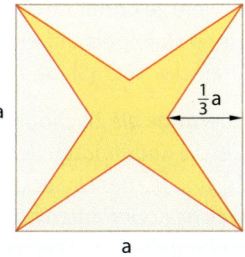

14. Beweise den angegebenen Zusammenhang.
    a) Die Höhe h in einem gleichseitigen Dreieck ABC mit der Seitenlänge a ist:
       $h = \frac{a}{2}\sqrt{3}$
    b) Der Flächeninhalt A eines gleichseitigen Dreiecks ABC mit der Seitenlänge a ist: $A = \frac{a^2}{4}\sqrt{3}$
    c) Die Raumdiagonale d eines Quaders mit den Kantenlängen a, b und c ist:
       $d = \sqrt{a^2 + b^2 + c^2}$
    d) Die Raumdiagonale d eines Würfels mit der Kantenlänge a ist:
       $d = a\sqrt{3}$

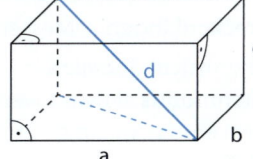 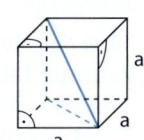

15. Tim baut zusammen mit seinem jüngeren Bruder einen Drachen. Hierzu benötigen sie zwei Holzleisten für die Innenstreben, feste Schnur für die Verbindung außen zwischen den Holzstreben und reißfeste Folie. In der Bauanleitung finden sie die folgenden Angaben. Oben in der Spitze des Drachen liegt ein rechter Winkel vor.

16. Die Diagonale f ist halb so lang wie die Diagonale e.
    a) Wie lang müssen die Holzleisten und wie lang muss die Schnur sein, die die Enden der Holzleisten verbindet und die Begrenzung des Drachens darstellt?
    b) Wie lang und wie breit müsste die Folie mindestens sein?
    c) Es ist noch Material für einen zweiten Drachen übrig. Die Holzleisten des zweiten Drachen haben die Maße $e = 1\,\text{m}$ und $f = 40\,\text{cm}$. Die Holzstreben werden so befestigt, dass die längere Diagonale im Verhältnis 2 : 3 geschnitten wird. Fertige eine Skizze an und berechne die Länge der Seitenkanten.

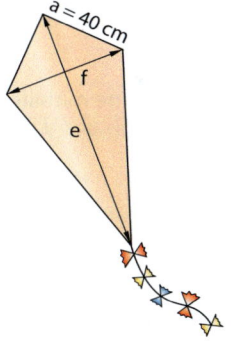

17. Bauholz, das zur Errichtung von Gebäuden und anderen Bauwerken genutzt wird, muss bestimmte Eigenschaften haben. Der innere Teil eines Baumstamms, das sogenannte Kernholz, ist im Gegensatz zum äußeren Splintholz meist wertvoller und erfüllt somit höhere Qualitätsansprüche. Aus einem Baumstamm mit dem Radius $r = 20\,\text{cm}$ soll ein quaderförmiger Balken hergestellt werden.
    a) Welche Maße hat der größtmögliche quadratische Querschnitt des Balkens?
    b) Nenne zwei Möglichkeiten für den Querschnitt eines Balkens aus dem Baumstamm.
    c) Ein Balken hat eine quadratische Querschnittsfläche von $0{,}25\,\text{m}^2$. Wie groß war der Stammdurchmesser des Baumes mindestens?
    d) Ein Holzbalken mit quadratischem Querschnitt (Kantenlänge a) und mit der Länge 6a wird anhand der diagonalen Ebene in zwei Hälften geteilt (siehe Skizze). Gib die Größe der grün gefärbten Schnittfläche in Abhängigkeit von a an.

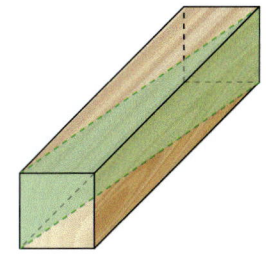

Streifzug

6. Satzgruppe des Pythagoras

Dreiecke mit einer Geometriesoftware untersuchen

■ Nele zeichnet mit einer dynamische Geometriesoftware in einen Halbkreis mit einem Durchmesser von 6 cm rechtwinklige Dreiecke ABC. (Siehe Abbildung.)

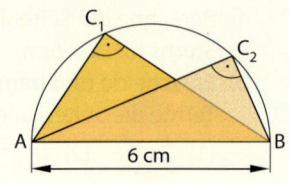

Übertrage die Zeichnung in eine dynamische Geometriesoftware. Gib die Koordinaten der Eckpunkte und die Längen der Katheten $\overline{AC}$ und $\overline{BC}$ des Dreiecks mit dem größten Flächeninhalt an. Welche Koordinaten hat Punkt C bei einem Dreieck, dessen Flächeninhalt halb so groß, wie der des vorhergehenden Dreiecks ist. ■

Tipp:
Aktiviere ein Werkzeug zuerst mit dem Mauszeiger. Markiere dann das zu untersuchende Objekt.

Wissen: Größen geometrischer Figuren mit einer Geometriesoftware untersuchen

In einer dynamischen Geometriesoftware können Streckenlängen, Winkelgrößen und Flächeninhalte geometrischer Figuren mithilfe folgender Werkzeuge ermittelt werden:

Messen von **Streckenlängen**   Messen von **Winkelgrößen**   Messen von **Flächeninhalten**

Über das Menü <Ansicht, Tabelle> kann der **Tabellenmodus** aktiviert werden. Arbeite in diesem Modus wie in einer **Tabellenkalkulation**.

	A	B	C	D
1				
2				
3				

Beispiel 1: Zeichne die Punkte $A(1|1)$, $B(6|1)$ und $C(3|3,45)$ mit einer dynamischen Geometriesoftware.
a) Miss die Größe von ∢ ABC, die Seitenlängen $\overline{AB}$, $\overline{BC}$, $\overline{AC}$ und den Flächeninhalt von △ ABC.
b) Prüfe im Tabellenmodus, ob für △ ABC der Satz des Pythagoras gilt. Berechne dazu die Quadrate der gemessenen Seitenlängen $\overline{AB}$, $\overline{BC}$, $\overline{AC}$.

Erinnere dich:
Werkzeug zum:
Zeichnen von Punkten

Wählen oder Bewegen von Objekten

Zeichnen von Vielecken

Lösung:
a) Zeichne mithilfe des Werkzeugs das Dreieck ABC.

   Wähle nacheinander folgende Werkzeuge:

   Miss jeweils die entsprechende Größe.

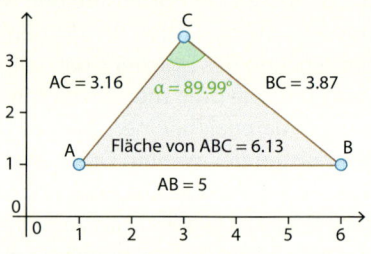

b) Aktiviere den Tabellenmodus und trage die Messwerte von $\overline{AC}$, $\overline{BC}$, $\overline{AB}$ in die Tabelle ein.
   Berechne die Quadrate $\overline{AB}^2$, $\overline{BC}^2$, $\overline{AC}^2$.
   Prüfe, ob gilt: $\overline{AB}^2 + \overline{BC}^2 = \overline{AC}^2$.

	A	B	C	D
1	Seiten	AC	BC	AB
2	Seitenlängen	3.16	3.87	5
3	Quadrate	10	15	25

10 + 15 = 25 (wahre Aussage)

Aufgaben

DGS 1. Zeichne ein rechtwinkliges Dreieck ABC in einer Geometriesoftware und konstruiere über jeder Seite ein gleichseitiges Dreieck (ein regelmäßiges Sechseck, einen Halbkreis). Vergleiche dann die Summe der Flächeninhalte der Figuren über den Katheten mit dem Flächeninhalt der Figur über der Hypotenuse.

Streifzug

2. Im Ort A rückt eine Feuerwehr aus, um im Ort C einen Brand zu löschen.
Zuvor muss sie am Flussufer in B Wasser aufnehmen. Ermittle mithilfe einer dynamischen Geometriesoftware den kürzesten Weg für die Feuerwehr von A über B nach C.
  a) Übertrage die Angaben der Abbildung in eine dynamischen Geometriesoftware und ermittle die gesuchte Streckenlänge durch Messung.
  b) Löse die Aufgabe rechnerisch. Erläutere dein Vorgehen.

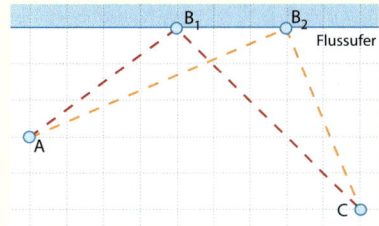

3. Übertrage die dargestellte Figur in eine dynamische Geometriesoftware.
  a) Ermittle die Inhalte der farbig markierten Flächen durch Messung. Finde einen Zusammenhang und formuliere diesen mit Worten.
  b) Prüfe den Zusammenhang rechnerisch.

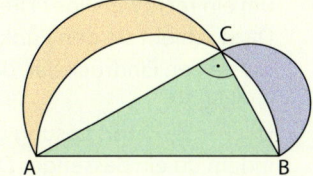

4. Bewegt sich eine Person X längs einer Straße AB an einer Häuserzeile $\overline{CD}$ entlang, so ändert sich der Blickwinkel, unter dem die Person die Häuserzeile sieht.
  a) Zeichne mit einer dynamischen Geometriesoftware eine Gerade AB mit $A(0|-1)$ und $B(6|-1)$ und eine Strecke $\overline{CD}$ mit $C(6|1)$ und $D(1|4)$.
  b) Ermittle die Koordinaten des Punktes X, bei dem der Blickwinkel am größten ist.

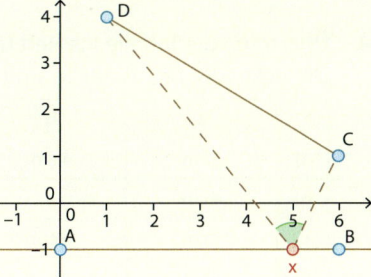

5. a) Zeichne mit einer dynamischen Geometriesoftware den Umkreis zu einem gleichseitigen Dreieck ABC.
  b) Lege auf dem Umkreis des Dreiecks ABC einen Punkt P fest und verbinde P mit jedem der Eckpunkte des Dreiecks.
  c) Miss für verschiedene Lagen von P die Abstände zu den Eckpunkten des Dreiecks.
  d) Werte die Ergebnisse im Tabellenmodus aus. Finde einen Zusammenhang und formuliere diesen mit Worten.

6. Zeichne mit einer dynamischen Geometriesoftware ein rechtwinkliges Dreieck mit zwei jeweils 8 cm langen Katheten. Die Mittelpunkte der drei Seiten des Dreiecks sind Eckpunkte eines weiteren (kleineren) Dreiecks. Wiederhole die Schritte mit dem jeweils kleineren Dreieck noch zweimal. Prüfe, welche Besonderheiten alle so erzeugten Dreiecke haben.

7. Forschungsauftrag: Vier auf den Achsen eines räumlich-rechtwinkligen Koordinatensystems liegende Punkte A, B, C und D bilden eine „rechtwinklige Ecke". Dabei entstehen Dreiecke mit den in Klammern angegeben Flächenmaßzahlen:
Δ ACB (R), Δ ACD (S), Δ BCD (T) und Δ ADB (U), Julia meint, dass für die Flächenmaßzahlen der Dreiecke folgende Gleichung gilt:
$R^3 + S^3 + T^3 = U^3$
Was meinst du? Nutze als Hilfsmittel eine dynamische Geometriesoftware.

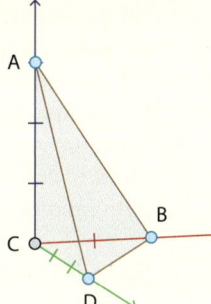

Prüfe dein neues Fundament

6. Satzgruppe des Pythagoras

Lösungen
↗ S. 215

1. Berechne die dritte Seitenlänge des Dreiecks ABC.
   a) a = 8 cm   b) a = 288 mm   c) a = 5 cm   d) a = 4 dm   e) a = 6,9 cm   f) a = 10,05 cm
      b = 6 cm   c = 34 mm   b = 3,2 cm   c = 3,5 dm   b = 4,1 cm   c = 10,05 cm
      γ = 90°   α = 90°   α = 90°   β = 90°   α = 90°   β = 90°

2. Welche der Dreiecke ABC sind rechtwinklig? Begründe. Gib den rechten Winkel an.
   a) a = 8 cm   b) a = 2 cm   c) a = 13 dm   d) a = 3,8 m   e) a = 4,1 cm   f) a = 0,5 m
      b = 15 cm   b = 5 cm   b = 85 dm   b = 4,5 m   b = 5,7 cm   b = 0,7 m
      c = 17 cm   c = 1 cm   c = 84 dm   c = 5,89 dm   c = 53,4 cm   c = 0,29 m

3. [DGS] Kathi benutzt eine dynamische Geometriesoftware, um ein rechtwinkliges Dreieck zu konstruieren. Dazu schiebt sie den Punkt C solange hin und her, bis sie den Eindruck hat, dass das Dreieck rechtwinklig ist.
   Überprüfe Kathis Lösung und korrigiere, falls nötig, indem du ein passendes Dreieck in dein Heft zeichnest.

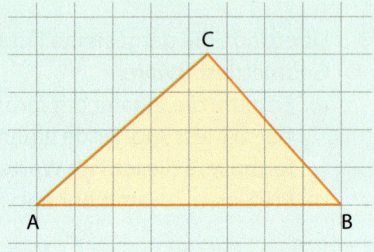

4. Übertrage die Tabelle ins Heft und ergänze die fehlenden Größen. Begründe, welche der Dreiecke ABC rechtwinklig sind und welche nicht.

	a	b	c	α	β	γ
a)	3 cm	4 cm	5 cm		56°	
b)	4 cm		3 cm	53,13°		36,87°
c)	2 cm	3 cm	4 cm	34°	67°	
d)	5 cm			45°		45°
e)	10,15 cm	4,1 cm	6,43 cm	89,94°	41,72°	

5. Erzeuge zu einem Rechteck ABCD (a = 3 cm; b = 5 cm) ein flächeninhaltsgleiches Quadrat und miss dessen Seitenlängen.
   a) Erläutere dein Vorgehen.
   b) Überprüfe deine Lösung rechnerisch.

6. Berechne den Umfang des abgebildeten Trapezes.

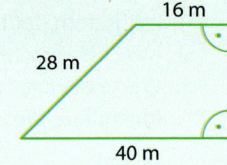

7. a) Prüfe, ob die Zahlen in der Tabelle pythagoreische Zahlentripel sind.
   b) Erläutere, welcher Zusammenhang dafür zwischen den drei Zahlen bestehen muss.
   c) Gib die nächsten drei pythagoreischen Zahlentripel an, die zur Tabelle passen.
   d) Gib ein weiteres pythagoreisches Zahlentripel an, das nicht in die Tabelle passt.
   e) Untersuche, ob es sich bei $(4n^2 - 1;\ 4n^2;\ 4n^2 + 1)$ und $(2n + 1;\ 2n^2 + 2n;\ 2n^2 + 2n + 1)$ für $n \in \mathbb{N}$ auch um pythagoreische Zahlentripel handelt.

3	4	5
6	8	10
9	12	15
12	16	20
…	…	…

8. a) Formuliere die Umkehrung zum Höhensatz.
   b) Prüfe die Umkehrung des Höhensatzes an zwei Beispielen.

Prüfe dein neues Fundament

9. Übertrage die Tabelle ins Heft und ergänze für ein Dreieck ABC mit γ = 90° die fehlenden Größen.

	a	b	c	p	q
a)	8 cm		10 cm		
b)				5 cm	6 cm
c)		11 cm			7 cm
d)		5,25 cm	9 cm		
e)	12,4 cm			10 cm	

10. Einem Quadrat von 8 cm Seitenlänge wird ein kleineres Quadrat so einbeschrieben, dass dessen Eckpunkte jeweils im Abstand von 1 cm zu den Eckpunkten des großen Quadrates liegen. Fertige eine Skizze an. Berechne den Flächeninhalt des einbeschriebenen Quadrates.

11. Wenn Herr Richtig einen rechteckigen Holzrahmen baut, braucht er keinen Winkelmesser, um zu überprüfen, ob er gründlich gearbeitet hat. Beschreibe, wie Herr Richtig vorgehen kann, wenn ihm nur ein Maßband zur Verfügung steht.

12. Ein rechteckiger Sportplatz ist 100 m lang und 50 m breit. Luca und Jan machen ein Wettrennen von einer Eckfahne bis zu der schräg gegenüberliegenden Eckfahne. Luca läuft über die Diagonale. Jan läuft an den Außenlinien entlang.
    a) Ermittle, wie lang die Strecken sind, die Luca und Jan jeweils laufen.
    b) Angenommen, beide laufen mit einer Geschwindigkeit von 15 $\frac{km}{h}$. Berechne, wie weit Jan noch vom Ziel entfernt ist, wenn Luca ankommt.

Wiederholungsaufgaben

1. Die Tabelle enthält die Schätzergebnisse von 27 Personen bei einem Test, wie lange eine Minute dauert. Ermittle den Mittelwert und den Median.

geschätzte Zeit in s	51	53	54	56	57	58	59	60	61	63	64	65
Anzahl	1	3	1	2	4	3	3	2	1	4	1	2

2. Ermittle die fehlende Größe, wenn das Kapital für ein Jahr angelegt wurde.

Grundkapital	Zinssatz	Zinsen
150 €	3 %	
	4 %	10 €
350 €		14 €

3. Von den 100 Losen in einer Lostrommel sind 20 Gewinnlose. Peter kauft 3 Lose. Zeichne ein Baumdiagramm und ermittle die Wahrscheinlichkeit dafür, dass Peter (A) kein Gewinnlos, (B) genau ein Gewinnlos, (C) mindestens ein Gewinnlos hat.

4. Skizziere ein Netz, ein Zweitafelbild und ein Schrägbild eines Prismas mit einem rechtwinkligen Dreieck als Grundfläche.

Zusammenfassung
6. Satzgruppe des Pythagoras

Satzgruppe des Pythagoras

Satz des Pythagoras
In jedem rechtwinkligen Dreieck ist die Summe der Flächeninhalte beider Quadrate über den Katheten gleich dem Flächeninhalt des Quadrates über der Hypotenuse.
Für Dreiecke ABC mit $\gamma = 90°$ gilt:
$$a^2 + b^2 = c^2$$

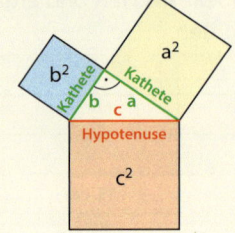

Höhensatz
In jedem rechtwinkligen Dreieck ist der Flächeninhalt des Quadrates über der Höhe der Hypotenuse gleich dem Flächeninhalt des Rechtecks, das durch beide Hypotenusenabschnitte bestimmt wird. Für Dreiecke ABC mit $\gamma = 90°$ gilt:
$$h^2 = p \cdot q$$

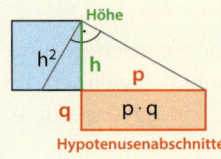

Kathetensatz
In jedem rechtwinkligen Dreieck ist der Flächeninhalt des Quadrates über einer Kathete gleich dem Flächeninhalt des Rechtecks, das durch die Hypotenuse und dem zugehörigen Hypotenusenabschnitt bestimmt wird.
Für Dreiecke ABC mit $\gamma = 90°$ gilt:
$$a^2 = p \cdot c; \quad b^2 = q \cdot c$$

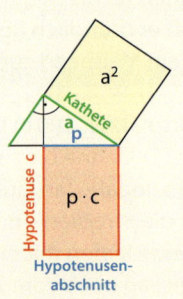

Berechnen von Größen am rechtwinkligen Dreieck

Geg.: ΔABC; $\gamma = 90°$; $c = 10\,m$; $b = 8\,m$
Ges.: a; p; q; h

$a^2 + b^2 = c^2 \quad \rightarrow \quad a = \sqrt{c^2 - b^2}$
$a = \sqrt{(10\,m)^2 - (8\,m)^2} = \sqrt{36\,m^2} = 6\,m$

$b^2 = q \cdot c \quad \rightarrow \quad q = \dfrac{b^2}{c}$
$q = \dfrac{b^2}{c} = \dfrac{(8\,m)^2}{10\,m} = \dfrac{64\,m^2}{10\,m} = 6{,}4\,m$

$c = p + q \quad \rightarrow \quad p = c - q$
$p = c - q = 10\,m - 6{,}4\,m = 3{,}6\,m$

$h^2 = p \cdot q \quad \rightarrow \quad h = \sqrt{p \cdot q}$
$h = \sqrt{p \cdot q} = \sqrt{6{,}4\,m \cdot 3{,}6\,m} = 4{,}8\,m$

Umkehrung vom Satz des Pythagoras

Umkehrung vom Satz des Pythagoras:
Wenn für die Seitenlängen des Dreiecks ABC die Gleichung $a^2 + b^2 = c^2$ gilt, dann ist das Dreieck rechtwinklig mit $\gamma = 90°$.

Mit der Umkehrung des Satzes des Pythagoras lässt sich prüfen, ob bei gegebenen drei Seitenlängen eines Dreiecks ABC das Dreieck rechtwinklig ist.

Dreieck ABC:
$a = 2{,}1\,cm$; $b = 2{,}0\,cm$; $c = 2{,}9\,cm$
Es gilt:
$2{,}1^2 = 4{,}41$; $2{,}0^2 = 4{,}0$; $2{,}9^2 = 8{,}41$
$4{,}41\,cm^2 + 4{,}0\,cm^2 = 8{,}41\,cm^2$
Die Gleichung $a^2 + b^2 = c^2$ ist erfüllt, also ist das Dreieck rechtwinklig.

Dreieck ABC:
$a = 2\,cm$; $b = 3\,cm$; $c = 4\,cm$
$2^2 = 4$; $3^2 = 9$; $4^2 = 16$
$4\,cm^2 + 9\,cm^2 \neq 16\,cm^2$
Die Gleichung $a^2 + b^2 = c^2$ ist nicht erfüllt, also ist das Dreieck nicht rechtwinklig.

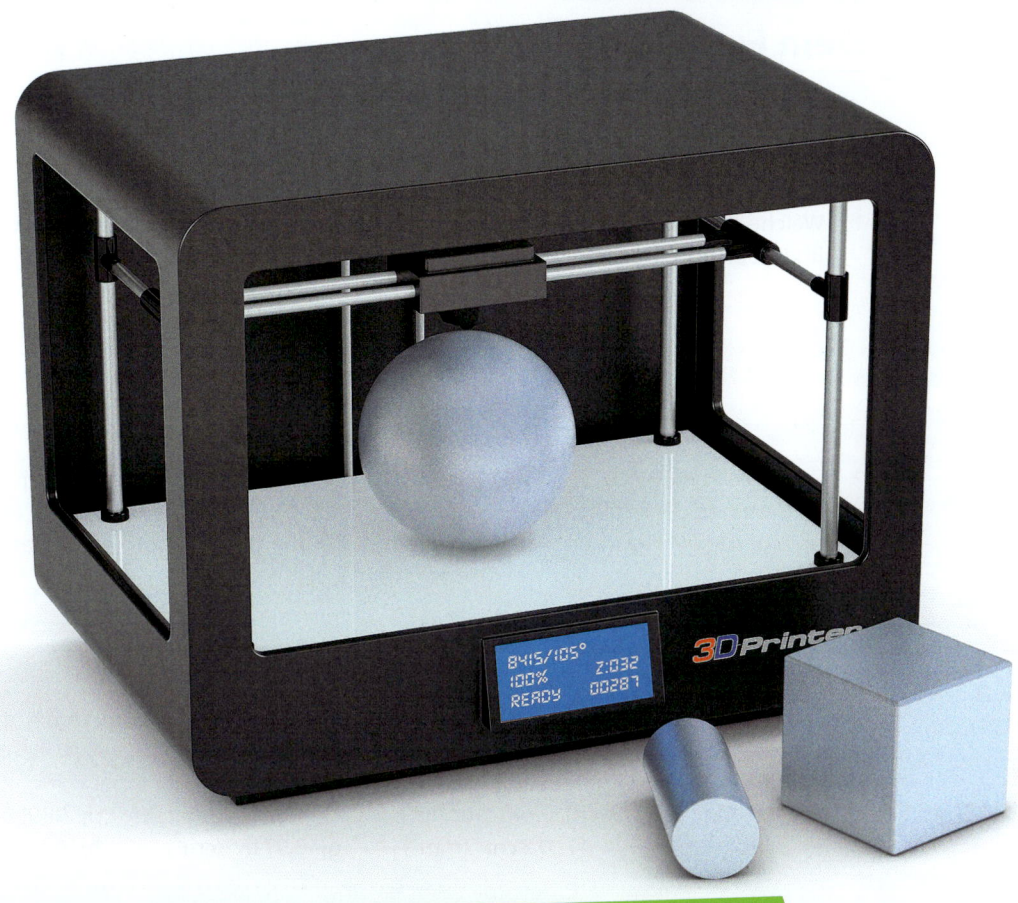

7. Körperberechnung

Mit einem 3D-Drucker können nach Vorgabe aller nötigen Bestimmungsstücke unterschiedlichste Gegenstände hergestellt werden.
Solche Gegenstände können auch die Form geometrischer Körper haben, wie beispielsweise die Form eines Prismas, eines Kreiskegels, eines Kreiszylinders, einer Pyramide, einer Kugel.

Dein Fundament

7. Körperberechnung

Lösungen
↗ S. 217

Figuren erkennen

1. Welche der abgebildeten Vierecke sind Parallelogramme, Trapeze, Rechtecke, Quadrate, Rhomben und Drachenvierecke? Begründe jeweils deine Entscheidung.

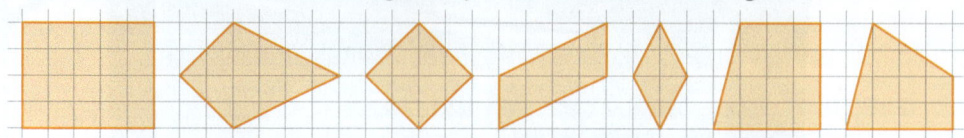

2. Trage die Punkte A(0|2), B(3|1), C(6|0), D(2|4) in ein Koordinatensystem ein.
   a) Verbinde die Punkte A-B-C-D-A und entscheide, was für eine Figur dabei entsteht.
   b) Ergänze die Figur zum Parallelogramm ACED und gib die Koordinaten des Punktes E an.

Volumen- und Flächeneinheiten

3. Gib an, ob eine Volumeneinheit oder eine Flächeneinheit vorliegt.
   a) ha   b) m^3 c) cm^2 d) ℓ e) a   f) km^2 g) mm^3 h) $m\ell$

4. Wandle in die in Klammern angegebene Einheit um.
   a) $3\,m^2$ (dm^2)   b) $7890\,dm^3$ (m^3)   c) $1\,ha$ (a)   d) $98908\,cm^2$ (m^2)
   e) $559\,cm^3$ (ℓ)   f) $0{,}3\,cm^2$ (mm^2)   g) $0{,}07\,m^3$ (cm^3)   h) $0{,}12\,h\ell$ (ℓ)

5. Löse die Aufgabe.
   a) $3\,m^2 + 3\,dm^2$ b) $20\,m^2 + 1\,a$ c) $750\,dm^3 + 2{,}5\,m^3$ d) $4\,m^2 \cdot 5\,dm$

Berechnungen am Rechteck

6. Berechne den Flächeninhalt der Figur, alle Maße sind in Zentimeter angegeben.

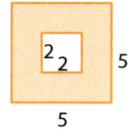

7. Ermittle die fehlende Seitenlänge.

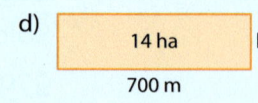

8. Übertrage die Tabelle ins Heft und fülle sie aus.

	Länge	Breite	Umfang	Flächeninhalt
			des Rechtecks	
a)	2 cm	3 cm		
b)		4 dm	180 cm	
c)	20 cm			$4\,dm^2$

Berechnungen am Kreis

9. Berechne den Umfang (den Flächeninhalt) des Kreises und runde dann auf Hundertstel.
   a) r = 1 cm b) d = 4 cm c) r = 1,4 cm d) d = 2,6 cm

10. Berechne den Radius des Kreises und runde das Ergebnis auf Zehntel.
   a) Umfang von 42 cm b) Flächeninhalt von 3,14 cm^2

11. Berechne den Flächeninhalt und den Umfang der Figur. Runde dann die Ergebnisse auf Hundertstel.

a)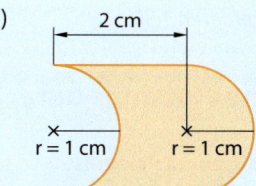

b)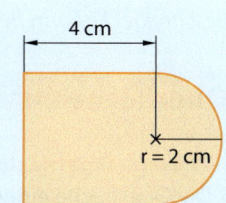

Berechnungen am Quader

12. Übertrage die Tabelle ins Heft und fülle sie aus.

	Länge	Breite	Höhe	gesamte Kantenlänge des Quaders	Volumen	Oberflächeninhalt
a)	1 cm	2 cm	3 cm			
b)	3 cm		3 cm		27 cm^3	
c)		1 cm	1 cm			12 cm^2
d)	4 m		5 m	42 m		

13. Ein quaderförmiges Aquarium ist 50 cm lang, 30 cm breit und 35 cm hoch. Wie viele Fische sollten höchstens in dem Aquarium gehalten werden, wenn ein Fisch etwa 2 ℓ Wasser als Lebensraum benötigt und das Wasser eine Höhe von 28 cm haben soll? Begründe deine Entscheidung.

Vermischtes

14. Stelle die Gleichung nach der in Klammern stehenden Variablen um.
   a) $A = a \cdot b$ (b) b) $V = a \cdot b \cdot c$ (c) c) $u = 2 \cdot (a + b)$ (a)

15. Skizziere ein Schrägbild von einem Quader mit einer quadratischen Grundfläche von 9 cm^2 und einer Höhe von 3 cm.

16. Übertrage ins Heft und ergänze die Zeichnung zum Netz eines Quaders.

a)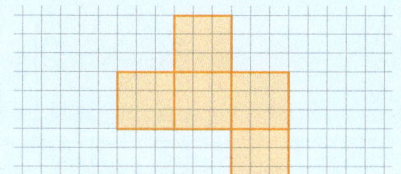

b)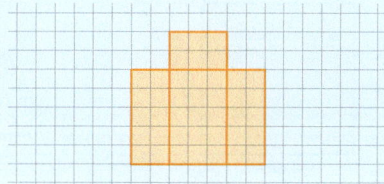

7.1 Berechnungen an Prismen und Kreiszylindern

■ Im Werkzeugbau werden unterschiedliche Formen und Materialien verwendet. Bei der Herstellung von Werkstücken kommt es auf hohe Präzision an, weil schon sehr geringe Abweichungen von den geforderten Maßen dazu führen, dass zusammengehörende Teile nicht genau passen.

Beschreibe die Form der abgebildeten Teile. ■

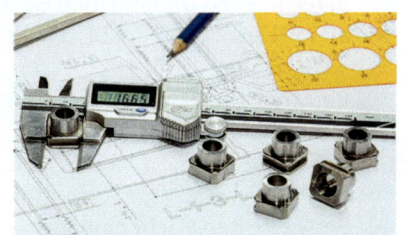

Oberflächeninhalt eines Prismas berechnen

Erinnere dich:
Grund- und Deckfläche eines Prismas sind zueinander kongruente Vielecke.
Die abgewickelte Mantelfläche eines (geraden) Prismas ist immer ein Rechteck.

Wissen: Oberflächeninhalt eines Prismas
Die Oberfläche eines Prismas setzt sich zusammen aus allen Begrenzungsflächen (Grundfläche A_G, Deckfläche A_D und Mantelfläche A_M).

Für den **Oberflächeninhalt A_O eines Prismas** gilt:
$A_O = A_G + A_D + A_M$
$A_O = 2 \cdot A_G + A_M$

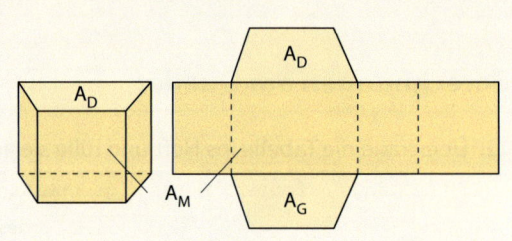

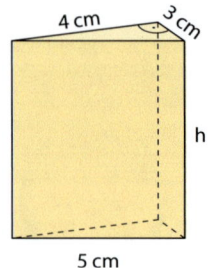

Beispiel 1: Ein 6 cm hohes Prisma hat als Grundfläche ein rechtwinkliges Dreieck mit den Seitenlängen 3 cm, 4 cm und 5 cm. Zeichne ein Netz und berechne den Oberflächeninhalt.

Lösung:
Zeichne zuerst die Mantelfläche als Rechteck und ergänze dann Grund- und Deckfläche (Dreiecke).

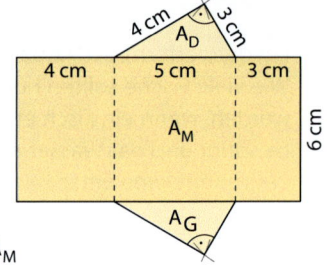

Berechne den Inhalt der Mantelfläche (Summe der drei Rechteckflächen) und die Inhalte von Grund- und Deckfläche. Verwende die Formel: $A_O = 2 \cdot A_G + A_M$

$A_O = 2 \cdot A_G + A_M$
$A_O = 2 \cdot \frac{4\,cm \cdot 3\,cm}{2} + 6\,cm \cdot 12\,cm$
$A_O = 12 \cdot cm^2 + 72\,cm^2 = 84\,cm^2$

Basisaufgaben

1. Zeichne das Netz des Prismas und berechne seinen Oberflächeninhalt.

a)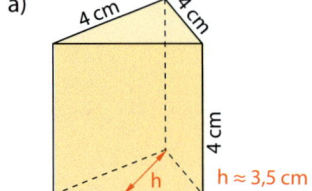

b)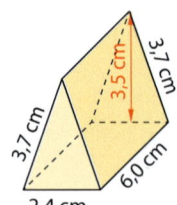

c)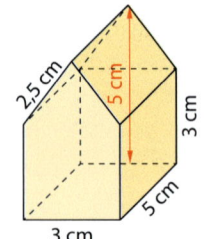

7.1 Berechnungen an Prismen und Kreiszylindern

2. Ein Prisma ist 8 cm hoch und hat die dargestellte Grundfläche. Berechne den Oberflächeninhalt des Prismas.

a) 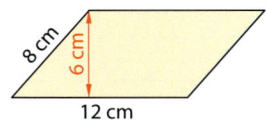   b) 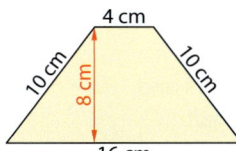   c)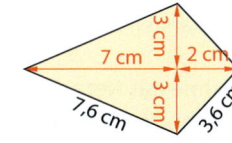

3. Die Grundfläche eines Prismas ist ein Dreieck mit den Seitenlängen a, b und c. Ermittle die Höhe des Grundflächen-Dreiecks zeichnerisch und berechne dann den Oberflächeninhalt des Prismas mit der Höhe h.
  a) a = 4 cm; b = 5 cm; c = 6 cm; h = 7 cm
  b) a = 1 cm; b = 4 cm; c = 3,5 cm; h = 5 cm

Oberflächeninhalt eines Kreiszylinders berechnen

Wissen: Oberflächeninhalt eines Kreiszylinders
Die Oberfläche eines Kreiszylinders setzt sich zusammen aus allen Begrenzungsflächen (Grundfläche A_G, Deckfläche A_D und Mantelfläche A_M).

Für den **Oberflächeninhalt A_O eines Kreiszylinders** gilt:

$A_O = A_G + A_D + A_M$

$A_O = 2 \cdot A_G + A_M$

$A_O = 2 \cdot \pi \cdot r^2 + 2 \cdot \pi \cdot r \cdot h$

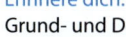

Erinnere dich:
Grund- und Deckfläche eines Kreiszylinders sind zueinander kongruente Kreise. Die abgewickelte Mantelfläche eines (geraden) Kreiszylinders ist immer ein Rechteck.

Beispiel 2: Ein 8 cm hoher Kreiszylinder hat als Grundfläche einen Kreis mit einem Radius von 4 cm. Zeichne ein Netz des Kreiszylinders in einem geeigneten Maßstab und berechne seinen Oberflächeninhalt.

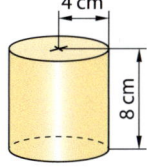

Lösung:
Zeichne zuerst die Mantelfläche als Rechteck und ergänze dann Grund- und Deckfläche (Kreise).

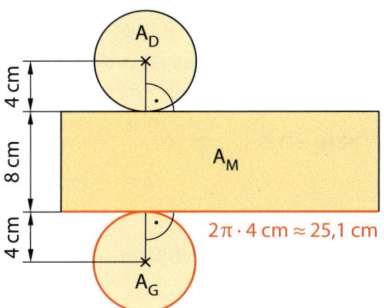

Die eine Seite der Mantelfläche entspricht der Höhe des Zylinders, die andere Seite entspricht dem Kreisumfang der Grundfläche.

Berechne den Inhalt der Mantelfläche und die Inhalte von Grund- und Deckfläche. Verwende die Formel:

$A_O = 2 \cdot \pi \cdot r^2 + 2 \cdot \pi \cdot r \cdot h$

$A_O = 2 \cdot \pi \cdot r^2 + 2 \cdot \pi \cdot r \cdot h$

$A_O = 2\pi \cdot (4\,\text{cm})^2 + 2\pi \cdot 4\,\text{cm} \cdot 8\,\text{cm}$

$A_O = 32\pi\ \text{cm}^2 + 64\pi\ \text{cm}^2$

$A_O = 96\pi\ \text{cm}^2$

Runde das Ergebnis. $A_O \approx 302\ \text{cm}^2$

Hinweis:
Ergebnisse sollten auf Einer oder Zentel gerundet angegeben werden.

Basisaufgaben

4. Berechne den Oberflächeninhalt des in Netzdarstellung gegebenen Kreiszylinders.

Hinweis zu 5: Beachte die Einheiten.

5. Zeichne das Netz des Kreiszylinders und berechne seinen Oberflächeninhalt.
   a) $r = 1{,}5\,cm$; $h = 6\,cm$
   b) $r = 2\,cm$; $h = 25\,mm$
   c) $r = 0{,}33\,dm$; $h = 5\,cm$
   d) Der Zylinder hat eine Höhe von 5 cm und einen Durchmesser von 5 cm.

6. Berechne den Oberflächeninhalt des Kreiszylinders.

   a) 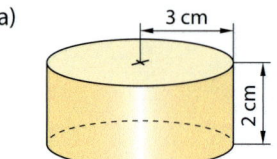   b) 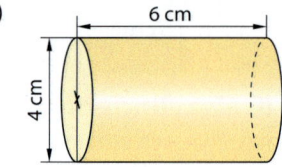   c)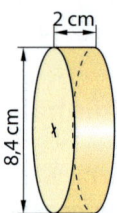

Volumen eines Prismas berechnen

Das Volumen eines Quaders ist das Produkt aus dem Inhalt seiner Grundfläche A_G und seiner Höhe h. Zerlegt man einen Quader entsprechend der Abbildung, entstehen zwei Prismen deren Grundflächen rechtwinklige **Dreiecke sind**.
Das Volumen von jedem dieser beiden Prismen ist halb so groß ist wie das Volumen des Quaders. Es gilt:

$$V_{Prisma} = \tfrac{1}{2} \cdot V_{Quader} = \tfrac{1}{2} \cdot A_{G\,(Quader)} \cdot h = A_{G\,(Prisma)} \cdot h$$

Da sich jedes Vieleck in rechtwinklige Dreiecke zerlegen lässt, kann man jedes Prisma vollständig in Teilprismen gleicher Höhe zerlegen, die rechtwinklige Dreiecke als Grundfläche haben.

> **Wissen: Volumen eines Prismas**
> Das **Volumen eines Prismas** ist das Produkt aus dem Inhalt seiner Grundfläche A_G und der Höhe h.
>
> Es gilt: $V = A_G \cdot h$

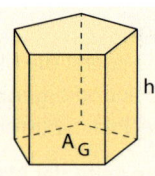

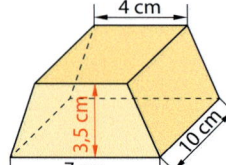

Beispiel 3: Berechne das Volumen des in der Randspalte abgebildeten Prismas.

Lösung:
Die Grundfläche des Prismas ist ein Trapez. Multipliziere den Flächeninhalt des Trapezes mit der Höhe des Prismas.
Verwende die Formeln:

$V = A_G \cdot h_{Prisma}$

$V = \dfrac{a+c}{2} \cdot h_{Trapez} \cdot h_{Prisma}$

$A_G = \dfrac{a+c}{2} \cdot h_{Trapez}$

$A_G = \dfrac{7\,cm + 4\,cm}{2} \cdot 3{,}5\,cm = 19{,}25\,cm^2$

$V = A_G \cdot h_{Prisma}$

$V = 19{,}25\,cm^2 \cdot 10\,cm$

$V = 192{,}5\,cm^3$

7.1 Berechnungen an Prismen und Kreiszylindern

Basisaufgaben

7. Berechne das Volumen des Prismas.

a) 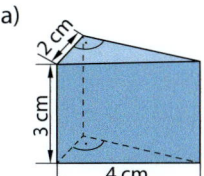 b) 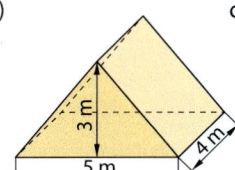 c) 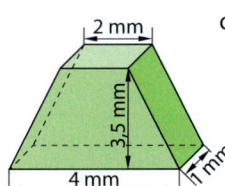 d)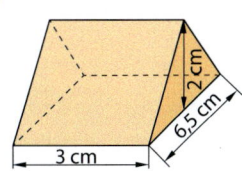

8. Berechne das Volumen des Prismas mit einer dreieckförmigen Grundfläche.

	a)	b)	c)	d)	e)
Grundseite vom Dreieck	6 cm	7,5 m	1,6 dm	0,23 m	0,4 km
Höhe vom Dreieck	3 cm	4 m	4,8 dm	5 dm	125 m
Höhe vom Prisma	4 cm	9,4 m	5,3 dm	1,5 dm	1,75 m

9. Entscheide, ob die Formel $V = A_G \cdot h$ zur Berechnung des Körpervolumens genutzt werden darf. Begründe deine Aussage. Skizziere die Grundfläche des Körpers im Heft.

a) 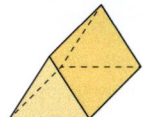 b) 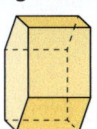 c)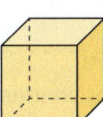

d) 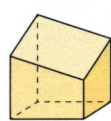 e) 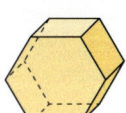 f)

Volumen eines Kreiszylinders berechnen

Das Volumen eines Kreiszylinders ändert sich nicht, wenn man ihn in gleich große „Tortenstücke" teilt und diese anders anordnet. Legt man die Teile wie in nebenstehender Abbildung, entsteht angenähert ein Quader. Je schmaler die Teile sind, umso genauer nähert man sich einem Quader an.

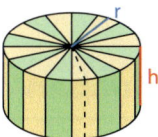 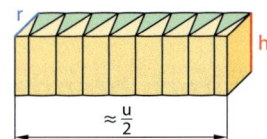

Für das Volumen des Quaders gilt: $\quad V_{Quader} = \frac{u}{2} \cdot r \cdot h$

Setzt man für $u = 2\pi r$ ein, ergibt sich: $\quad V_{Quader} = \frac{2\pi r}{2} \cdot r \cdot h = \pi r^2 \cdot h$

Da der Zylinder und der Quader gleiches Volumen haben, gilt: $\quad V_{Zylinder} = \pi r^2 \cdot h$

> **Wissen: Volumen eines Kreiszylinders**
> Das **Volumen eines Kreiszylinders** ist das Produkt aus dem Inhalt seiner Grundfläche A_G und der Höhe h.
> Es gilt:
> $$V = A_G \cdot h$$
> $$V = \pi r^2 \cdot h \quad \text{oder} \quad V = \pi \cdot \frac{d^2}{4} \cdot h$$

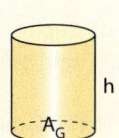

7. Körperberechnung

Beispiel 4: Berechne das Volumen des abgebildeten Kreiszylinders.

a)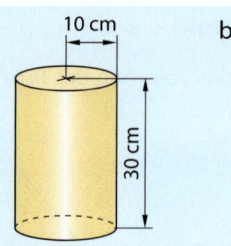
b)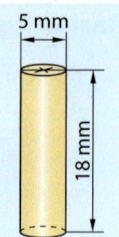

Lösung:
a) Die Grundfläche des Kreiszylinders ist ein Kreis. Multipliziere den Flächeninhalt des Kreises mit der Höhe des Kreiszylinders. Verwende die Formel:
$V = \pi r^2 \cdot h$
Runde das Ergebnis.

$V = \pi r^2 \cdot h$
$V = \pi \cdot (10\,\text{cm})^2 \cdot 30\,\text{cm}$

$V \approx 9425\,\text{cm}^3$

b) Gehe wie bei a) vor.

$r = \frac{d}{2} = \frac{5\,\text{mm}}{2} = 2{,}5\,\text{mm}$
$V = \pi r^2 \cdot h = \pi \cdot (2{,}5\,\text{mm})^2 \cdot 18\,\text{mm}$
$V \approx 353\,\text{mm}^3$

Basisaufgaben

10. Berechne das Volumen des Kreiszylinders.

a)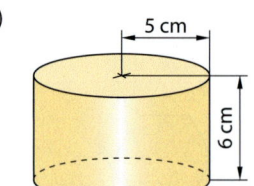
b)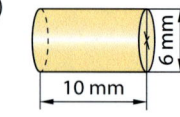

11. Berechne das Volumen des Kreiszylinders aus den gegebenen Größen.
    a) r = 15,7 cm; h = 20,9 cm
    b) r = 2,5 cm; h = 1,2 m
    c) d = 8 dm; h = 150 mm
    d) d = 46,8 cm; h = 1 m
    e) r = 6 dm; h = 4 · r
    f) r = 0,5 · h; h = 50 mm

Weiterführende Aufgaben

12. Berechne den Oberflächeninhalt und das Volumen des Körpers

a)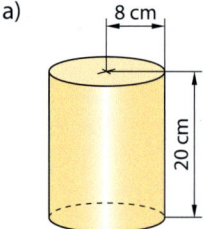
b)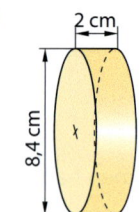
c)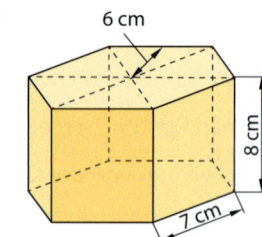

d) Suche in der Schule oder zu Hause nach solchen Gegenständen wie in Aufgabe a) und berechne deren Oberflächeninhalte und Volumina.

13. Hendrik möchte acht zylinderförmige gleich große Dosen außen anstreichen. Eine Dose ist 6 cm hoch und hat einen Durchmesser von 24 cm. Eine Büchse Farbe reicht für etwa 1 m² Fläche. Prüfe, ob diese Büchse Farbe zum Streichen der Dosen ausreicht.

7.1 Berechnungen an Prismen und Kreiszylindern

14. Schreibe eine Formel auf, die sowohl zur Volumenberechnung eines Würfels als auch zur Volumenberechnung eines Prismas mit beliebiger Grundfläche gültig ist.

15. **Stolperstelle:** Finde Fehler und korrigiere sie.
    a) $V = \pi r^2 \cdot h$
    $V = \pi \cdot 5\,cm^2 \cdot 8\,cm$
    $V = \pi \cdot 40\,cm^3$
    $V \approx 125{,}66\,cm^3$

    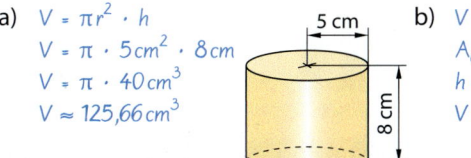

    b) $V = A_G \cdot h$
    $A_G = 9\,cm \cdot 6\,cm = 54\,cm^2$
    $h = 4\,cm$
    $V = 54\,cm^2 \cdot 4\,cm = 216\,cm^3$

    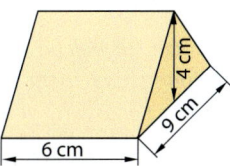

16. Stelle einen Term zur Berechnung des Körpervolumens auf und vereinfache diesen.
    a)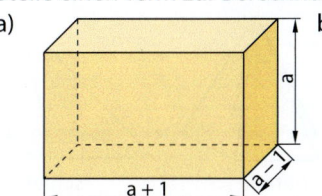
    b)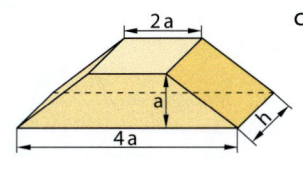
    c)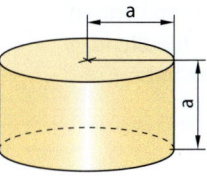

17. a) Ein Kreiszylinder hat einen Radius von 5 cm und ist 10 cm hoch. Berechne seinen Oberflächeninhalt.
    b) Verdopple die Höhe des Kreiszylinders und prüfe durch eine Rechnung, ob sich der Mantelflächeninhalt und der Oberflächeninhalt auch verdoppeln.

● 18. Erkläre, wie sich das Volumen eines Kreiszylinders ändert, wenn
    a) die Höhe h verdoppelt wird und der Radius r gleich bleibt,
    b) die Höhe h gleich bleibt und der Radius r verdoppelt wird,
    c) die Höhe h verdoppelt und der Radius r halbiert wird.

● 19. a) Wie verändert sich das Volumen eines Prismas, wenn seine Höhe verdoppelt (verdreifacht) wird und die Grundfläche sich nicht ändert?
    b) Wie verändert sich die Grundfläche eines Kreiszylinders, wenn seine Höhe verkleinert wird, das Volumen sich aber nicht ändern soll?
    c) Was lässt sich über die Grundfläche eines Prismas und eines Kreiszylinders aussagen, die gleich hoch sind und das gleiche Volumen haben?

20. Ein zylinderförmiger Brunnen ist 42 m tief und 1,5 m breit. In dem Brunnen steht das Wasser 5 m hoch. Ein Kubikmeter Wasser wiegt 1000 kg.
    a) Berechne, wie viel Kubikmeter Wasser in dem Brunnen sind.
    b) Ermittle das Gewicht des Wassers im Brunnen.

● 21. **Ausblick:** Es gibt auch schiefe Prismen. In den Abbildungen ② und ③ wurde ein Zettelstapel am oberen Rand zunächst nach rechts und dann nach hinten gedrückt. Dabei sind schiefe Prismen entstanden.

①  ②  ③

Welche Form haben die Begrenzungsflächen des Zettelstapels in ③?
Wie groß ist vermutlich sein Volumen? Informiere dich über das Prinzip von Cavalieri.

7. Körperberechnung

7.2 Berechnungen an Pyramiden und Kreiskegeln

■ Die beiden abgebildeten Kerzen haben die gleiche Höhe und ihre Grundflächen sind gleich groß.

Schätze, für welche Kerze man deiner Meinung nach mehr Paraffin benötigt. Welche Kerze wird wohl schwerer sein? ■

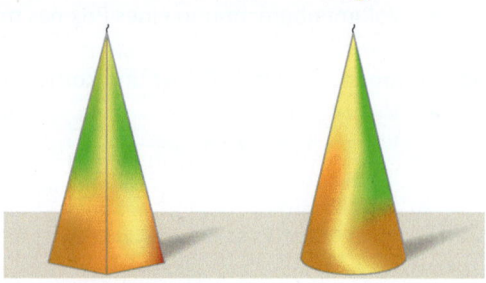

Oberflächeninhalt einer Pyramide berechnen

Pyramiden können unterschiedliche Formen haben:

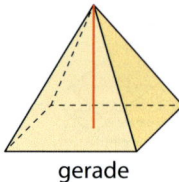 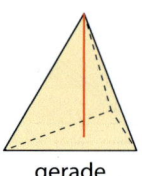 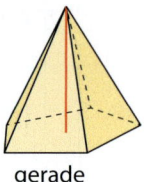 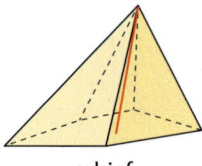

gerade   gerade   gerade   schief

Hinweis:
Der Schwerpunkt eines Dreiecks lässt sich experimentel ermitteln:

Liegt die Spitze dabei über dem Schwerpunkt der Grundfläche, so ist der Körper **gerade**.

> **Wissen: Oberflächeninhalt einer Pyramide**
> Die Oberfläche einer Pyramide setzt sich zusammen aus allen Begrenzungsflächen (Grundfläche A_G, Mantelfläche A_M).
> Für den **Oberflächeninhalt A_O einer Pyramide** gilt:
> $$A_O = A_G + A_M$$

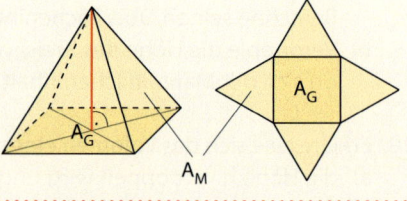

Hinweis:
Im Folgenden werden nur gerade Körper betrachtet.

Hinweis:
Beachte, den Verzerrungswinkel ($\alpha = 45°$) und das Verkürzungsverhältnis ($q = 0{,}5$) der Tiefenlinien.

Beispiel 1: Eine 5 cm hohe gerade Pyramide hat eine quadratische Grundfläche ($a = 6$ cm). Zeichne ein Schrägbild, markiere darin die Höhe einer Seitenfläche und berechne den Oberflächeninhalt der Pyramide.

Lösung:
Zeichne zuerst die Grundfläche, dann die Höhe, danach die Seitenflächen. Die Höhe der Pyramide bildet mit ihrem Abstand von der Grundkante und der Seitenhöhe h_s ein rechtwinkliges Dreieck. Alle Seitenflächen sind kongruent zueinander.

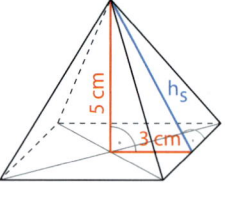

Berechne den Inhalt der Mantelfläche (Summe der vier zueinander kongruenten Dreieckflächen) und den Inhalt der Grundfläche. Verwende die Formel: $A_O = A_G + A_M$

Nach dem Satz des Pythagoras gilt:

$h_s^2 = (3\,\text{cm})^2 + (5\,\text{cm})^2 = 34\,\text{cm}^2$

$\Rightarrow h_s = \sqrt{34\,\text{cm}^2} \approx 5{,}8\,\text{cm}$

$A = \frac{1}{2} \cdot h_s \cdot 6\,\text{cm} \approx \frac{5{,}8\,\text{cm} \cdot 6\,\text{cm}}{2} = 17{,}4\,\text{cm}^2$

$A_M = 4 \cdot A \approx 4 \cdot 17{,}4\,\text{cm}^2 = 69{,}6\,\text{cm}^2$

$A_G = (6\,\text{cm})^2 = 36\,\text{cm}^2$

Runde das Ergebnis.

$A_O = A_G + A_M \approx 36\,\text{cm}^2 + 69{,}6\,\text{cm}^2$

$A_O \approx 106\,\text{cm}^2$

7.2 Berechnungen an Pyramiden und Kreiskegeln

Basisaufgaben

1. Zeichne ein Schrägbild der geraden Pyramide mit der Grundfläche A_G und der Höhe h, markiere darin die Höhe einer Seitenfläche und berechne ihren Oberflächeninhalt.
   a) A_G (Quadrat mit a = 2 cm); h = 3 cm
   b) A_G (Quadrat mit a = 3,5 cm); h = 5,5 cm

2. Zeichne ein Körpernetz der geraden Pyramide mit der Grundfläche A_G und der Höhe h und berechne ihren Oberflächeninhalt.
   a) A_G (Quadrat mit a = 2 cm); h = 3 cm
   b) A_G (Quadrat mit a = 2,5 cm); Seitenkantenlänge = 4 cm
   c) A_G (Rechteck mit a = 3 cm und b = 2 cm); h = 6 cm.

Hinweis zu 2c: Beachte, dass es zwei unterschiedlich lange Seitenhöhen gibt.

Oberflächeninhalt eines Kreiskegels berechnen

Die Mantelfläche eines geraden Kreiskegels ist ein in eine Ebene abgerollter Kreisausschnitt. Vervollständigt man den Kreisausschnitt zu einem Kreis, ergibt sich folgendes Verhältnis:

$\dfrac{2\pi r}{u_{Kreis}} = \dfrac{A_M}{A_{Kreis}}$ → $\dfrac{2\pi r}{2\pi s} = \dfrac{A_M}{\pi s^2}$ → $A_M = \pi \cdot r \cdot s$

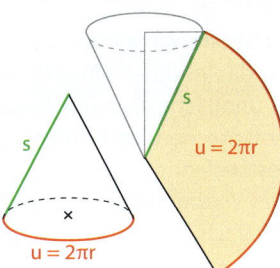

> **Wissen: Oberflächeninhalt eines Kreiskegels**
> Die Oberfläche eines Kreiskegels setzt sich zusammen aus allen Begrenzungsflächen (Grundfläche A_G, Mantelfläche A_M).
>
> Für den **Oberflächeninhalt A_O eines Kreiskegels** gilt: $A_O = A_G + A_M$
>
> $A_O = \pi \cdot r^2 + \pi \cdot rs = \pi \cdot r(r + s)$

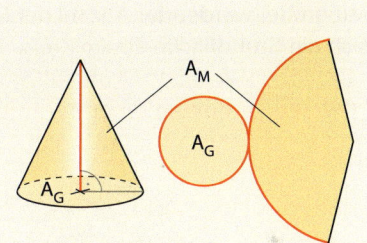

Beispiel 2: Ein 4 cm hoher gerader Kreiskegel hat einen Grundkreis mit einem Radius von 2 cm. Berechne den Oberflächeninhalt des Kreiskegels.

Lösung:
Fertige eine Skizze an.

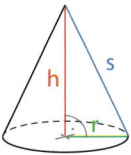

Berechne die Länge der Seitenkante s nach dem Satz des Pythagoras.
$s^2 = r^2 + h^2 = (2\,\text{cm})^2 + (4\,\text{cm})^2 = 20\,\text{cm}^2$
$\Rightarrow s = \sqrt{20\,\text{cm}^2} \approx 4{,}5\,\text{cm}$

Berechne den Inhalt der Grundfläche (Kreis) und den Inhalt der Mantelfläche (Kreisausschnitt). Verwende die Formel:
$A_O = A_G + A_M = \pi \cdot r^2 + \pi \cdot rs = \pi \cdot r(r+s)$

$A_G = \pi \cdot (2\,\text{cm})^2 \approx 12{,}6\,\text{cm}^2$

$A_M \approx \pi \cdot 2\,\text{cm} \cdot 4{,}5\,\text{cm} \approx 28{,}1\,\text{cm}^2$

$A_O = A_G + A_M$

$A_O \approx 12{,}6\,\text{cm}^2 + 28{,}1\,\text{cm}^2$

Runde das Ergebnis. $A_O \approx 40{,}7\,\text{cm}^2$

Basisaufgaben

3. Ein gerader Kreiskegel hat die Höhe h und einen Grundkreis mit dem Radius r.
   Berechne den Oberflächeninhalt des Kreiskegels.
   a) r = 3 cm; h = 4 cm
   b) r = 1,5 cm; h = 2,5 cm
   c) r = 5 cm; h = 5 cm
   c) r = 1 cm; h = 3 cm

4. Berechne den Oberflächeninhalt der abgebildeten Kreiskegel.

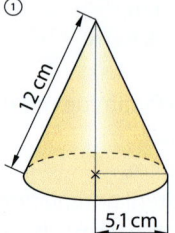
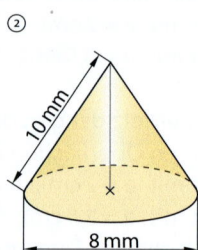
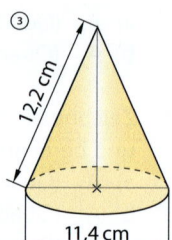

Volumen einer Pyramide und eines Kreiskegels berechnen

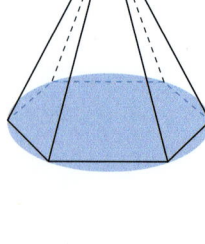

Es ist offensichtlich, dass das Volumen einer Pyramide kleiner ist, als das Volumen eines Quaders mit gleicher Höhe und gleicher Grundfläche. Durch Füllexperimente mit entsprechenden Hohlkörpern lässt sich feststellen:
Das Volumen des Quaders beträgt das Dreifache vom Volumens der Pyramide.

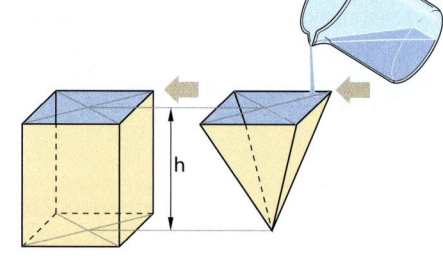

Das gilt auch für andere Formen der Grundfläche. Mit größer werdender Anzahl der Ecken nähert sich die Grundfläche einem Kreis.

> **Wissen:** Volumen einer Pyramide und eines Kreiskegels
>
>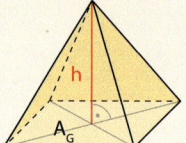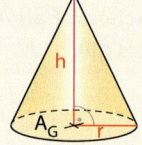
>
> Für das **Volumen einer Pyramide** mit der Grundfläche A_G und der Höhe h gilt:
> $$V = \tfrac{1}{3} \cdot A_G \cdot h$$
>
> Für das **Volumen eines Kreiskegels** mit der Grundfläche A_G und der Höhe h gilt:
> $$V = \tfrac{1}{3} \cdot A_G \cdot h \quad \text{oder} \quad V = \tfrac{1}{3} \cdot \pi \cdot r^2 \cdot h$$

Beispiel 3:
a) Berechne das Volumen einer 9 cm hohen (geraden) Pyramide, deren quadratische Grundfläche eine Seitenlänge von a = 7 cm hat.
b) Berechne das Volumen eines 20 cm hohen (geraden) Kegels, dessen Grundkreisradius r = 10 cm beträgt.

Lösung:
a) Berechne den Inhalt der Grundfläche A_G und nutze dann die Formel: $V = \tfrac{1}{3} \cdot A_G \cdot h$

$A_G = a^2 = (7\,\text{cm})^2 = 49\,\text{cm}^2$
$V = \tfrac{1}{3} \cdot A_G \cdot h = \tfrac{1}{3} \cdot 49\,\text{cm}^2 \cdot 9\,\text{cm} = 147\,\text{cm}^3$

$A_G = \pi \cdot r^2 = \pi \cdot (10\,\text{cm})^2 \approx 314{,}16\,\text{cm}^2$

b) Gehe wie bei a) vor.

Runde das Ergebnis.

$V = \tfrac{1}{3} \cdot A_G \cdot h \approx \tfrac{1}{3} \cdot 314{,}16\,\text{cm}^2 \cdot 20\,\text{cm}$
$V \approx 2094\,\text{cm}^3$

7.2 Berechnungen an Pyramiden und Kreiskegeln

Basisaufgaben

5. Berechne das Volumen der Pyramide mit Grundfläche A_G und der Höhe h.
   a) A_G (Quadrat mit a = 9 cm); h = 10 cm
   b) A_G (gleichschenkliges Dreieck ABC mit c = 5 cm und a = b = 4 cm); h = 8,5 cm
   c) A_G (Rechteck mit a = 3 dm und b = 7 dm); h = 10 dm

6. Berechne das Volumen des Kreiskegels mit den angegebenen Maßen.
   a) r = 2 cm; h = 4 cm b) r = 6 dm; h = 9 dm
   c) r = 7,5 m; h = 20 m d) d = 7,5 m; h = 20 m

Weiterführende Aufgaben

7. Berechne das Volumen und den Oberflächeninhalt der Pyramide mit den angegebenen Maßen.
   a) A_G (Quadrat mit a = 5 cm); h = 7 cm
   b) A_G (rechtwinkliges Dreieck mit a = 4 dm, b = 3 dm und c = 5 dm); h = 9,1 dm
   c) A_G (Rechteck mit a = 2 m und b = 1 m); h = 4 m
   d) A_G (regelmäßiges Fünfeck mit a = 5 cm); h = 11 cm

   Hinweis zu 7 d: Das Fünfeck besteht aus Dreiecken mit jeweils einem Flächeninhalt von etwa 8,6 cm².

8. Berechne das Volumen und den Oberflächeninhalt des Kreiskegels mit den angegebenen Maßen.
   a) r = 2 m; h = 5 m b) r = 3,5 dm; h = 5,7 dm
   c) r = 19,1 cm; h = 24 cm d) r = π m; h = 2π m

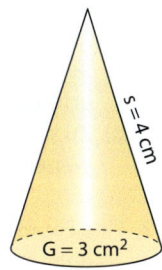

9. **Stolperstelle:** Erkläre, was beim Berechnen vom Volumen des nebenstehenden Kreiskegels falsch gemacht wurde: V = 3 cm² · 4 cm = 12 cm³

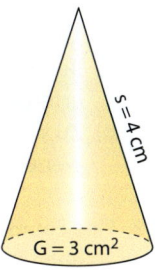

10. Manchmal haben Verpackungen die Form von Pyramiden. Ein Teebeutel hat die Form eines Tetraeders mit einer Kantenlänge von 5 cm. Kann darin mehr Tee enthalten sein als in einem herkömmlichen Teebeutel, der für gewöhnlich in etwa maximal 10 cm³ Tee enthält? Begründe deine Antwort.

    Hinweis zu 10: Ein Tetraeder ist eine Pyramide, mit zueinander kongruenten gleichseitigen Dreiecken als Begrenzungsflächen.

11. Der abgebildete Körper besteht aus zwei geraden Kreiskegeln mit gleichen Höhen und gemeinsamen Grundflächen.
    a) Ermittle eine allgemeine Formel sowohl zur Berechnung des Oberflächeninhalts als auch zur Berechnung des Volumens solcher Körper.
    b) Berechne Oberflächeninhalt und Volumen eines solchen Körpers mit h = 4 cm und r = 2 cm.

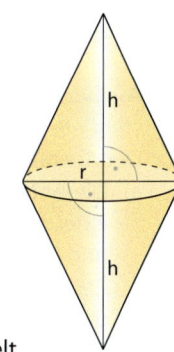

12. Untersuche Zusammenhänge bei Pyramiden. Begründe deine Antwort.
    a) Wie verändert sich das Volumen, wenn man die Grundfläche verdoppelt (verdreifacht, …) und die Höhe beibehält.
    b) Wie verändert sich das Volumen, wenn man die Höhe verdoppelt (halbiert, …) und die Grundfläche beibehält.
    c) Wie verändert sich das Volumen, wenn man sowohl die Höhe verdoppelt (halbiert, …) als auch die Grundfläche halbiert (verdoppelt, …).

13. Untersuche Zusammenhänge bei geraden Kreiskegeln. Begründe deine Antwort.
    a) Wie verändert sich das Volumen, wenn die Länge vom Radius der Grundfläche verdoppelt (verdreifacht, …) wird und die Höhe gleich bleibt?
    b) Wie ändert sich das Volumen, wenn die Grundfläche gleich bleibt und die Höhe halbiert wird.

14. In der kasachischen Hauptstadt Astana steht diese von Norman Forster entworfene Pyramide. Sie ist 62 Meter hoch und ihre Grundfläche misst 62 mal 62 Meter.
    a) Berechne ihr Volumen und vergleiche mit dem der Cheopspyramide.
    b) Berechne die Größe der Außenfläche der Pyramide.

15. Eine Kerze hat die Form eines geraden Kreiskegels mit einem Grundkreisradius r = 3 cm und einer Höhe h = 10 cm. Berechne, wie viel Kubikzentimeter Wachs für die Herstellung der Kerze benötigt werden.

16. Ein Glas hat die Form eines geraden Kreiskegels.
    a) Berechne das Volumen. Entnimm die erforderlichen Maße der Zeichnung.
    b) Zu wie viel Prozent ist das Glas gefüllt, wenn die enthaltene Flüssigkeit 8 cm hoch steht?

17. Eine Fabrik stellt Bleigewichte her, bei denen sowohl der obere als auch der untere Teil die Form eines geraden Kegels haben.
    a) Gib je eine Formel zur Berechnung des Oberflächeninhalts und des Volumens eines solchen Bleigewichts an.
    b) Berechne den Oberflächeninhalt und das Volumen für x = 10 cm, y = 25 cm und r = 15 cm.
    c) Die Dichte von Blei beträgt 11,342 $\frac{g}{cm^3}$. Berechne die Masse eines Bleigewichts für x = 2 cm, y = 4 cm und r = 1,5 cm.

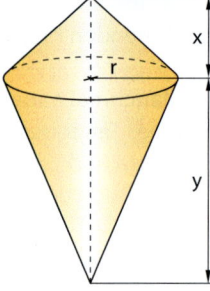

18. **Ausblick:** Schneidet man von einer Pyramide parallel zur Grundfläche die Spitze ab, entsteht ein **Pyramidenstumpf**. Die Schnittfläche ist die Deckfläche des Pyramidenstumpfes. Der Abstand zwischen Grund- und der Deckfläche ist die Höhe des Pyramidenstumpfes.
    a) Die Abbildung zeigt einen Pyramidenstumpf mit einer quadratischen Grundfläche im Schrägbild und im Querschnitt. Begründe mithilfe der Zeichnungen, dass für das Volumen des Pyramidenstumpfes gilt:
    $V = \frac{1}{3} \cdot h \cdot A_G + \sqrt{A_G + A_G' + A_G'}$
    b) Berechne das Volumen eines quadratischen Pyramidenstumpfes mit einer Höhe von 4 cm. Die Grundkantenlänge beträgt 5 cm und die Kante der Deckfläche ist 2 cm lang.
    c) Ermittle die Höhe der ursprünglichen Pyramide.

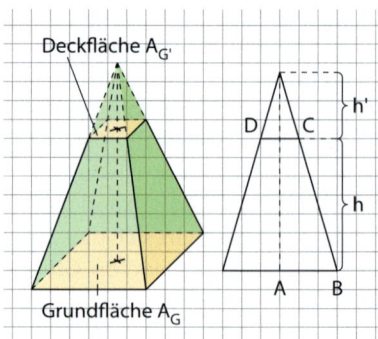

7.3 Berechnungen an Kugeln

■ Auf einer Spiegelkugel aus Styropor mit einem Radius von 15 cm befinden sich kleine quadratische Spiegel. Jan findet durch Messen heraus, dass jedes Quadrat eine Kantenlänge von 1 cm hat. Er meint nun, dass für die Kugel weniger als 10 dm³ Styropor verwendet und insgesamt 3000 Spiegel aufgeklebt worden sind.

Was meinst du, kann das stimmen? Wie würdest du es prüfen? ■

Volumen einer Kugel berechnen

Füllexperimente zeigen, dass die Summe der Volumina des abgebildeten Kreiskegels und der abgebildeten Halbkugel dem Volumen des abgebildeten Kreiszylinders entspricht. Somit lässt sich feststellen:

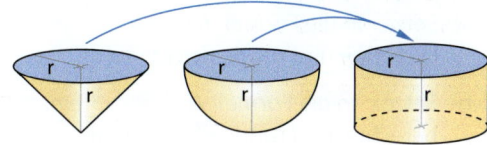

$V_{Halbkugel} = V_{Zylinder} - V_{Kegel} = \pi r^2 \cdot r - \frac{1}{3}\pi r^2 \cdot r = \pi \cdot r^3 - \frac{1}{3}\pi \cdot r^3 = \frac{2}{3}\pi \cdot r^3$

> **Wissen: Volumen einer Kugel**
> Für das **Volumen V** mit dem Radius r und dem Durchmesser d gilt:
>
> $V = \frac{4}{3}\pi \cdot r^3$ oder $V = \frac{\pi}{6} \cdot d^3$

Beispiel 1: Berechne das Volumen der Kugel.   a) r = 5 cm   b) d = 1,5 cm

Lösung:
a) Setze r in die Formel $V = \frac{4}{3}\pi \cdot r^3$ ein, $V = \frac{4}{3}\pi \cdot r^3 = \frac{4}{3}\pi \cdot (5\,cm)^3$
   berechne und runde das Ergebnis. $V \approx 523{,}6\,cm^3$

b) Setze d in die Formel $V = \frac{\pi}{6} \cdot d^3$ ein, $V = \frac{\pi}{6} \cdot d^3 = \frac{\pi}{6} \cdot (1{,}5\,cm)^3$
   berechne und runde das Ergebnis. $V \approx 1{,}8\,cm^3$

Hinweis zu b:
Es gilt: $r = \frac{d}{2} = 1{,}75\,m$

Somit kann auch die Formel $V = \frac{\pi}{6} \cdot d^3$ verwendet werden.

Basisaufgaben

1. Berechne jeweils das Volumen der Kugel mit r bzw. d.
   a) r = 3 cm   b) d = 6 dm   c) r = 2,5 dm   d) d = 7,4 m   e) r = 4π mm

2. Ein Lederfußball hat einen Durchmesser von 24,0 cm. Berechne sein Volumen.

Oberflächeninhalt einer Kugel berechnen

Zerlegt man obige Spiegelkugel in 1000 Pyramiden, deren Spitzen im Mittelpunkt der Kugel zusammentreffen, ist die Höhe einer solchen Pyramide gleich dem Radius der Kugel. Es gilt:

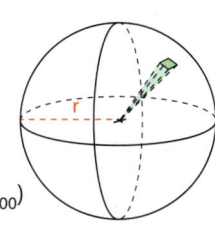

$V_{Ku} \approx \frac{1}{3} \cdot A_{G1} \cdot r + \frac{1}{3} \cdot A_{G2} \cdot r + \ldots + \frac{1}{3} \cdot A_{G1000} \cdot r = \frac{1}{3} \cdot r \cdot (A_{G1} + A_{G2} + \ldots + A_{G1000})$

$V_{Ku} \approx \frac{1}{3} \cdot r \cdot A_{O\,(Ku)}$ → $A_{O(Ku)} \approx \frac{3 \cdot V_{Kugel}}{r}$ → $A_{O(Ku)} \approx \frac{3 \cdot \frac{4}{3}\pi \cdot r^3}{r}$ → $A_{O(Ku)} \approx 4\pi \cdot r^2$

7. Körperberechnung

Wissen: Oberflächeninhalt einer Kugel

Alle Punkte eines Raumes, die von einem festen Punkt M den gleichen Abstand r haben, bilden eine Kugel.

M ist der **Mittelpunkt**, r der **Radius** und d der **Durchmesser** der Kugel.

Für den **Oberflächeninhalt** A_O einer Kugel gilt:

$A_O = 4\pi \cdot r^2$ oder $A_O = \pi \cdot d^2$

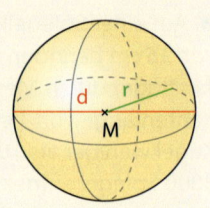

Beispiel 1: Berechne den Oberflächeninhalt der Kugel.   a) r = 8 m   b) d = 3,5 m

Lösung:
a) Setze r in die Formel $A_O = 4\pi \cdot r^2$ ein, $A_O = 4\pi \cdot r^2 = 4\pi \cdot (8\,m)^2$
   berechne und runde das Ergebnis. $A_O \approx 804\,m^2$

b) Setze d in die Formel $A_O = \pi \cdot d^2$ ein, $A_O = \pi \cdot d^2 = \pi \cdot (3,5\,m)^2$
   berechne und runde das Ergebnis. $A_O \approx 38\,m^2$

Hinweis zu b:
Es gilt: $r = \frac{d}{2} = 1{,}75\,m$
Somit kann auch die Formel $A_O = 4\pi \cdot r^2$ verwendet werden.

Basisaufgaben

3. Berechne den Oberflächeninhalt einer Kugel mit r = 3 cm (5,5 dm; 17,1 m).

4. Berechne den Oberflächeninhalt einer Kugel mit d = 5 cm (7,3 dm; 21,4 m).

5. Berechne den Oberflächeninhalt einer Kugel mit r bzw. d.
   a) d = 7 cm   b) r = 4 m   c) r = 12,5 mm   d) d = 24,2 cm
   e) d = 15,85 mm   f) r = 2π m   g) d = 4,8π dm   h) $r = \frac{\pi}{4}$ m

Weiterführende Aufgaben

6. In einer Fabrik werden Glasperlen hergestellt, die jeweils einen Durchmesser von 10 mm haben. Berechne, wie viele Perlen sich aus 1000 cm³ Glas gießen lassen.

7. Schätze den Oberflächeninhalt und das Volumen. Prüfe dann durch eine Rechnung.
   a) Orange   b) Erbse   c) Melone   d) Basketball   e) Tennisball

8. Berechne den Oberflächeninhalt der Kugel mit bekanntem Radius r oder Durchmesser d.
   a) r = 11,5 m   b) d = 0,6 m   c) d = π cm   d) $r = \frac{\pi}{2}$ m

 9. **Stolperstelle:** Luca hat in seiner Hausaufgabe den Oberflächeninhalt verschiedener Kugeln berechnet. Kontrolliere und berichtige, falls nötig.

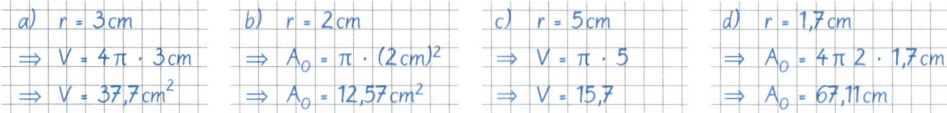

10. Wie ändert sich das Volumen (der Oberflächeninhalt) einer Kugel, wenn der Radius verdoppelt (verdreifacht, …) wird?

7.3 Berechnungen an Kugeln

11. Das Foto zeigt überdimensionale Billardkugeln mit jeweils einem Durchmesser von 3,5 m.
    a) Berechne den Oberflächeninhalt einer dieser Kugeln.
    b) Eine gewöhnliche Billardkugel hat einen Radius von 57 mm. Berechne ihren Oberflächeninhalt.
    c) Angenommen, die Kugeln bestünden aus massivem Beton. Wie viel Kilogramm Beton wurden für alle drei Kugeln verwendet?

Hinweis zu 11c:
Dichte von Beton: $\approx 2{,}1 \frac{g}{cm^3}$

12. Der Fernsehturm am Alexanderplatz in Berlin ist 368 m hoch. Der obere Teil hat etwa die Form einer Kugel mit einem Radius von 32 m.
    a) Ermittle das Volumen und den Oberflächeninhalt einer solchen Kugel.
    b) Das in der Nähe stehende (54 m hohe) „Haus des Lehrers" hat die Form eines Quaders mit einer rechteckigen Grundfläche von 44 m mal 15 m. Berechne den Oberflächeninhalt und das Volumen dieses Gebäudes.

13. Schätze, welche der vier Kugeln die größte Masse hat. Überprüfe durch Rechnung.
    a) Holzkugel (Dichte $0{,}8 \frac{g}{cm^3}$; r = 30 cm)   b) Bleikugel (Dichte $11{,}342 \frac{g}{cm^3}$; r = 10 cm)
    c) Goldkugel (Dichte $19{,}32 \frac{g}{cm^3}$; r = 5 cm)   d) Aluminiumkugel (Dichte $2{,}7 \frac{g}{cm^3}$; r = 50 cm)

14. Stelle dir die Erde angenähert als Kugel mit einem Radius von 6370 km vor.
    a) Die mittlere Dichte der Erde beträgt $5{,}515 \frac{g}{cm^3}$. Berechne die Masse der Erde.
    b) Der Durchmesser der Sonne (mit einer mittleren Dichte von $1{,}408 \frac{g}{cm^3}$) ist etwa 109-mal so groß wie der Durchmesser der Erde. Berechne die Masse der Sonne.
    c) Berechne jeweils den Oberflächeninhalt der Erde und der Sonne.
    d) Vergleiche Masse und Oberflächeninhalt von Erde und Sonne.

Sonne

Erde

15. Eine Bathysphäre ist eine Tauchkugel, mit der sehr große Tiefen im Meer erreicht werden können. Der äußere Durchmesser ist 1,44 m groß, die Wandstärke beträgt 38 mm.
    a) Berechne den Oberflächeninhalt einer Bathysphäre.
    b) Ein Mensch atmet pro Minute durchschnittlich 8 Liter Luft. Wie lange würde die Luft in der Kugel für einen Menschen reichen? Begründe deine Antwort.

16. Vergleiche den Oberflächeninhalt einer Kugel mit dem Radius r = 10 cm mit dem Oberflächeninhalt des gegebenen Körpers.
    a) Würfel (Kantenlänge a = 10 cm)
    b) Kugel (Radius d = 10 cm)

17. Die abgebildete Schüssel hat die Form einer Halbkugel.
    a) Schätze ihren Radius und ermittle einen Näherungswert für das maximale Fassungsvermögen.
    b) Informiere dich über andere halbkugelförmige Gegenstände Formuliere geeignete Aufgaben und löse diese. Stellt eure Aufgaben gegenseitig vor und löst sie.

● 18. **Ausblick:** Leite jeweils eine Formel für den Oberflächeninhalt und eine Formel für das Volumen einer Kugel her. Informiere dich dazu im Internet und in Fachbüchern.

7.4 Bestimmungsstücke von Prismen und Kreiszylindern berechnen

■ Der abgebildete Kerzenständer hat eine quadratische Grundfläche von 36 cm². Der Durchmesser vom Grundkreis des Teelichtes mit einem Volumen von 25 cm³ beträgt 3,8 cm.

Schätze, wie tief die Bohrung im Holz mindestens sein muss, damit es vollständig im Holz verschwindet. ■

Bei Berechnungen an Körpern kann es vorkommen, dass bei bekanntem Volumen (Oberflächeninhalt) andere Stücke, beispielsweise Höhen, Durchmesser oder Radien zu berechnen sind.

> **Wissen: Bestimmungsstücke von Prismen und Kreiszylindern berechnen**
> Beim Berechnen von Bestimmungstücken solcher Körper kannst du wie folgt vorgehen:
> – Schreibe eine **Formel auf**, in der sowohl die **gesuchten Größen** (beispielsweise die Höhe oder der Durchmesser) als auch die **gegebenen Größen** (beispielsweise das Volumen oder der Oberflächeninhalt) vorkommen.
> – **Stelle** die Formel nach der gesuchten Größe **um**.
> – Setze die gegebenen Größen in die umgestellte Formel ein.
> – Berechne die gesuchte Größe.
> Achte immer auf die verwendeten Einheiten. Rechne diese gegebenenfalls um.

Berechnungen an Prismen – bei gegebenem V oder A_O

> **Beispiel 1:** Ein prismenförmiger Karton hat als Grundfläche ein rechtwinkliges Dreieck mit den Seitenlängen 3 cm, 4 cm und 5 cm. Berechne die Höhe des Kartons, wenn folgende Größe bekannt ist:
> a) Sein Oberflächeninhalt A_O beträgt 96 cm².
> b) Sein Volumen V beträgt 84 cm³.

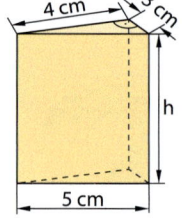

Lösung:

a) Schreibe die Formel zur Berechnung des Oberflächeninhaltes auf und ein vereinfache diese.
Stelle die Formel nach der gesuchten Variablen h um und setze alle gegebenen Größen ein.

Berechne die gesuchte Höhe h.

$A_O = 2 \cdot A_G + A_M$

$A_O = 2 \cdot \frac{a \cdot b}{2} + (a + b + c) \cdot h$ | Kürzen

$A_O = a \cdot b + (a + b + c) \cdot h$ | $- a \cdot b$

$A_O - a \cdot b = (a + b + c) \cdot h$ | $:(a + b + c)$

$h = \frac{A_O - a \cdot b}{a + b + c}$

$h = \frac{96\,\text{cm}^2 - 3\,\text{cm} \cdot 4\,\text{cm}}{3\,\text{cm} + 4\,\text{cm} + 5\,\text{cm}} = 7\,\text{cm}$

$V = A_G \cdot h = \frac{a \cdot b}{2} \cdot h$

b) Schreibe die Formel zur Berechnung des Volumens auf und vereinfache diese. Stelle die Formel nach der Variablen h um und setze alle gegeben Größen ein.

Berechne die Höhe h.

$V = \frac{a \cdot b}{2} \cdot h$ | $\cdot 2$ | $:(a \cdot b)$

$h = \frac{2 \cdot V}{a \cdot b}$

$h = \frac{2 \cdot 84\,\text{cm}^3}{3\,\text{cm} \cdot 4\,\text{cm}} = 14\,\text{cm}$

7.4 Bestimmungsstücke von Prismen und Kreiszylindern berechnen

Basisaufgaben

1. Berechne die Höhe des Prismas.
   a) Es ist ein Prisma mit quadratischer Grundfläche (a = 6,5 cm; A_O = 50 cm²).
   b) Es ist ein Prisma mit rechteckiger Grundfläche (a = 2,4 cm; b = 5,2 cm; A_O = 65 cm²).

2. Ein Prisma hat ein Volumen von 72 cm³.
   a) Die Grundfläche ist 12 cm² groß. Berechne die Höhe des Prismas.
   b) Das Prisma ist 8 cm hoch. Berechne die Größe der Grundfläche.

3. Ein Prisma mit quadratischer Grundfläche hat ein Volumen von 125 cm³. Berechne den Flächeninhalt der Grundfläche. Gib auch die Seitenlänge der Grundfläche an.

Berechnungen an Kreiszylindern – bei gegebenem V

Beispiel 2: Das Volumen eines Kreiszylinders beträgt 500 cm³.
a) Seine Grundfläche hat einen Radius von 3,5 cm. Bestimme seine Höhe.
b) Er ist 20 cm hoch. Bestimme den Radius seiner Grundfläche.

Lösung:

a) Schreibe die Formel zur Berechnung des Volumens auf und stelle sie nach der gesuchten Variablen h um.

$V = A_G \cdot h$
$V = \pi r^2 \cdot h \qquad |:(\pi r^2)$
$h = \dfrac{V}{\pi r^2}$

Setze alle gegebenen Größen ein.

$h = \dfrac{500\,\text{cm}^3}{\pi \cdot 3,5\,\text{cm}^2}$

Berechne die Höhe h.

$h \approx 13\,\text{cm}$

b) Stelle die Gleichung $V = \pi r^2 \cdot h$ nach r^2 um

$V = \pi r^2 \cdot h \qquad |:(\pi \cdot h)$
$r^2 = \dfrac{V}{\pi \cdot h}$

Setze alle gegeben Größen ein.

$r^2 = \dfrac{500\,\text{cm}^3}{\pi \cdot 20\,\text{cm}} \qquad |\,\text{Kürzen}$
$r^2 = \dfrac{25\,\text{cm}^2}{\pi}$

Berechne den Radius r und runde.

$r = \sqrt{\dfrac{25\,\text{cm}^2}{\pi}} \approx 2,8\,\text{cm}$

Hinweis:
Die Gleichung hat zwei Lösungen.
Es ist nur die positive Lösung sinnvoll, weil Längen immer positiv sind.

Basisaufgaben

4. Das Volumen eines Kreiszylinders beträgt 200 cm³.
   a) Die Grundfläche hat einen Radius von 2 cm. Berechne die Höhe des Kreiszylinders.
   b) Der Kreiszylinders ist 10 cm hoch. Berechne den Radius der Grundfläche.

5. Berechne die fehlenden Größen des Kreiszylinders.

	a)	b)	c)	d)
Radius r				3,2 cm
Durchmesser d	2,5 cm			
Höhe h		8 cm	10 cm	
Volumen V	6,25 cm³	1200 cm³	10 000 mm³	7,18 cm³

Berechnungen an Kreiszylindern – bei gegebenem A_O und h

Die Formel $A_O = 2\pi r^2 + 2\pi r \cdot h$ kann mit Termumformungen nicht nach r umgestellt werden. Bei gegebenem Oberflächeninhalt A_O und gegebener Höhe h lässt sich der Radius der Grundfläche aber mit einem Funktionsplotter oder einer Tabellenkalkulation finden.

Beispiel 3: Ein 9 cm hoher Kreiszylinder hat einen Oberflächeninhalt von $1000\,cm^2$.
Berechne den Radius des Zylinders:
a) mit einem Funktionsplotter   b) mit einer Tabellenkalkulation

Lösung:

a) Schreibe die Formel zur Berechnung des Oberflächeninhaltes auf und vereinfache diese.

$A_O = 2 \cdot A_G + A_M = 2 \cdot \pi r^2 + 2\pi r \cdot 9\,cm$

Interpretiere die Gleichung als Funktionsgleichung $A_O(r)$.

$A_O(r) = 2\pi r^2 + 2\pi r \cdot 9$ oder

Ersetze gegebenenfalls die Variable r durch die Variable x.

$A_O(x) = 2\pi x^2 + 2\pi x \cdot 9$

Stelle die Funktion mit einem Funktionsplotter dar. Ermittle den x-Wert, an dem der y-Wert 1000 beträgt. Verfolge dazu Punkte des Graphen mit dem Befehl „Verfolgen" oder „TRACE".

(8.89, 1000)

$f1(x) = 2 \cdot \pi \cdot x^2 + 2 \cdot \pi \cdot x \cdot 9$

Bei x = 8,90 ist der y-Wert 1000.
Also beträgt der Radius etwa 8,90 cm.

b) Lasse in einer Tabelle für mehrere Radien r (Spalte A) den Oberflächeninhalt A_O (Spalte B) berechnen.

Für r = 8,5 cm ist A_O 934.62 cm^2, für r = 9 cm ist A_O = 1017,88 cm^2.

Der Radius muss also zwischen 8,5 cm und 9 cm liegen.

Wähle nun weitere Werte zwischen 8,5 und 9, bis du dem gesuchten Wert für den Oberflächeninhalt $1000\,cm^2$ möglichst nahe kommst.

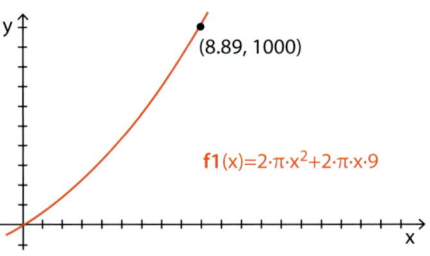

B8 | fx | =2*PI()*(A8)^2+18*PI()*A8

	A	B
1	r	A_O
2	8,0	854,51
3	8,5	934,62
4	9,0	1017,88
5	9,5	1104,27
7	8,85	992,57
8	8,90	1000,97
9	8,95	1009,41

Der Radius beträgt etwa 8,90 cm.

Basisaufgaben

6. Ermittle den Radius r des Kreiszylinders mit einem Funktionsplotter (einer Tabellenkalkulation). Gib das Ergebnis auf eine Stelle nach dem Komma an.
   a) $A_O = 500\,cm^2$; h = 7 cm   b) $A_O = 800\,cm^2$; h = 50,6 cm.

7.4 Bestimmungsstücke von Prismen und Kreiszylindern berechnen

Weiterführende Aufgaben

7. Der Oberflächeninhalt eines Kreiszylinders ist 2000 cm². Berechne die gesuchte Größe.
   a) r = 7,4 cm; h = ?
   b) d = 0,22 m; h = ?
   c) h = 1,7 dm; r = ?
   d) h = 89 mm; d = ?

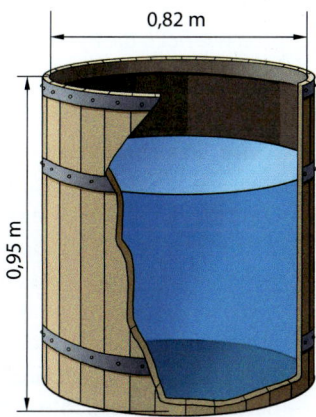

8. Ein Kreiszylinder hat einen Radius r = 5 cm und einen Oberflächeninhalt A_O = 500 cm².
   Berechne die Höhe h des Kreiszylinders.

9. Eine zylinderförmige Regentonne hat einen Innendurchmesser von 82 cm und eine Höhe von 95 cm.
   a) Berechne, wie viel Liter Wasser die Tonne maximal fasst.
   b) In der Tonne sind 300 ℓ Wasser. Ermittle die Wasserhöhe.
   c) Nach einem Gewitter ist die Tonne zu 80 % gefüllt. Berechne, wie hoch das Wasser in der Tonne steht.

10. **Stolperstelle:** Finde Fehler und korrigiere sie.
    Verena berechnet die Höhe eines Kreiszylinders mit der Formel $h = \frac{V}{\pi r^2}$.
    Das Volumen beträgt V = 300 cm³, der Radius beträgt r = 6 cm.
    Sie tippt die Tastenfolge 3 0 0 ÷ π × 6 x^2 = in ihren
    Taschenrechner und erhält als Ergebnis 3437,74677.

11. Auf einer zylinderförmigen Sprayflasche steht: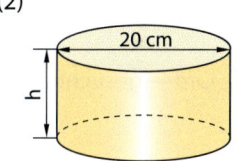
    a) Gib mögliche Abmessungen für Höhen und für Durchmesser solcher Flaschen an.
    b) Entscheide und begründe, welche Abmessungen unpraktisch sind.
    c) Vergleiche d und h handelsüblicher Sprayflaschen mit deinen Angaben.

12. Wie hoch müsste der Kreiszylinder (2) sein, damit er das gleiche Volumen hat wie Kreiszylinder (1).

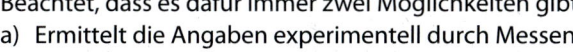

13. Getränkedosen werden in zwei verschiedenen Größen angeboten.
    Es gibt Dosen mit 330 mℓ und mit 500 mℓ Fassungsvermögen. Beide Varianten haben einen Durchmesser von 6,7 cm. Ermittle jeweils die Höhe der Dosen.

14. Ermittelt, wie viel Zentimeter der Durchmesser einer Röhre haben kann, die ihr aus einem DIN-A4-Blatt (ohne Überlappung) herstellen könnt.
    Biegt das Blatt und legt dabei die gegenüberliegenden Kanten aneinander.
    Beachtet, dass es dafür immer zwei Möglichkeiten gibt.
    a) Ermittelt die Angaben experimentell durch Messen.
    b) Ermittelt die Angaben rechnerisch.

Maße der DIN-Reihe A

A1	594	841
A2	420	594
A3	297	420
A4	210	297
A5	148	210

15. **Ausblick:** Ein zylinderförmiger Ring wird komplett vergoldet. Die Innenseite des Rings hat einen Umfang von 59,5 mm. Der Ring ist 1 mm dick und 2,5 mm breit.
    a) Berechne wie groß die Oberfläche ist, die vergoldet wird.
    b) Stelle eine allgemeine Formel für den Oberflächeninhalt eines Ringes mit dem Innenradius r_1 und dem Außenradius r_2 sowie der Breite b auf.

Streifzug

7. Körperberechnung

Bestimmungsstücke von Pyramiden berechnen

■ Von einer geraden Pyramide mit einer quadratischen Grundfläche von 1 m² ist bekannt, dass ihr Oberflächeninhalt 3 m² beträgt.

Schätze, wie hoch die Pyramide sein könnte. ■

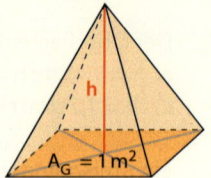

Wissen: Bestimmungsstücke von Pyramiden berechnen

Beim Berechnen von Bestimmungstücken solcher Körper kannst du wie folgt vorgehen:
- Ordne gesuchte und gegebene Größen.
- Suche eine **Formel**, in der sowohl die **gesuchten Größen** (beispielsweise die Höhe oder Kantenlängen), als auch die **gegebenen Größen** (beispielsweise das Volumen oder der Oberflächeninhalt) vorkommen.
- **Stelle** die Formel nach der gesuchten Größe **um**.
- Setze die gegebenen Größen in die umgestellte Formel ein.
- Berechne die gesuchte Größe.

Achte immer auf die verwendeten Einheiten. Rechne diese gegebenenfalls um.

Beispiel 1:
a) **Die Höhe einer Pyramide bei gegebenem Volumen berechnen:**
   Eine gerade quadratische Pyramide hat ein Volumen von 25 cm³ und eine Grundkantenlänge von a = 5 cm. Berechne, wie hoch die Pyramide ist.

b) **Die Länge einer Grundkante bei gegebenem Oberflächeninhalt berechnen:**
   Der Inhalt der Mantelfläche einer geraden quadratische Pyramide beträgt 80 m². Ermittle, wie lang eine Grundseite dieser Pyramide ist, wenn die Höhe einer der Dreiecksseiten der Pyramide 5 m beträgt.

Lösung:

	a)	b)
Ordne gesuchte und gegebene Größen.	Ges.: h Geg.: a = 5 cm; V = 25 cm³	Ges.: a Geg.: A_M = 80 m²; h_a = 5 m
Schreibe eine Formel auf, in der die gesuchte und die gegeben Größen auftreten.	$V = \frac{1}{3} \cdot A_G \cdot h$	$A_M = 4 \cdot A_G$
Stelle die Formel nach der gesuchten Größe um. Ersetze gegebenenfalls weitere Größen durch bekannte Daten.	$h = \frac{3 \cdot V}{A_G}$	$A_M = 4 \cdot \frac{a \cdot h_a}{2} = 2 \cdot a \cdot h_a$ $a = \frac{A_M}{2 \cdot h_a}$
Setze die gegebenen Größen in die Formel ein und berechne die gesuchte Größe.	$h = \frac{3 \cdot 25 \text{ cm}^3}{25 \text{ cm}^2}$ h = 3 cm	$a = \frac{80 \text{ m}^2}{2 \cdot 5 \text{ m}}$ a = 8 m

Aufgaben

1. Eine 20 cm hohe gerade Pyramide hat als Grundfläche ein Rechteck, bei dem eine Seite doppelt so lang wie die andere Seite ist. Das Volumen der Pyramide beträgt 1080 cm³. Berechne den Oberflächeninhalt dieser Pyramide.

2. Stelle die Formel nach den in Klammern gegebenen Größen um.
   a) $A_O = A_M + A_G$; (A_G)
   b) $V = \frac{1}{3} \cdot A_G \cdot h$; (h, A_G)
   c) $A_M = n \cdot A_{Dreieck}$; $(A_{Dreieck})$
   d) $A_O = A_G + 2 \cdot a \cdot h_{Dreieck}$; $(a, h_{Dreieck})$
   e) $V = \frac{1}{3} \cdot a^2 \cdot h$; (h, a)

3. Übertrage die Tabelle ins Heft und fülle sie aus. Die gegebenen Stücke gehören zu einer geraden quadratischen Pyramide.

	a)	b)	c)	d)	e)	f)
a	32 cm		21,0 cm			
s						
h	63 cm					
h_s	65 cm	65 m				
V			19 913,5 cm³		600 m³	
A_G		5184 m²		25 m²	36 m²	
A_M						800 m²
A_O				85 m²		1200 m²

4. Eine Pyramide, deren Oberfläche aus vier gleichseitigen Dreiecken besteht, heißt Tetraeder. Berechne die Kantenlänge eines solchen Tetraeders mit einem Volumen von $V = 100\,m^3$.

5. Klebt man zwei Pyramiden mit kongruenter quadratischer Grundfläche, deren Seitenflächen gleichseitige Dreiecke sind, an den Grundflächen zusammen, entsteht ein Oktaeder. Berechne die Kantenlänge eines solchen Oktaeders mit einem Oberflächeninhalt von $A_O = 100\,m^2$.

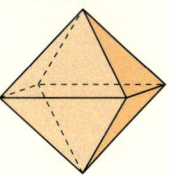

6. Das Volumen einer geraden Pyramide mit quadratischer Grundfläche beträgt 38,22 cm³. Die Grundkante hat eine Länge von 4,2 cm. Berechne die Höhe der Pyramide.

7. Bei einer geraden Pyramide mit quadratischer Grundfläche und der Grundkante a beträgt die Höhe einer Seitenfläche $h_a = 41\,m$ und der Oberflächeninhalt $A_O = 2943\,m^2$. Ermittle alle Kantenlängen der Pyramide.

8. Eine geraden Pyramide mit quadratischer Grundfläche, die vollständig aus Kupfer besteht, hat eine Grundkante $a = 2,5\,cm$ und wiegt 44,6 g. Berechne die Höhe der Pyramide.

Hinweis zu 8:
Dichte von Kupfer:
$8,92\,\frac{g}{cm^3}$

9. Die Überdachung eines Marktstandes muss nach einem Unwetterschaden erneuert werden. Sie besteht aus 3 gleichen Teilen, die jeweils die Form einer quadratischen Pyramide mit einer Grundkantenlänge von 2 m und einer Höhe von 1 m haben. 1 m² des Deckmaterials kostet 19,80 €. Ermittle die Kosten für die Anfertigung eines neuen Dachs.

10. **Forschungsauftrag:** Die Schnittfläche der abgebildeten Pyramide mit einem regelmäßigen Sechseck als Grundfläche (Seitenlänge x) ist ein gleichseitiges Dreieck mit der Seitenlänge 2e. Zeige, dass für das Volumen der Pyramide die Formel $V = 2 \cdot e^3$ gilt.

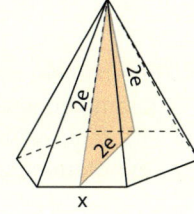

7.5 Zusammengesetzte Körper und Restkörper

■ Svenja will die Bausteine ihres kleinen Bruders in einer 5-Liter-Box aufbewahren. Sie überlegt: Ein Baustein ist etwa 5 cm breit, 6 cm hoch und 4 cm tief. Die insgesamt 56 Bausteine passen nicht alle in die Box.

Was meinst du? Begründe deine Aussage. ■

Viele Gegenstände unserer Umwelt lassen sich in einfachere Objekte zerlegen. Umgekehrt können aus einzelnen (einfachen) Objekten komplexe Gegenstände gebaut werden.
Dies kann helfen, wenn Volumina zusammengesetzter Körper berechnet werden sollen.

> **Wissen: Zusammengesetzte Körper und Restkörper berechnen**
> Beim Ermitteln des Volumens oder des Oberflächeninhalts eines zusammengesetzten Körpers kannst du wie folgt vorgehen:
> – **Zerlege** den Körper gedanklich **in Teilkörper** (geometrische Grundformen).
> – **Berechne einzeln** für jeden der Teilkörper den Oberflächeninhalt oder das Volumen.
> – Ermittle das **Gesamtergebnis**, durch Addieren oder Subtrahieren der Teilergebnisse.
> – **Prüfe**, ob Teilflächen aneinander stoßen oder innerhalb des zusammengesetzten Körpers liegen. Vermindere oder vermehre in solchen Fällen das Gesamtergebnis entsprechend.

Hinweis:
Geometrische Grundformen können sein:

Dreieck, Viereck (Quadrat, Rechteck), Kreis…

Würfel, Quader, Pyramide, Prisma, Kegel, Kreiszylinder …

Berechnungen an zusammengesetzten Körpern

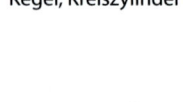

> **Beispiel 1:** Berechne das Volumen und den Oberflächeninhalt der abgebildeten Doppelpyramide. (Maßangaben in Zentimeter)

Lösung:

Zerlege den Körper in Teilkörper.	Der Körper besteht aus zwei zueinander kongruenten Pyramiden.
Berechne das Volumen und den Oberflächeninhalt der Teilkörper.	Grundfläche einer Pyramide: $A_G = 64\,cm^2$ Volumen einer Pyramide: $V = 256\,cm^3$ Oberflächeninhalt einer Pyramide: $A_P \approx 266{,}4\,cm^2$
Ermittle das Gesamtergebnis durch Addition der Teilergebnisse.	$V_{ges} = 2 \cdot V = 512\,cm^3$ $A_{ges} = 2 \cdot A_P \approx 532{,}8\,cm^2$
Prüfe, welche Teilflächen aneinander stoßen und vermindere das Gesamtergebnis. Subtrahiere die gemeinsame Grundfläche der Pyramiden zweimal von der Gesamtoberfläche.	$A_O = A_{ges} - 2 \cdot A_G$ $A_O = 532{,}8\,cm^2 - 2 \cdot 64\,cm^2$ $A_O = 532{,}8\,cm^2 - 128\,cm^2$ $A_O \approx 404{,}8\,cm^2$

Basisaufgaben

1. Interpretiere das Gebäude als zusammengesetzten Körper und erläutere, aus welchen geometrischen Grundformen er besteht.

(1) (2) (3)

7.5 Zusammengesetzte Körper und Restkörper

2. Berechne den Oberflächeninhalt und das Volumen des dargestellten Körpers.
Alle Maße sind in Zentimeter angegeben.

a) 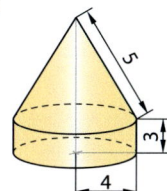 b) 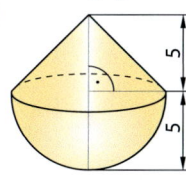 c) 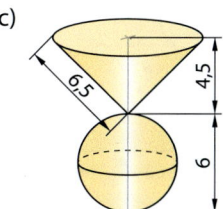 d)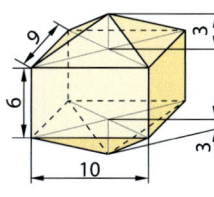

Berechnungen an Restkörpern

Es gibt auch Gegenstände mit Löchern und Ausbuchtungen. Sie bleiben als Restkörper übrig, wenn Körper durchbohrt oder Teile von ihnen entfernt werden. Das Volumen eines Rohres kann somit als Differenz der Volumina zweier Kreiszylinder mit unterschiedlichen Durchmessern aufgefasst werden.

Beispiel 2: Berechne das Volumen und den Oberflächeninhalt des abgebildeten Körpers.

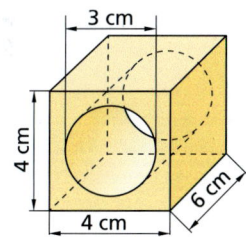

Lösung:

Überlege aus welchem Körper der Restkörper entstanden ist.	Aus einem Quader wurde ein Kreiszylinder herausgebohrt.
Berechne das Volumen der Teilkörper.	Volumen: $V_{Quader} = 96\,cm^3$; $V_{Zylinder} \approx 42{,}4\,cm^3$
Berechne den Oberflächeninhalt der Teilkörper.	Oberflächeninhalt: $A_{O(Quader)} = 128\,cm^2$; $A_{O(Zylinder)} \approx 70{,}7\,cm^2$
Ermittle das Gesamtvolumen durch Subtraktion der Teilergebnisse.	$V_{ges} \approx 53{,}6\,cm^3$
Beim Herausbohren fallen Boden- und Deckelfläche des Zylinder weg. Die Mantelfläche des Zylinders kommt als „innere Oberfläche" dazu.	$A_{Mantel} \approx 56{,}5\,cm^2$ $A_{Deckel} = A_{Boden} \approx 7{,}1\,cm^2$ $A_O = A_{O(Quader)} + A_{Mantel} - 2 \cdot A_{G(Zylinder)}$ $A_O \approx 160{,}3\,cm^2$

Basisaufgaben

3. Der dargestellte Körper ist durch Entfernen von Teilen eines größeren Körpers erzeugt worden. Welche Körper könnten das sein.
Welche Teilkörper wurden dann von diesen entfernt?

a) 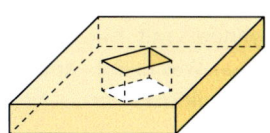 b) 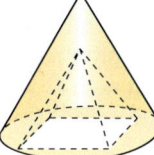 c) 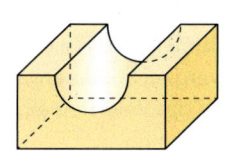 d)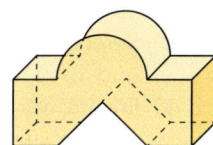

4. Berechne Oberflächeninhalt und Volumen des Körpers. (Angaben in Zentimeter)

a) 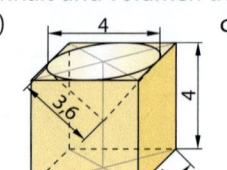 b) 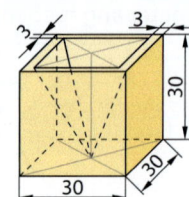 c) 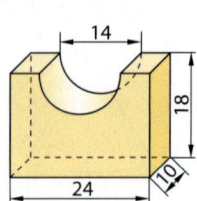 d)

Weiterführende Aufgaben

5. Berechne den Oberflächeninhalt und das Volumen der dargestellten Körper.
(Angaben in Zentimeter)

a) 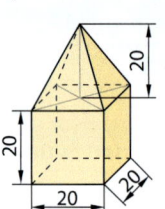 b) 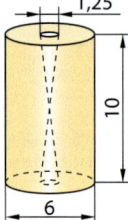 c) 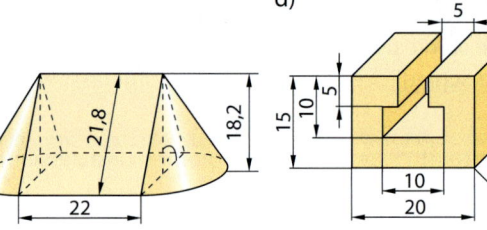 d)

6. Aus einem quaderförmigen Werkstück von 8 cm Länge, 4 cm Breite und 3 cm Höhe wird eine Röhre ausgebohrt. Das Material des entstehenden Restkörpers soll an jeder Stelle mindestens 0,5 cm stark sein.
   a) Wie würdest du die Bohrung für einen möglichst großen Röhrendurchmesser anlegen?
   b) Wie würdest du die Bohrung für eine möglichst große Länge der Röhre anlegen?
   c) Berechne in beiden Fällen Oberflächeninhalt (Volumen) des verbleibenden Restkörpers.

7. **Stolperstelle:** Beurteile die Aussage.
   a) Ein zusammengesetzter Körper hat immer ein größeres Volumen als jeder seiner einzelnen Teilkörper.
   b) Das Volumen eines zusammengesetzten Körpers ist immer gleich der Summe der Volumen aller Teilkörper.
   c) Der Oberflächeninhalt eines zusammengesetzten Körpers ist immer gleich der Summe der Oberflächeninhalte aller Teilkörper.
   d) Der Oberflächeninhalt von einem durch Abtrennen von Teilen entstandenen Restkörper sind immer kleiner als die entsprechenden Größen der Ausgangskörper.

8. **Ausblick:** Für einen schräg abgeschnittenen Kreiszylinder mit den Höhen h_1 und h_2 und dem Grundkreisradius r gilt folgende Volumenformel:

$$V_{schräg} = \pi r^2 \cdot \frac{h_1 + h_2}{2}$$

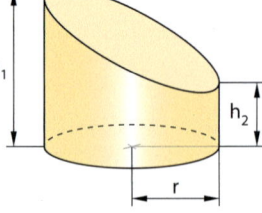

   a) Berechne das Volumen eines solchen Körpers mit $r = 2$ cm, $h_1 = 8$ cm und $h_2 = 3$ cm.
   b) Berechne das Volumen eines (nicht abgeschnittenen) Kreiszylinders mit $r = 2$ cm und $h = 11$ cm. Vergleiche das Ergebnis mit dem Ergebnis aus a). Was fällt dir auf?
   c) Erkläre, warum für das Volumen eines schräg abgeschnittenen Zylinders die angegebene Formel gilt.

7.6 Vermischte Aufgaben

1. Sucht Objekte in eurer Umgebung, die die Form geometrischer Körper (Prisma, Zylinder, Kegel, Pyramide, Kugel) haben. Dokumentiert die Ergebnisse mit Zeichnungen oder Fotos.

2. a) Wie verändert sich das Volumen eines Kreiskegels, wenn sich seine Höhe verdoppelt (verdreifacht), seine Grundfläche aber gleich bleibt?
   b) Wie verändert sich die Grundfläche eines Kreiskegels, wenn sich seine Höhe verkleinert, sein Volumen aber gleich bleibt?

3. Gegeben sind sechs Figuren mit gleichen Abmessungen. Die Breite, die Höhe und die Tiefe betragen bei allen Figuren jeweils 5 cm.
   a) Prüfe, welche der folgenden Aussagen wahr sind:
      (1) *Körper B, C und D sind keine Prismen.*
      (2) *Körper E passt durch keine kreisförmige Öffnung, durch die Körper F gerade noch so hindurchpasst.*
      (3) *Die Volumina der Körper B, D und E können mit der Formel $V = A_G \cdot h$ berechnet werden.*
   b) Skizziere von den Körpern A, B, C, D und E die in eine Ebene abgewickelte Mantelfläche.
   c) Berechne von jedem Körper das Volumen und den Oberflächeninhalt.

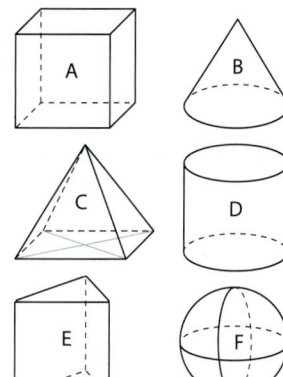

4. Übertrage die Tabelle ins Heft und berechne die gesuchten Größen für Kreiszylinder. Runde deine Ergebnisse sinnvoll.

r	d	u	A_G	h	A_M	A_O	V
0,5 cm				12 cm			
18 dm				75 dm			
27 mm				4,8 cm			
	12 mm						120 cm³
	1,50 m			$\frac{3}{4}$ m			
	5 cm					25 cm²	

5. Berechne den Oberflächeninhalt und das Volumen des Kreiszylinders. Entnimm die Maße der Zeichnung.

a)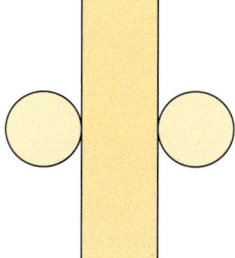

b)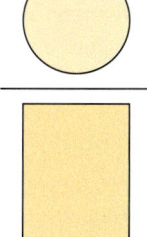

c)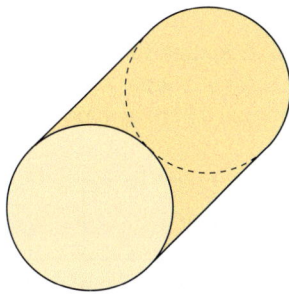

7. Ein Pralinenhersteller produziert kugelförmige und kegelförmige Pralinen. Beide Sorten haben gleiche Durchmesser d = 18 mm. Die Höhe der kegelförmigen Praline beträgt das Doppelte ihres Durchmessers.
   a) Betrachte die beiden Pralinen und schätze, welche das größere Volumen hat.
   b) Berechne jeweils das Volumen und vergleiche das Ergebnis mit deiner Schätzung aus a).
   c) Wie hoch müsste die kegelförmige Praline sein, um das doppelte Volumen der kugelförmigen Praline zu haben?
   d) Stelle beide Pralinensorten in einer geeigneten Lage im Zweitafelbild dar.

8. Eine Kugel soll das gleiche Volumen wie ein Kreiskegel mit einem Grundkreisradius von 8 cm und einer Höhe von 6,2 dm haben. Berechne den Durchmesser der Kugel.

9. Berechne den Radius und den Durchmesser einer Kugel.
   a) das Volumen beträgt 1 dm³
   b) der Oberflächeninhalt beträgt 10 m²

10. Berechne den Oberflächeninhalt einer Kugel mit einem Volumen von 200 cm³.

11. Aus einem tropfenden Wasserhahn fällt alle 10 s ein kugelförmiger Wassertropfen von ungefähr 3 mm Durchmesser. Berechne, wie viel Liter Wasser täglich (24 h) verloren gehen.

12. Nimm an, dass unsere Erde unser Mond näherungsweise kugelförmig sind.
    a) Informiere dich über die Durchmesser der beiden Himmelskörper.
    b) Welches Verhältnis bilden die Durchmesser von Erde und Mond? Verwende gerundete Werte.
    c) Welches Verhältnis bilden die Oberflächeninhalte von Erde und Mond?
    d) Welches Verhältnis bilden die Volumina von Erde und Mond?

13. Um wie viel Prozent nimmt das Volumen (der Oberflächeninhalt) des Körpers ab oder zu?
    a) Der Radius einer Kugel wird um 25 % kleiner (um 20 % größer).
    b) Der Grundkreisdurchmesser (die Höhe) eines Zylinders (Kegels) wird um 50 % kleiner (10 % größer).

14. Die abgebildete Regentonne hat ein Fassungsvermögen von 200 Liter, die Zisterne von 7600 Liter.
    a) Berechne die Höhe der Regentonne und den Durchmesser der Zisterne.
    b) Verdeutliche die Größenverhältnisse der beiden Behälter in einer Skizze.

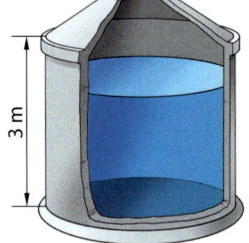

15. Gegeben sind die Grundrisse von vier Prismen und einem Zylinder. Berechne, wie viel Zentimeter jeder Körper hoch sein muss, damit er ein Volumen von 90 cm³ hat. Ein Kästchen soll 0,5 cm lang und 0,5 cm breit sein.

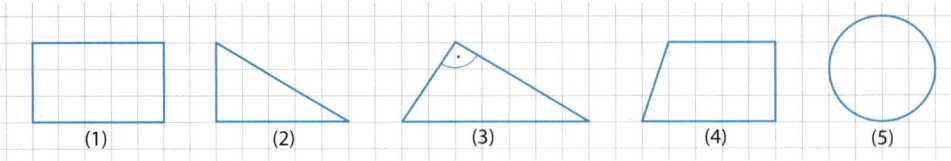

7.6 Vermischte Aufgaben

16. Stelle jeweils eine Formel für die Berechnung des Volumens und des Oberflächeninhalts der abgebildeten Körper auf.

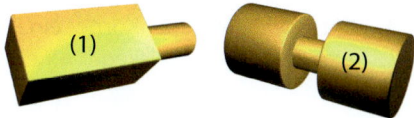

17. Unsere Sonne hat etwa einen Durchmesser von etwa 1,4 Mio km. Die Erde ist dagegen mit einem Durchmesser von etwa 13 000 km vergleichsweise klein.

– Zeichne maßstabsgetreue Ansichten der beiden Himmelskörper.

– Wie oft würde die Erde volumenmäßig in die Sonne passen?

– Stell dir vor, man könnte mit einem Auto, das $120 \frac{km}{h}$ fährt, einmal um die Erde und auch um die Sonne fahren. Berechne, wie lange das jeweils dauern würde. Berechne auch, wie lange es dauern würde, wenn man mit einem $2500 \frac{km}{h}$ schnellen Düsenjet in 10 km Höhe unterwegs wäre?

– Etwa 70 % der Erdoberfläche sind mit Wasser bedeckt. Seit 1993 steigt der Meeresspiegel durchschnittlich um 3,2 mm pro Jahr. Formuliere anhand dieser Daten eine passende Aufgabe und löse diese.

18. Die abgebildete quadratische Pyramide wurde durch einen zur Grundfläche parallelen Schnitt in halber Höhe in zwei Teilkörper zerlegt. Skizziere die beiden Teilkörper im Zweitafelbild und berechne den Anteil, den jeder Teilkörper am Volumen der Ausgangspyramide hat.

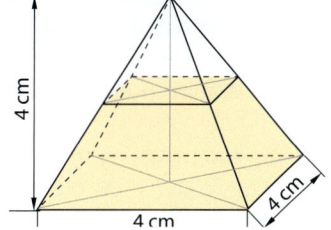

19. In der abgebildeten Schneehütte kann eine Person mit einer Körperhöhe von 1,75 m bequem stehen.
a) Zeichne von der Schneehütte mit Eingang ein Zweitafelbild im Maßstab 1 : 100.
b) Prüfe, ob die Hütte auf einer quadratischen Fläche von 10 m² Platz hätte.
c) Berechne, wie viel Quadratmeter Plane zum Abdecken der Hütte erforderlich sind.

20. Gegeben sind Graphen, die die Abhängigkeit der Füllhöhe von der Zeit beim Füllen von zusammengesetzten Hohlkörpern mit Wasser zeigen. Beschreibe mögliche Körperformen.

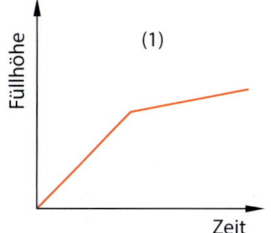
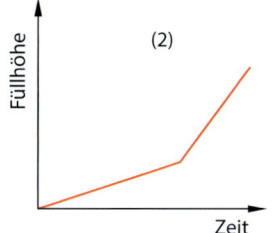
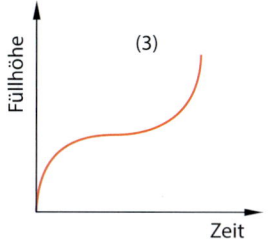

Prüfe dein neues Fundament

Lösungen ↗ S. 218

1. Entscheide, welcher Körper ein Prisma, eine Pyramide, ein Würfel, ein Kreiszylinder, ein Quader, ein Kreiskegel, eine Kugel ist. Begründe deine Aussage.

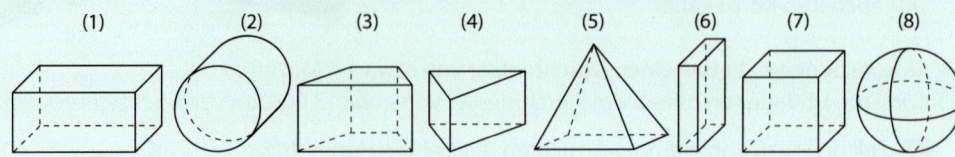

a) Ordne jede Volumenformel einem der Körper zu.
b) Skizziere die Körper und markiere in der Skizze die in der Formel auftretenden Größen.

Hinweis:
h_K ist jeweils die Höhe des Körpers

$V = A_G \cdot h_K$	$V = \frac{(a+c)}{2} \cdot h_a \cdot h_K$	$V = \pi r^2 \cdot h_K$	$V = \frac{a \cdot b}{3} \cdot h_K$	$V = \frac{\pi}{6} \cdot r^3$
$V = l \cdot b \cdot h_K$	$V = \frac{4}{3} \pi \cdot r^3$	$V = \frac{g \cdot h_g}{2} \cdot h_K$	$V = \frac{\pi}{4} d^2 \cdot h_K$	$V = a^3$

c) Gib für jeden Körper eine Formel zur Berechnung des Oberflächeninhaltes an. Schreibe die Formel so detailliert wie möglich auf.

2. Berechne Volumen und Oberflächeninhalt des Körpers (Maßangaben in Millimeter).

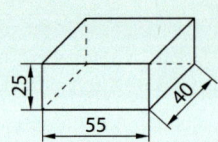 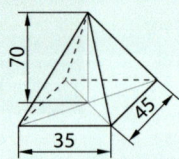 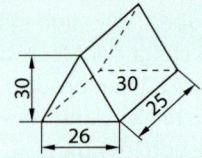 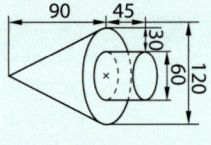

3. Von einem Kreiszylinder sind der Grundflächenradius r (der Grundflächendurchmesser d) und die Höhe h bekannt. Berechne sein Volumen und seinen Oberflächeninhalt.
   a) $r = 3\,cm$; $h = 4\,cm$ b) $d = 5{,}0\,cm$; $h = 3\,cm$ c) $r = 4{,}5\,cm$; $h = 2{,}5\,cm$

4. Von einem Kreiszylinder ist der Oberflächeninhalt A_O und der Grundflächenradius r bekannt. Berechne die Höhe h des Zylinders.
   a) $A_O = 2500\,cm^2$; $r = 10\,cm$ b) $A_O = 1345\,m^2$; $r = 3{,}5\,m$ c) $A_O = 392{,}7\,dm^2$; $r = 5\,dm$

5. Von einem Kreiskegel sind der Grundflächenradius r (der Grundflächendurchmesser d) und die Höhe h bekannt. Berechne sein Volumen und seinen Oberflächeninhalt.
   a) $r = 3\,m$; $h = 7\,m$ b) $d = 12\,cm$; $h = 8\,cm$ c) $d = 7\,dm$; $h = 7\,dm$

6. Von einem Kreiskegel ist das Volumen V und eine der Größen r oder h bekannt. Ermittle die unbekannte Größe (r bzw. h).
   a) $V = 6\,cm^3$; $r = 1\,cm$ b) $V = 13\,000\,mm^3$; $r = 45\,mm$
   c) $V = 14\,m^3$; $h = 3\,m$ d) $V = 10\,m^3$; $h = 10\,m$

7. Berechne, wie viel Quadratmeter Folie für die Produktion eines kugelförmigen Ballons mit einem Durchmesser $d = 6{,}30\,m$ mindestens benötigt werden.

8. Ein dreiseitiges Prisma mit einem Volumen $V = 22{,}19\,cm^3$ hat als Grundfläche ein gleichschenklig-rechtwinkliges Dreieck mit einer Kathetenlänge $a = 2{,}5\,cm$.
   a) Fertige eine Planfigur an.
   b) Berechne die Höhe des Prismas. Gib das Endergebnis mit einer Stelle nach dem Komma an.

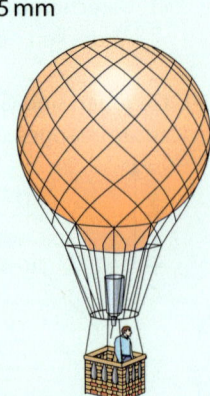

Prüfe dein neues Fundament

9. Ein kugelförmiger Gasbehälter mit einem Fassungsvermögen von etwa 4000 m³ soll innen mit einer Schutzschicht versiegelt werden.
   a) Berechne, wie groß der Innendurchmesser des Behälters ist.
   b) Gib an, wie viel Quadratmeter Innenfläche zu versiegeln sind.

10. Ein Werkstück aus Stahl besteht aus einem Kreiskegel, einem Zylinder und einer Halbkugel (siehe Skizze).
    Die Dichte von Stahl beträgt $7{,}85 \frac{g}{cm^3}$.
    a) Berechne, wie schwer ein solches Werkstück ist.
    b) Schätze und begründe, ob du eine Kiste mit 100 solcher Werkstücke heben kannst.

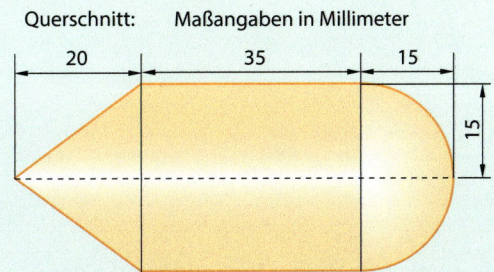

Wiederholungsaufgaben

1. Ordne die Maßangaben den Größen zu.

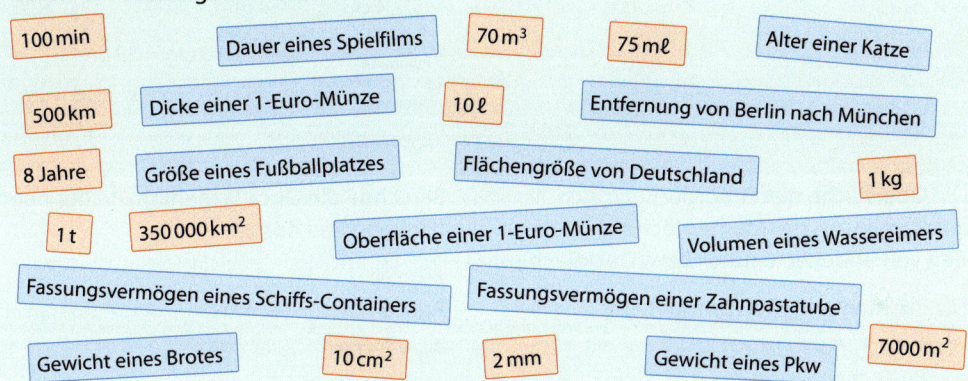

2. Ein Energieversorgungsunternehmen verlangt von seinen Gaskunden 3,50 € als Grundgebühr im Monat und 7,3 ct pro verbrauchte Kilowattstunde (KWh). Berechne, wie hoch die Gasrechnung im Monat Dezember ist, in dem 280 KWh verbraucht wurden.

3. Im Dreieck ABC ist $\gamma = 90°$, w_β ist die Winkelhalbierende von β.
   Berechne die Größe der Winkel α und β.

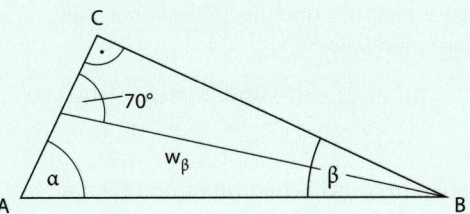

4. Beim Kauf eines Gebrauchtwagens werden 30% angezahlt. Dies sind 4 200 €. Berechne den Kaufpreis des Fahrzeugs.

Zusammenfassung

7. Körperberechnung

Volumen von Prisma und Kreiszylinder

Das **Volumen V** eines **Prismas** und eines **Kreizylinders** ist das Produkt aus Grundfläche A_G und Höhe h.
Es gilt:
$$V = A_G \cdot h$$

Berechne das Volumen der dargestellten Körper.

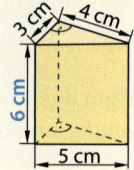 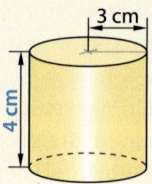

$V_{Prisma} = \frac{3\,cm \cdot 4\,cm}{2} \cdot 6\,cm = 36\,cm^3$

$V_{Kreiszylinder} = \pi \cdot (3\,cm)^2 \cdot 4\,cm = 36\,\pi\,cm^3$

$V_{Kreiszylinder} \approx 113\,cm^3$

Volumen von Pyramide und Kreiskegel

Das **Volumen V** einer **Pyramide** und eines **Kreiskegels** ist ein Drittel des Produktes aus Grundfläche A_G und Höhe h.
Es gilt:
$$V = \frac{1}{3} \cdot A_G \cdot h$$

Berechne das Volumen der dargestellten Körper.

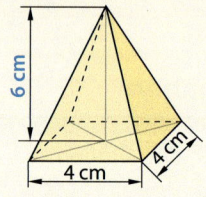 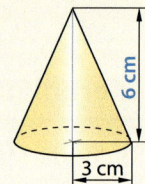

$V_{Pyramide} = \frac{1}{3} \cdot (4\,cm)^2 \cdot 6\,cm = 32\,cm^3$

$V_{Kreiskegel} = \frac{1}{3} \cdot \pi \cdot (3\,cm)^2 \cdot 6\,cm = 18\,\pi\,cm^3$

$V_{Kreiskegel} \approx 57\,cm^3$

Oberflächeninhalt von Prisma, Kreiszylinder Pyramide und Kreiskegel

Die **Oberfläche** dieser Körper setzt sich zusammen aus der **Mantelfläche** und den vorhandenen **Grund- bzw. Deckflächen**.

Für **Prismen** und **Kreiszylinder** gilt:
$$A_O = 2 \cdot A_G + A_M$$

Für **Pyramiden** und **Kreiskegel** gilt:
$$A_O = A_G + A_M$$

Treten **rechtwinklige Dreiecke** auf, kann der **Satz des Pythagoras** genutzt werden. Für die Höhe einer quadratischen Pyramide h, die Höhe einer Pyramidenseitenfläche h_s, die Grundkante a und die Seitenkante s gilt beispielsweise:

$$h_s^2 = \left(\frac{a}{2}\right)^2 + h^2 \quad \text{und} \quad s^2 = \left(\frac{a}{2}\right)^2 + h_s^2$$

Berechne die Oberflächeninhalte der oben dargestellten Körper.

Prisma:
$A_O = 2 \cdot \frac{3\,cm \cdot 4\,cm}{2} + 6\,cm \cdot (3+4+5)\,cm$
$A_O = 84\,cm^2$

Kreiszylinder:
$A_O = 2 \cdot \pi \cdot (3\,cm)^2 + 2\,\pi \cdot 3\,cm \cdot 4\,cm$
$A_O = 42\,\pi\,cm^2 \approx 132\,cm^2$

Quadratische Pyramide:
$A_O = (4\,cm)^2 + 4 \cdot 4 \cdot \frac{\sqrt{40}}{2}\,cm^2$
$A_O = 16\,cm^2 + 8 \cdot \sqrt{40}\,cm^2 \approx 67\,cm^2$

Kreiskegel:
$A_O = \pi \cdot (3\,cm)^2 + 3 \cdot 6\,\pi\,cm^2$
$A_O = 27\,\pi\,cm^2 \approx 85\,cm^2$

Oberflächeninhalt und Volumen einer Kugel

Für den **Oberflächeninhalt** und für das **Volumen** einer **Kugel** mit dem Radius r und dem Durchmesser d gilt:

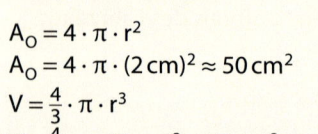

Berechne den Oberflächeninhalt und das Volumen einer Kugel mit r = 2 cm.

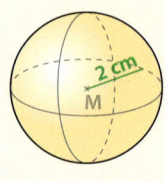

$A_O = 4 \cdot \pi \cdot r^2$
$A_O = 4 \cdot \pi \cdot (2\,cm)^2 \approx 50\,cm^2$
$V = \frac{4}{3} \cdot \pi \cdot r^3$
$V = \frac{4}{3} \cdot \pi \cdot (2\,cm)^3 \approx 34\,cm^3$

8. Aufgabenpraktikum (Teil 2)

„Die Natur spricht die Sprache der Mathematik:
Die Buchstaben dieser Sprache sind Dreiecke,
Kreise und andere mathematische Figuren."
Das sagte Galileo Galilei (1564 bis 1642),
ein italienischer Mathematiker und Physiker.
In diesem Aufgabenpraktikum stehen geometrische
Körper und ihre Zusammensetzungen im Mittelpunkt,
die als Modelle für zahlreiche reale Objekte dienen.

Mathematisch modellieren

■ In unserer Umgebung finden wir viele Gegenstände, deren Formen mithilfe geometrischer Körper beschrieben werden können. So lassen sich Größen solcher Gegenstände wie beispielsweise Längen, Oberflächeninhalte und Rauminhalte berechnen. Dazu können geometrische Körper als Modelle für reale Objekte genutzt werden. Orientiert euch dabei an den folgenden Hinweisen. ■

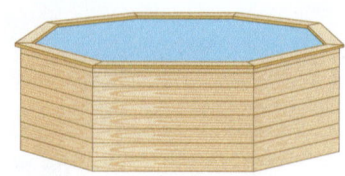

Der abgebildete Swimmingpool ist 1160 mm hoch und jede Seitenkante ist 2000 mm lang. Der Abstand zweier parallel gegenüberliegender Seitenkanten beträgt 4828 mm. Es soll berechnet werden, wie viel Liter Wasser zum vollständigen Befüllen benötigt werden.

Geometrische Objekte erkennen und Aufgabe in der Sprache der Mathematik formulieren

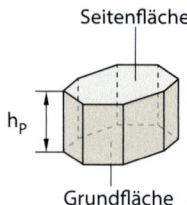

– **Beschreibe** und identifiziere die **Form** realer Objekte. Verwende dazu Begriffe für **geometrische Figuren** der **Ebene** (wie Dreieck, Viereck, Kreis) oder des **Raumes** (wie Quader, Prisma, Zylinder, Kreiskegel).

Ein mathematisches Modell für den Pool ist ein regelmäßiges achtseitiges Prisma: Die Grundfläche hat die Form eines Achtecks. Die Seitenflächen sind acht gleich große Rechtecke.

– Gib die **gesuchte(n) Größe(n)** in mathematischer Sprache an.

Gesucht ist das Volumen des Prismas. Passende Einheiten sind: m^3; dm^3; Liter

Aufgabe im mathematischen Modell lösen

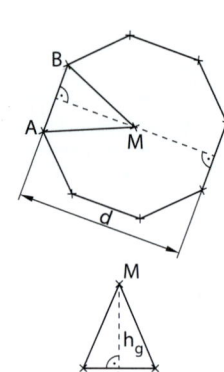

– Wähle geeignete **Formeln** zum Berechnen der gesuchten Größe(n) aus.

Volumen eines Prismas: $V = A_G \cdot h_P$

– Stelle fest, welche Größe(n) gegeben und welche noch zu ermitteln sind. Gehe gegebenenfalls schrittweise vor.

h_P ist bekannt, A_G ist zu ermitteln. A_G lässt sich in 8 zueinander kongruente gleichschenklige Dreiecke zerlegen: $A_G = 8 \cdot A_D$ mit $A_D = \frac{1}{2} \cdot g \cdot h_g$

– Gib alle in den Formeln auftretenden und gegebenen Größen an und achte darauf, dass die vorkommenden Einheiten zueinander passen.

$h_P = 11{,}6\,dm$; $g = 20{,}0\,dm$; $d = 48{,}28\,dm$
$h_g = \frac{d}{2} = 24{,}14\,dm$

– Führe die **Rechnung** durch.

$V = A_G \cdot h_P = 8 \cdot \frac{1}{2} \cdot g \cdot h_g \cdot h_P = 4g \cdot h_g \cdot h_P$
$V = 4 \cdot 20{,}0\,dm \cdot 24{,}14\,dm \cdot 11{,}6\,dm$
$V = 22\,401{,}92\,dm^3$

Ermittelte Ergebnisse auf den realen Sachverhalt übertragen

– Überlege, mit welcher **Einheit** und mit welcher **Genauigkeit** das Ergebnis bezüglich des Sachverhalts anzugeben ist.

Die Einheiten m^3 oder Liter geeignet. Es genügt eine Genauigkeit mit drei Ziffern: $22{,}4\,m^3$ oder 22 400 Liter

– **Prüfe**, ob das Ergebnis mit den Alltagserfahrungen oder mit einer Abschätzung, beispielsweise unter Verwendung eines gröberen mathematischen Modells, verträglich ist.

Ein Quader mit quadratischer Grundfläche (5 m mal 5 m) und Höhe (1 m) entspricht etwa der Größe dieses Pools und hat ein Volumen von $25\,m^3$. Das Ergebnis ist damit verträglich.

– Formuliere einen **Antwortsatz** zur Aufgabe.

Es werden etwa 22 400 Liter Wasser benötigt.

Mathematisch modellieren

Grundlegendes

Die Aufgaben erfordern grundlegende Kenntnisse und Fähigkeiten.

Aufgabenmix zu „Ähnlichkeit"

1. a) Gib die Streckenverhältnisse an.
      Entnimm die Maße der Abbildung:
      (1) $\overline{AB} : \overline{AC}$ (2) $\overline{CG} : \overline{BD}$
      (3) $\overline{AC} : \overline{CF}$ (4) $\overline{AB} : \overline{BI}$
   b) Gib unter Verwendung der gegebenen Punkte zwei Figuren an, die zu den gegebenen Figuren ähnlich sind und begründe.
      (1) Dreieck ECF
      (2) Viereck ACHG

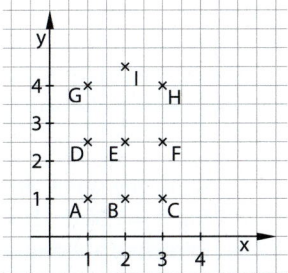

2. a) Miss die Länge und Breite eines DIN-A4-Blattes und stelle es im Maßstab 1:5 dar.
   b) Jens behauptet, dass sich der Flächeninhalt eines solchen Blattes zum Flächeninhalt der 1:5-maßstäblichen Darstellung ebenfalls im Verhältnis 1:5 verhält. Prüfe, ob Jens recht hat.

3. Übertrage das nebenstehende Viereck ABCD ins Heft und zeichne das Bild bei einer zentrischen Streckung mit dem Streckungszentrum Z und dem Streckungsfaktor k.

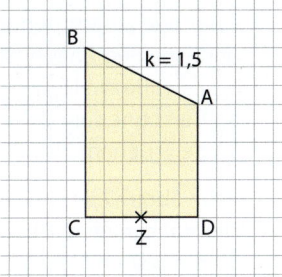

4. Die Längenausdehnung eines Sees mit den Maßen der nebenstehenden Abbildung soll ermittelt werden (Abbildung nicht maßstäblich):
   a) Ermittle die Länge x durch eine maßstäbliche Zeichnung.
   b) Berechne die Länge x.
   c) Untersuche, ob alle Messungen erforderlich waren.

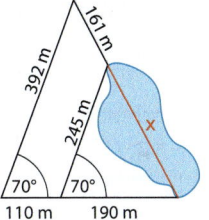

Aufgabenmix zu „Satzgruppe des Pythagoras"

1. Gegeben sind zwei Dreiecke ACE und ACD.
   a) Gib an, welche Strecke im jeweiligen Dreieck Hypotenuse ist und welche Strecken Katheten sind.
   b) Stelle für jedes dieser Dreiecke die Gleichungen nach dem Satz des Pythagoras, dem Höhensatz und dem Kathetensatz auf.

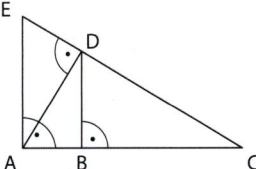

2. a) Berechne die fehlenden Größen für ein Dreieck ABC mit $\gamma = 90°$. Runde auf Zehntel.
   b) Berechne für die in (1) gegebenen Größen die Höhe h_c sowie die zugehörigen Hypotenusenabschnitte.

	a	b	c	u	A
(1)	4,3 cm		6,8 cm		
(2)	3,5 m				9,8 m²
(3)	4,9 dm	7,3 dm		21,0 dm	

3. Von einem Rechteck sind die Längen einer Seite mit 5 m und einer Diagonalen mit 13 m bekannt. Berechne Flächeninhalt und Umfang dieses Rechtecks.

4. Sebastian lässt einen Drachen so hoch steigen, wie es die 55 m lange Schnur zulässt. Jürgen sieht den Drachen genau senkrecht über sich und steht von Sebastian 57 Schritte von je 0,8 m Länge entfernt. Berechne die Höhe des Drachens (der Durchhang der Drachenschnur wird vernachlässigt).

8. Aufgabenpraktikum (Teil 2)

Hinweis:
Alle Körper auf dieser Seite sind gerade Körper.

Aufgabenmix zu „Prismen und Pyramiden"

1. Erkläre am Beispiel einer quadratischen Pyramide, welcher Unterschied zwischen der Höhe dieser Pyramide und der Höhe einer Seitenfläche dieser Pyramide besteht.

2. Berechne das Volumen und den Oberflächeninhalt eines Prismas (einer Pyramide). Der Körper hat eine rechteckige Grundfläche mit den Seitenlängen 18,0 cm und 9,0 cm sowie eine Höhe von 12,0 cm.

3. a) Beschreibe den abgebildeten Körper.
   b) Berechne sein Volumen und seinen Oberflächeninhalt für: $a = 7{,}3$ cm; $b = 9{,}5$ cm; $h = 3{,}8$ cm und $c = 34{,}0$ cm
   c) Berechne a, wenn der Körper ein Volumen von 90 cm^3 hat und folgende Längen bekannt sind: $b = 4$ cm; $h = 3$ cm und $c = 10$ cm

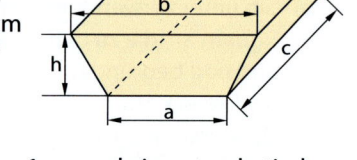

Hinweis zu 4a:
Berechne vor dem Zeichnen des Netzes die Seitenflächenhöhe der Pyramide.

4. Ein Körper sei aus einem Quader mit $a = b = 2$ cm und $c = 1$ cm und einer quadratischen Pyramide zusammengesetzt. Die Pyramide ist 1,5 cm hoch. Die Grundfläche der Pyramide und eine Begrenzungsfläche des Quaders sind gleich.
   a) Zeichne ein Netz des zusammengesetzten Körpers.
   b) Berechne sein Volumen und seinen Oberflächeninhalt. Runde die Ergebnisse gegebenfalls auf Zehntel.

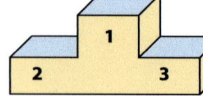

5. Beim abgebildeten Siegerpodest ist jede Treppenstufe 60 cm tief und 80 cm breit. Die Höhe jeder der beiden äußeren Stufen beträgt 40 cm. Die mittlere Stufe ist 30 cm höher als die beiden äußeren Stufen.
   Alle Seitenflächen sollen gelb gestrichen werden. Pro Quadratmeter werden dazu 120 ml Farbe benötigt. Ermittle, wie viel Liter Farbe mindestens benötigt werden.

Aufgabenmix zu „Kreiszylinder, Kreiskegel und Kugel"

1. Berechne das Volumen und den Oberflächeninhalt des Körpers.
   a) Kreiszylinder mit $r = 1{,}00$ dm und $h = 1{,}00$ dm
   b) Kreiskegel mit $r = 1{,}00$ dm und $h = 1{,}00$ dm
   c) Kugel mit $d = 1{,}00$ dm

Hinweis zu 2 und 3:
Es gibt dafür zwei Möglichkeiten.

2. Aus einem DIN-A4-Blatt (29,6 cm x 21,0 cm) soll eine Röhre mit Kleberand von 1,0 cm gebastelt werden. Berechne das Volumen der Röhre.

3. Die Katheten eines rechtwinkligen Dreiecks sind 6,8 cm und 11,8 cm lang. Berechne jeweils das Volumen des Kreiskegels, der beim Drehen des Dreiecks um eine Kathete entsteht.

4. Eine Kugel und ein Würfel haben jeweils einen Oberflächeninhalt von 1 m^2. Untersuche, welcher Körper das größere Volumen hat.

5. Der abgebildete Gasbehälter hat eine Gesamtlänge von 3,20 m und einen Durchmesser von 1,20 m. Ein Modell für diesen Behälter ist ein Kreiszylinder mit zwei Halbkugeln.
   a) Stelle den Behälter im Zweitafelbild in einem geeigneten Maßstab dar.
   b) Der Behälter soll gestrichen werden. Für 9 m^2 benötigt man rund 1 kg Farbe. Berechne, wie viel Kilogramm Farbe dafür etwa benötigt werden.
   c) Berechne das Fassungsvermögen des Behälters. Die Wanddicke bleibt unberücksichtigt.

Mathematisch modellieren

Aufgabenmix zu „Begriffe aus der Geometrie"

1. Auf dem Zettel stehen Formeln zur Volumen- und Oberflächenberechnung von Körpern. Ordne den Formeln passende Körper zu. Stelle dies in einer Übersicht dar.

2. Ordne die Begriffe in zwei Gruppen. Gib das Ordnungsprinzip an:
   a) Quader; Quadrat; Kreis; Kegel; Trapez; Kreiszylinder; Würfel; Rechteck; Prisma; Parallelogramm; Pyramide
   b) Umfang; Oberflächeninhalt; Flächeninhalt; Volumen
   c) Kathete; Basis; Radius; Hypotenuse; Seitenhalbierende; Sehne; Durchmesser; Schenkel
   d) Kreiszylinder; Würfel; Kugel; Prisma; Pyramide; Kreiskegel; Quader

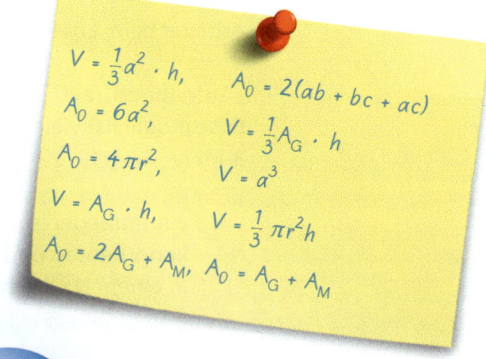

$V = \tfrac{1}{3}a^2 \cdot h,$ $A_O = 2(ab + bc + ac)$
$A_O = 6a^2,$ $V = \tfrac{1}{3} A_G \cdot h$
$A_O = 4\pi r^2,$ $V = a^3$
$V = A_G \cdot h,$ $V = \tfrac{1}{3} \pi r^2 h$
$A_O = 2A_G + A_M,$ $A_O = A_G + A_M$

3. Erkläre an selbst gewählten Beispielen den Bedeutungsunterschied der Worte „einander ähnlich sein" im Alltag und in der Mathematik.

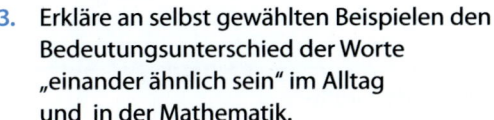

Bedächtig kommt einher geschritten, **vier Drittel Pi** mal **r zur Dritten.**

4. Formuliere die bestehenden Zusammenhänge zwischen Prisma, Würfel und Quader. Benutze dazu Wendungen wie „Jedes/r ... ist ein ..." oder „Nicht jeder ... ist ein ...".

Aufgabenmix zu „Mathematisch modellieren"

1. Übernimm die Tabelle ins Heft und fülle sie sinnvoll aus.

Gegenstand/Sachverhalt	Mathematisches Modell
Postpaket	
Querschnitt eines Schlauches	
Sechseckiger Pflasterstein	
Container auf Lkw	
Angespitzter runder Bleistift	
	Pyramide
	Kreiskegel

2. Gib jeweils ein mögliches mathematisches Modell an.

Fenster	Leiter an Wand	Farbbüchse	Kirchturm

3. In einer Zeitung stand:
   Ein vor der portugiesischen Küste auf Grund gelaufener Tanker verseuchte den Atlantik mit 30 Millionen Liter Öl. Der Ölteppich bedeckte eine Fläche von 330 km².

   Gib zur Ermittlung der Dicke des Ölteppichs zwei geeignete mathematische Modelle an, berechne jeweils die Dicke des Ölteppichs und vergleiche die Ergebnisse.

Überall Geometrie

Arbeitet beim Lösen selbstständig. Vergleicht dann eure Ergebnisse und Argumentationen.

„Aufgabenturm"

Löse möglichst viele Aufgaben. Du kannst in jeder Höhe beginnen. Die Aufgaben werden vom 3-Meter-Brett bis zum 10-Meter-Brett anspruchsvoller.

1. Ein Tetraeder ist eine dreiseitige Pyramide mit vier zueinander kongruenten und gleichseitigen Dreiecken als Begrenzungsflächen. In einem Nachschlagewerk steht als Volumenformel:
   $V = \frac{1}{12} \cdot a^3 \cdot \sqrt{2}$ (a ist die Kantenlänge des Tetraeders).
   Leite diese Volumenformel her.

   Hinweis: Die Höhen im gleichseitigen Dreieck schneiden einander im Verhältnis 1 : 2.

---

1. In einen Würfel mit der Kantenlänge von 20 cm ist der größtmögliche gerade Kreiszylinder einbeschrieben. Berechne, um wie viel Prozent das Volumen des Würfels größer ist als das des Zylinders.

2. Gegeben ist das Netz eines Kreiszylinders. Berechne sein Volumen und seinen Oberflächeninhalt.
   Entnimm dazu die benötigten Maße dem nebenstehenden Netz.

---

1. Ein 3,6 dm hoher Kreiskegel aus Stahl (Dichte von 7,9 $\frac{g}{cm^3}$) wiegt 5,7 kg. Berechne den Umfang der Grundfläche.

2. Ein Indianer-Spielzelt ohne Boden hat die Form einer geraden Pyramide mit quadratischer Grundfläche. Das Zelt ist 1,30 m hoch und eine Seite der Grundfläche 0,80 m lang. Berechne, wie viel Meter Stoff für die Herstellung benötigt werden, wenn 15 % für Verschnitt und Nähte eingeplant werden.

---

1. Berechne die Länge der unzugänglichen Strecke in nebenstehender Abbildung.

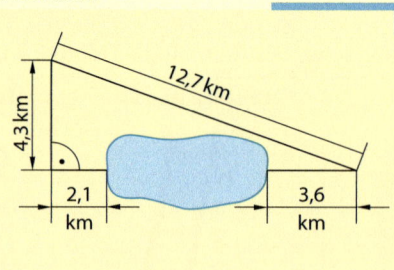

2. Ein gerades (8,5 cm hohes) Prisma hat als Grundfläche ein gleichschenklig rechtwinkliges Dreieck.
   Die Schenkellänge beträgt 5,0 cm.
   Berechne das Volumen und den Oberflächeninhalt dieses Prismas.

3. Prüfe, ob es einen Würfel gibt, dessen Volumenmaßzahl gleich der Maßzahl für den Oberflächeninhalt ist. Gib gegebenenfalls die Kantenlänge des Würfels an.

4. Ein gerader Kreiskegel ist 50 cm hoch und seine Grundfläche hat einen Umfang von 132 cm. Berechne das Volumen und den Oberflächeninhalt des Kreiskegels.

„Geometrie im Gelände"

1. Erkläre, wie man im Gelände mithilfe einer 12-Knoten-Schnur, bei der die Abstände zwischen zwei benachbarten Knoten stets gleich groß sind, einen rechten Winkel abstecken kann.

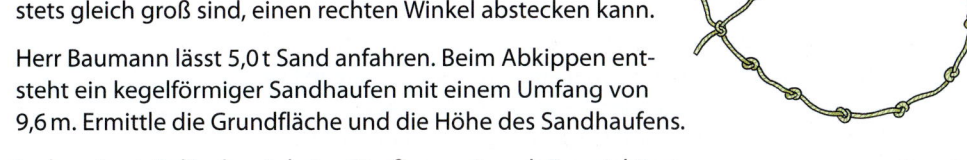

2. Herr Baumann lässt 5,0 t Sand anfahren. Beim Abkippen entsteht ein kegelförmiger Sandhaufen mit einem Umfang von 9,6 m. Ermittle die Grundfläche und die Höhe des Sandhaufens.

3. Im bergigen Gelände wird eine Straße von A nach E projektiert. Sie soll gleichmäßig ansteigen. Die Skizze zeigt einen Geländeschnitt.
   Bekannt sind: $\overline{AC} = 182{,}0\,m$; $\overline{AB} = 159{,}8\,m$
   $\overline{CE} = 23{,}5\,m$; $\overline{BP} = 21{,}5\,m$
   Berechne, wie viel Meter Punkt D der projektierten Straße unter dem Geländepunkt P liegt.

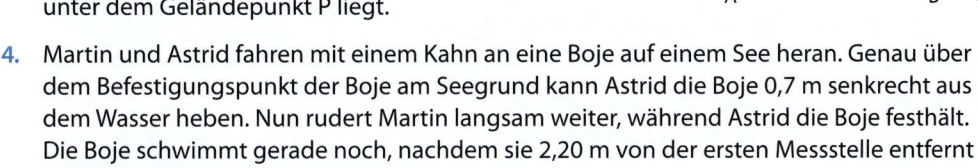

4. Martin und Astrid fahren mit einem Kahn an eine Boje auf einem See heran. Genau über dem Befestigungspunkt der Boje am Seegrund kann Astrid die Boje 0,7 m senkrecht aus dem Wasser heben. Nun rudert Martin langsam weiter, während Astrid die Boje festhält. Die Boje schwimmt gerade noch, nachdem sie 2,20 m von der ersten Messstelle entfernt sind. Berechne die Seetiefe am Befestigunsort der Boje.

„Form und Größe von Gegenständen"

5. In einem Garten soll für einen Brunnen ein Loch mit einem Durchmesser von 20 cm und einer Tiefe von 8 m gebohrt werden.
   Berechne, wie viel Aushub beim Bohren entsteht.

6. Eine Kirsche besteht aus Fruchtfleisch und Kirschkern. Das Fruchtfleisch ist genau so dick wie der Kirschkern.
   a) Schätze das Verhältnis der Rauminhalte von Fruchtfleisch und Kirschkern.
   b) Ermittle dieses Verhältnis im Kopf. Nimm an, dass sowohl die Kirsche als auch der Kirschkern kugelförmig sind.

7. Stelle dir vor, du bekommst das Angebot, dass all das Land, das du in 10 h umlaufen kannst, dir gehört. Nimm an, dass du in 10 h etwa 40 km zurücklegst. Untersuche, welche Form eine solche Fläche haben sollte, damit sie möglichst groß ist.

8. Der Geräteschuppen in der Abbildung ist 1,72 m breit. Seine Tiefe beträgt 1,52 m und die Höhe der Seitenwände beträgt 1,70 m. Der Dachfirst ist 2,06 m hoch.
   a) Berechne die Größe des umbauten Raumes.
   b) Die Außenwände des Schuppens sollen mit Lasur (1 Liter für 8 m²) gestrichen werden.
      Berechne die Menge der benötigten Lasur.

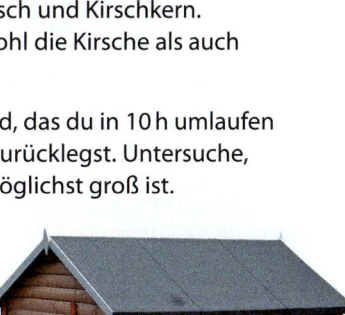

9. In einem Geschäft gibt es kugelförmige, zylindrische und würfelförmige Teekannen, alle mit einem Fassungsvermögen von einem Liter. Die zylinderförmige Kanne ist so hoch wie ihr Grundkreisradius ist. Evelin überlegt, dass die Kanne mit dem kleinsten Oberflächeninhalt weniger schnell abkühlen wird wie die anderen Kannen. Mache einen Vorschlag, welche Teekanne Evelin unter diesem Aspekt nehmen sollte.

Interessantes und Kniffliges

Die folgenden Aufgaben fordern zum **Knobeln** auf.

„Schräge Dreiecke"
Gegeben sei der Würfel ABCDEFGH mit einer Kantenlänge von 10 cm.
Er wird von Ebenen geschnitten. Dabei entstehen verschiedene Dreiecke.
a) Berechne die Flächeninhalte der Dreiecke ECG und ACH.
b) Berechne Volumen und Oberflächeninhalt des Körpers ECGF.

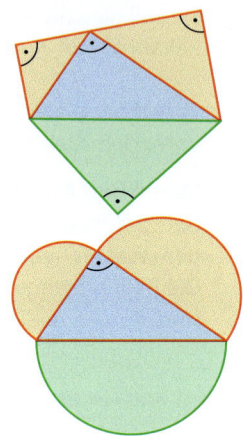

„Pythagoras lässt grüßen"
Der Satz des Pythagoras besagt, dass in einem rechtwinkligen
Dreieck ABC mit $\gamma = 90°$ die Summe der Flächeninhalte der
Quadrate über den Katheten zusammen genau so groß ist wie
der Flächeninhalt des Quadrates über der Hypotenuse.

Kurz: $a^2 + b^2 = c^2$

Untersuche, ob eine analoge Aussage auch gilt:
a) für gleichschenklig rechtwinklige Dreiecke
b) für Halbkreise
c) für gleichseitige Dreiecke
d) für gleichschenklige Dreiecke

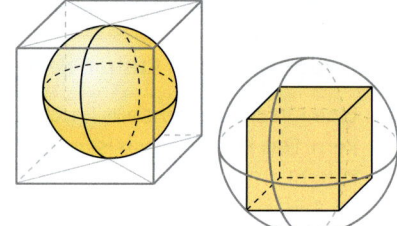

„Kugel- und Würfelprozente"
a) Einem Würfel wird eine Kugel so einbeschrieben,
   dass diese das größtmögliche Volumen besitzen
   soll. Wie viel Prozent des Würfelvolumens besitzt
   dann das Volumen der Kugel?
b) Einer Kugel wird ein Würfel so einbeschrieben, dass
   dieser das größtmögliche Volumen besitzen soll.
   Wie viel Prozent des Kugelvolumens besitzt
   dann das Volumen des Würfels?

„Mit der Lupe betrachtet"
Heiko betrachtet einen Winkel von 1,3° in einer Zeichnung
unter einer Lupe mit fünffacher Vergrößerung.
Mit wie viel Grad erscheint ihm nun der Winkel in der Lupe?
Begründe deine Aussage.

„Eine Million Stahlkugeln"
Stelle dir eine Million gleich große Stahlkugeln vor, deren Durchmesser
jeweils 1 mm beträgt. Kann ein Mann allein diese Million Stahlkugeln,
in einer Kiste verpackt, tragen?
Gib eine Vermutung an und überprüfe sie durch eine Rechnung.

„Sechs Streichhölzer"
Aus sechs Streichhölzern können verschiedene n-Ecke (Dreiecke
oder Vierecke) gelegt werden. Lege aus den sechs Streichhölzern
eine Figur mit möglichst großem Flächeninhalt.

9. Komplexe Aufgaben

Beim Lösen komplexer Aufgaben wird es oft einfacher, wenn diese in Gruppen aus mehreren Personen bearbeitet werden. Häufig ist dabei eine Arbeitsteilung möglich.

Zusammenhänge mit Termen beschreiben

Mathematische Zusammenhänge lassen sich häufig mithilfe von Termen beschreiben.
a) Beweise folgende Aussage: „Wenn man eine ungerade Zahl quadriert und das Ergebnis um 1 verringert, dann erhält man immer eine Zahl, die durch 4 teilbar ist."
b) Da $4^2 - 3^2 = 7$ und $13^2 - 12^2 = 25$ könnte man vermuten, dass für zwei aufeinanderfolgende natürliche Zahlen gilt:
„Die Differenz aus dem Quadrat der größeren Zahl und dem Quadrat der kleineren Zahl ist gleich der Summe der beiden Zahlen."
Notiere weitere Beispiele. Zeige dann allgemein, dass diese Besonderheit immer gilt.
c) Für die Zahlen 35 und 14 gilt, dass ihr Produkt das Zehnfache ihrer Summe ist.
Bestimme allgemein Zahlenpaare (a|b), für die diese Eigenschaft erfüllt ist.
d) Will man 3,5 quadrieren, so kann man rechnen „3 mal 4" und setzt dann noch „Komma 25" dahinter. Leite daraus eine allgemein gültige Aussage ab und beweise sie.
e) Multipliziert man zwei Zahlen zwischen 10 und 100, die dieselbe Zehnerziffer haben und deren Einer sich zu 10 ergänzen, so kann man das Ergebnis sehr einfach bestimmen:
„Multipliziere die erste Zehnerziffer mit der um 1 erhöhten Zehnerziffer und schreibe den Wert des Produkts der Einerziffern dahinter."
Notiere drei Beispiele. Beweise dann die Aussage.
f) Wann wurde Alexander geboren, wenn er im Jahre n^2 den n-ten Geburtstag feiern kann?
Betrachte nur Ergebnisse, die aus heutiger Sicht sinnvoll sind.

Funktionsgleichungen von Geraden ermitteln

Für Graphen lineare Funktionen gibt es neben der Form $f(x) = mx + n$ mit dem Anstieg m und dem y-Achsenabschnitt n noch weitere Gleichungen.

> **Punkt-Steigungs-Form:**
> Sind von einer Geraden der Anstieg m und ein Punkt $(x_1|f(x_1))$ bekannt,
> so gilt: $\quad f(x) = m \cdot (x - x_1) + f(x_1)$
>
> **Zwei-Punkte-Form:**
> Sind von einer Geraden zwei Punkte $(x_1|f(x_1))$ und $(x_2|f(x_2))$ bekannt,
> so gilt: $\quad f(x) = \frac{f(x_2) - f(x_1)}{x_2 - x_1} \cdot (x - x_1) + f(x_1)$

a) Ermittle die Funktionsgleichung der Geraden mit den gegebenen Werten:
  ① Eine Gerade g hat den Anstieg m = 1,5 und verläuft durch den Punkt P(2|0,5).
  ② Eine Gerade h hat verläuft durch die Punkte $P_1(3|4,5)$ und $P_2(7|3,2)$.
b) Zeige, dass die Punkt-Steigungs-Form $f(x) = m \cdot (x - x_1) + f(x_1)$ gilt.
Setze dazu $(x_1|f(x_1))$ in die Gleichung $f(x) = mx + n$ ein und löse nach n auf.
c) Zeige, dass die Zwei-Punkte-Form $f(x) = \frac{f(x_2) - f(x_1)}{x_2 - x_1} \cdot (x - x_1) + f(x_1)$ gilt.

Nutze dazu die Formel zur Bestimmung der Steigung aus zwei beliebigen Punkten $(x_1|f(x_1))$ und $(x_2|f(x_2))$.

d) Wenn eine Gerade die x-Achse an der Stelle a schneidet und den y-Achsenabschnitt b hat, kann man die Gerade auch mithilfe folgender Gleichung angeben:
$\frac{x}{a} + \frac{y}{b} = 1$
Zeige mithilfe der Zwei-Punkte-Form, dass diese Gleichung gilt.

Bewegungsdiagramme auswerten

Es gibt sogenannte Bewegungsdiagramme für gleichförmige Bewegungen, in denen die Steigung des Graphen die Geschwindigkeit angibt. In folgenden Aufgaben sollen nur durchschnittliche Geschwindigkeiten betrachtet werden. Es wird angenommen, dass sich die Fahrzeuge konstant mit diesen Geschwindigkeiten bewegen.

Aufgabe 1:
Familie Wittlich zieht heute in einen 800 km entfernten Ort um. Vater Wittlich fährt morgens um 8:00 Uhr los. Er sitzt im Umzugs-Lkw, der mit einer durchschnittlichen Geschwindigkeit von $80\,\frac{km}{h}$ fährt. Seine Frau und die Kinder fahren etwas später mit dem Pkw auf der gleichen Strecke hinterher. Sie fahren um 11:00 Uhr los. Ihre durchschnittliche Geschwindigkeit beträgt $130\,\frac{km}{h}$.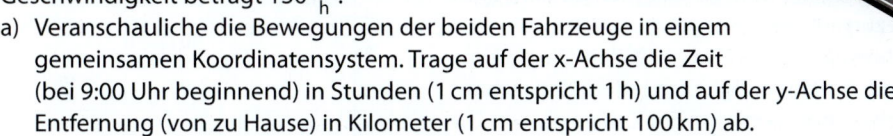

a) Veranschauliche die Bewegungen der beiden Fahrzeuge in einem gemeinsamen Koordinatensystem. Trage auf der x-Achse die Zeit (bei 9:00 Uhr beginnend) in Stunden (1 cm entspricht 1 h) und auf der y-Achse die Entfernung (von zu Hause) in Kilometer (1 cm entspricht 100 km) ab.
b) Lies aus dem Bewegungsdiagramm ab, in welcher Entfernung vom Wohnort und nach welcher Fahrzeit Frau Wittlich ihren Mann einholt.
c) Ermittle, wie lange Frau Wittlich am Ziel auf ihren Mann warten muss, wenn sie nach dem Überholen mit der gleichen Durchschnittsgeschwindigkeit weiter fährt.
d) Ermittle, wie lange Frau Wittlich und wie lange Herr Wittlich unterwegs ist.
e) Bestimme rechnerisch, in welcher Entfernung vom Wohnort und nach welcher Fahrzeit Frau Wittlich ihren Mann einholt.
f) Formuliere eine andere Aufgabe, zu der dasselbe Bewegungsdiagramm passen würde.

Aufgabe 2:
Anna und Laura wollen sich am Kino treffen. Anna wohnt nördlich vom Kino. Laura wohnt südlich vom Kino. Beide fahren mit ihrem Motorroller.
Anna hat einige Ampeln auf ihrem Weg. Ihre Durchschnittsgeschwindigkeit beträgt deshalb nur $18\,\frac{km}{h}$.
Laura hingegen kann mit einer Durchschnittsgeschwindigkeit von $32\,\frac{km}{h}$ fahren.
Sowohl Anna als auch Laura fahren um 16:00 Uhr von zu Hause los und schaffen die Strecke bis zum Kino jeweils in 12 min.

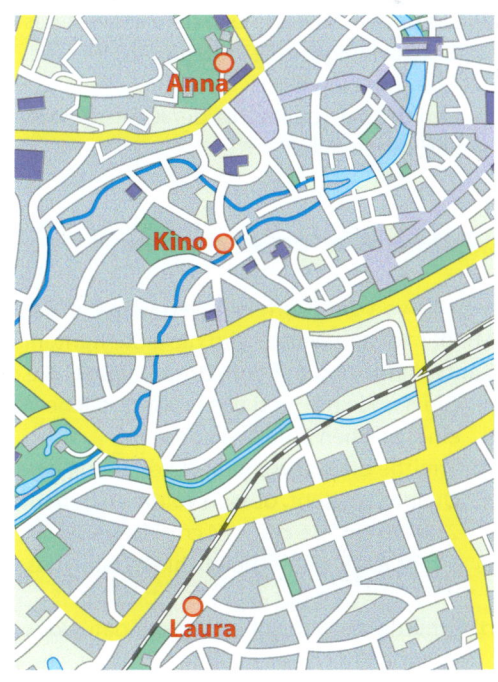

a) Ermittle graphisch, wie weit Anna und Laura voneinander entfernt wohnen. Wähle auf der x-Achse (die Zeitachse) 1 cm für 1 min und auf der y-Achse (die Wegachse) 1 cm für 500 m gefahrene Strecke.
b) Überprüfe dein Ergebnis auch rechnerisch.

Bewegungen untersuchen

Bei einer gleichförmigen Bewegung legt man eine Strecke s mit einer Geschwindigkeit v in einer Zeit t zurück. Ist die Geschwindigkeit konstant, so kann man für den in der Zeit t zurückgelegten Weg folgende Funktionsgleichung angeben:

$$s(t) = v \cdot t + s_0$$

Die graphische Darstellung zu dieser Gleichung nennt man Weg-Zeit-Diagramm.

a) Vergleiche die Gleichung $s(t) = v \cdot t + s_0$ mit der Gleichung $f(x) = m \cdot x + n$. Begründe, dass in einem Weg-Zeit-Diagramm die Steigung des Graphen die Geschwindigkeit angibt. Gib eine sinnvolle Bedeutung für s_0 an.

b) Untersuche das nebenstehende Weg-Zeit-Diagramm.
   ① Gib für jeden der sechs Abschnitte eine Funktionsgleichung an und interpretiere diese in Bezug auf die Bewegung.
   ② Zeichne ein Geschwindigkeit-Zeit-Diagramm, das die Geschwindigkeit in jedem der sechs Abschnitte als Funktion der Zeit zeigt.

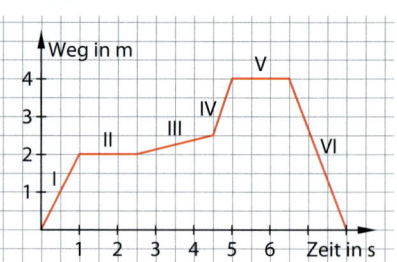

c) In einem Geschwindigkeit-Zeit-Diagramm kann man den zurückgelegten Weg bestimmen, indem man den Flächeninhalt des Vielecks, das vom Graphen und der Zeitachse gebildet wird, bestimmt.
   ① Bestimme für jede der sechs Abschnitte des Geschwindigkeit-Zeit-Diagramms aus b) den Flächeninhalt. Berechne daraus den zurückgelegten Gesamtweg.
   ② Überprüfe dein Ergebnis mithilfe des Weg-Zeit-Diagramms.

d) Die nebenstehende Darstellung zeigt das Geschwindigkeit-Zeit-Diagramm für eine Fahrt mit einem ICE.
Ermittle die Strecke, die der ICE insgesamt zurückgelegt hat.

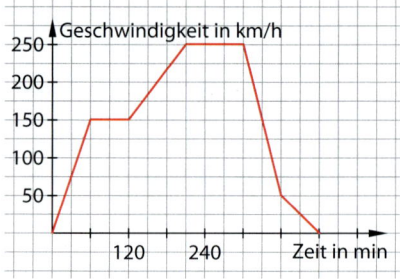

„Zufallsquader" erzeugen

Mithilfe von drei Würfeln lassen sich „Zufallsquader" erzeugen:
Mit dem ersten Würfel wird die erste Kantenlänge, mit dem zweiten Würfel die zweite Kantenlänge und mit dem dritten Würfel die dritte Kantenlänge (in Zentimeter) erwürfelt.

a) Gib das kleinst- und das größtmögliche Volumen eines solchen Zufallsquaders an.
b) Ermittle die Wahrscheinlichkeit dafür, dass ein Quader entsteht, dessen Volumen genau $2\,cm^3$ ($4\,cm^3$; $6\,cm^3$; $24\,cm^3$) beträgt.
c) Ermittle die Wahrscheinlichkeit dafür, dass das Volumen weniger als $10\,cm^3$ beträgt.
d) Ermittle die Wahrscheinlichkeit dafür, dass das Volumen höchstens $150\,cm^3$ beträgt.

Wahrscheinlichkeiten berechnen

Beim Fernseh-Quiz „Wer Wird Millionär?" muss ein Kandidat Fragen beantworten. Bei jeder Frage sind vier Antworten vorgegeben, von denen genau eine richtig ist. Beantwortet der Kandidat 15 Fragen richtig, gewinnt er eine Million Euro.
Beantwortet er eine Frage falsch, ist das Spiel beendet.

a) Ermittle die Wahrscheinlichkeit, dass ein Kandidat eine Million Euro gewinnt, wenn er bei jeder Frage die Antwort durch Werfen eines Tetraeder-Würfels zufällig auswählt.

b) Die Fragen im Fernseh-Quiz werden von Stufe zu Stufe schwerer. Ein Kandidat schafft mit seinem guten Allgemeinwissen und mithilfe der Joker die 16 000-€-Gewinn-Stufe. Berechne die Wahrscheinlichkeit für den Millionengewinn, wenn er für die nächsten fünf Fragen einen Tetraeder nutzt, um die richtige Antwort zu finden.

c) Ein Kandidat hat die 500-€-Gewinn-Stufe erreicht. Die 16 000 Euro schafft er nur, wenn er die nächsten 5 Fragen richtig beantwortet. Antwortet er einmal falsch, scheidet er aus und sein Gewinn fällt auf 500 Euro zurück. Ermittle die Wahrscheinlichkeit, dass sein Gewinn bei 500 Euro bleibt, wenn der Kandidat bei jeder Frage die Antwort zufällig mit dem Tetraeder wählt.

d) Die ersten 5 Fragen bis zur Stufe von 500 Euro sind ziemlich einfach. Ermittle die Wahrscheinlichkeit, dass ein Kandidat diese Stufe erreicht, wenn er die erste Frage zu 99 %, die zweite zu 98 % und die drei nächsten Fragen zu 97 %, 96 % bzw. 95 % richtig beantwortet.

e) Elena behauptet:
„Im Schnitt beantwortet der Kandidat in Aufgabe d) die Fragen zu 97 % richtig. Ich erhalte genau das gleiche Ergebnis, wenn ich davon ausgehe, dass er jede der 5 Fragen zu 97 % richtig beantwortet." Hat Elena Recht?

f) Bevor ein Kandidat am eigentlichen Quiz teilnehmen darf, muss er sich gegen vier andere Kandidaten durchsetzen. Hierbei muss er vier Begriffe, denen die Buchstaben A, B, C, D zugeordnet sind, schneller als die anderen in die richtige Reihenfolge bringen.
Es gibt Kandidaten, die (um möglichst schnell zu sein) eine zufällige Reihenfolge der Buchstaben A, B, C, D wählen.
Berechne die Wahrscheinlichkeit dafür, dass diese zufällige Reihenfolge korrekt ist.

g) Beim Lotto 6 aus 49 ist die Wahrscheinlichkeit, sechs Richtige zu haben, sehr gering.
Entscheide, welche Wahrscheinlichkeit am größten ist:
A: „Beim Lotto 6 aus 49 werden sechs Richtige getippt."
B: „Beim Quiz „Wer Wird Millionär?" gewinnt ein Kandidat eine Million Euro, nachdem er bei jeder Frage die Antwort durch Werfen eines Tetraeder-Würfels zufällig auswählt."

Größenangaben schätzen

Auf dem Dachboden des Museums seiner Stadt hat Gianni ein großes Fass mit der Aufschrift „Löschwasser 950 Liter" entdeckt. Das Fass steht auf einem Sockel aus Metall, Gianni hat sich daneben gestellt. Er ist 8 Jahre alt.

a) Schätze, welchen Durchmesser und welche Höhe das Fass hat. Berechne dann mit diesen Angaben das Fassungsvermögen des Fasses.
b) Vergleiche das Ergebnis aus Aufgabe a) mit der Aufschrift auf dem Fass. Um wie viel Liter weicht dein Ergebnis von der Angabe auf dem Fass ab?
c) Berechne, um wie viel Prozent dein Ergebnis von der Angabe auf dem Fass abweicht.
d) Nimm an, dass Gianni in dem leeren Fass aufrecht stehen kann. Wie groß wäre in diesem Fall der Abstand zwischen seinem Körper und der Wand des Fasses?
e) Schätze, wie viel Liter Luft sich im Fass befinden, wenn Gianni darin steht.

„Verpackungsprobleme" lösen

In würfelförmige Kartons, die alle die Kantenlänge a haben, sollen gleich große zylinderförmige Dosen verpackt werden. Entweder immer eine Dose mit dem Durchmesser a und der Höhe a, oder acht Dosen mit dem Durchmesser $\frac{a}{2}$ und der Höhe $\frac{a}{2}$ oder 27 Dosen mit dem Durchmesser $\frac{a}{3}$ und der Höhe $\frac{a}{3}$, und so weiter.

a) Fertige Skizzen an, die nur den Kartonboden mit den entsprechenden Dosenböden zeigen.
b) Untersuche, wie sich das Gesamtvolumen aller Dosen ändert, wenn man in einen Karton 1; 8; 27; … ; n^3 Dosen packt. Die Dicke des Dosenmaterials bleibt unberücksichtigt.
c) Berechne, wie viel Prozent des Kartonvolumens jeweils leer sind.
d) Untersuche, wie sich die Gesamtmantelfläche und die Gesamtoberfläche aller Zylinder im Karton ändert, wenn man einen Karton mit 1; 8; 27; … ; n^3 Dosen füllt.
e) Nenne Gründe dafür, dass kleine Dosen im Verhältnis zum Inhalt meist teurer sind als große Dosen.

Volumenverhältnisse untersuchen

Archimedes von Syrakus entdeckte, dass die Volumina einer Kugel, eines ihr umbeschriebenen Zylinders, und eines dem Zylinder einbeschriebenen Kegels folgende Beziehung erfüllen:

$$V_{Zylinder} : V_{Kugel} : V_{Kegel} = 3 : 2 : 1$$

Da Archimedes dieses Ergebnis sehr schön fand, wählte er diese Anordnung als Schmuck für seinen Grabstein vor den Toren der sizilianischen Stadt Syrakus.

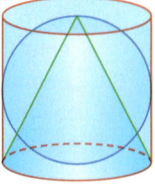

a) Zeichne jeweils ein Zweitafelbild und ein Schrägbild dieser Anordnung:
   (1) Die Kegelspitze zeigt nach vorn.   (2) Die Kegelspitze zeigt nach oben.
b) Beweise die von Archimedes entdeckte Beziehung für die Volumina.

Gleichung einer Tangente an einen Kreis ermitteln

a) Zeichne in einem Koordinatensystem einen Kreis um den Koordinatenursprung mit dem Radius r = 5 cm. Markiere dann auf dem Kreis den Punkt P(4|3). Zeige rechnerisch, dass der Punkt P exakt auf dem Kreis liegt.

b) Der Winkel zwischen der Tangente t und dem Berührungsradius r beträgt 90°. Konstruiere im Punkt P die Tangente t an den Kreis. Bezeichne die Schnittstellen dieser Tangente mit den beiden Koordinatenachsen als x_1 und y_1.

c) Das entstandene rechtwinklige Dreieck wird durch den Radius in zwei rechtwinklige Teildreiecke zerlegt. Zeichne die Höhen in den beiden Dreiecken ein. Berechne mithilfe des Kathetensatzes jeweils die Längen der Hypotenusen beider Dreiecke.

d) Erläutere, warum für die Tangente t folgende Gleichung gilt:
$y = -\frac{4}{3} \cdot x + \frac{25}{3}$ oder auch $4x + 3y = 25$

e) Verallgemeinere das Vorgehen für einen beliebigen Kreis mit Radius r und einem Kreispunkt P(a|b). Prüfe, dass für die Kreistangente im Punkt P die Gleichung $a \cdot x + b \cdot y = r^2$ gilt.

f) Verwende eine dynamische Geometrie-Software, um die Tangentenformel für einen Kreispunkt P(a|b) experimentell zu bestätigen:
$y = -\frac{a}{b} \cdot x + \frac{r^2}{b}$ oder auch $a \cdot x + b \cdot y = r^2$

Optische Täuschungen erzeugen

Beleuchtet man Gegenstände mit Lichtquellen, entstehen Schatten.

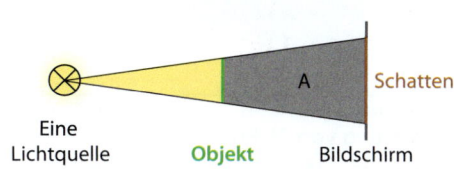
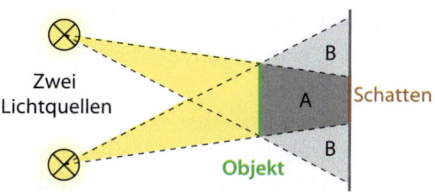

Fertige zwei Schablonen an. Eine „Küken-Schablone" (14 cm mal 10 cm) und eine „Ei-Schablone" (11 cm mal 9 cm). Stelle beide leicht versetzt nebeneinander vor einer Projektionsfläche und beleuchte jede Schablone mit je einer Lichtquelle. Verschiebe alles so, dass der Schatten des Kükens genau im Schatten des Eies zu sehen ist.

a) Ermittle mithilfe aussagekräftiger Skizzen mögliche Anordnungen von Lichtquellen, Küken, Ei und Projektionsfläche.

b) Untersuche, ob es möglich ist, eine Spielzeugpuppe (30 cm mal 5 cm) in eine kleine Flasche (8 cm mal 4 cm) zu bringen.

Den Satz des Pythagoras bei ebenen und räumlichen Figuren nutzen

In einem Koordinatensystem sind die Punkte A(2|3), B(8|7) und M(5|5) gegeben.
a) Begründe rechnerisch, dass es einen Kreis um M gibt, der durch A und B verläuft.
b) Begründe ohne zu zeichnen, dass es für die Größe des Winkels ∢ACB nur zwei Zahlenwerte geben kann, wenn C auf dem Kreis liegt.
c) Gib die Koordinaten zweier Punkte D und E an, für die Größe des Winkels ∢DCE ebenfalls nur zwei Werte annehmen kann.
d) Man bezeichnet rechtwinklige Dreiecke, deren Seitenlängen ganzzahlig sind, auch pythagoreische Dreiecke. Zeige, dass für ein rechtwinkliges Dreieck mit der Hypotenuse c auch folgende Gleichung gilt: $a^2 = (c + b)(c - b)$
Ermittle mit dieser Beziehung sieben Möglichkeiten für ein pythagoreisches Dreieck. Untersuche, welche dieser Dreiecke zueinander ähnlich sind.
e) Quader mit ganzzahligen Kantenlängen a, b, c und ganzzahliger Raumdiagonale d nennt man pythagoreische Quader. Leite eine Formel her, mit der man solche Quader finden kann, und gib die Seitenlängen von fünf solcher Quader an.

Anstieg einer Zahnradbahn ermitteln

Vom Ort Grund in der Schweiz fahren Züge zur Kleinen Scheidegg. Dabei überwinden sie eine Höhendifferenz von etwa 1200 m. Die Bergfahrt dauert etwa 30 Minuten. In den Zügen findet man im Führerstand die Angaben zur maximal erlaubten Geschwindigkeit, die vom Anstieg und von der Fahrtrichtung abhängt. Der Anstieg in Promille (‰) gibt an, um wie viele Meter sich die Höhe verändert, wenn die Entfernung waagerecht gemessen 1000 m betragen würde.

V_{max}/h		bergwärts	talwärts
Zahnstange	75 ‰	28,0	28,0 km/h
Zahnstange	120 ‰	28,0	21,5 km/h
Zahnstange	180 ‰	28,0	17,0 km/h
Zahnstange	250 ‰	28,0	14,0 km/h

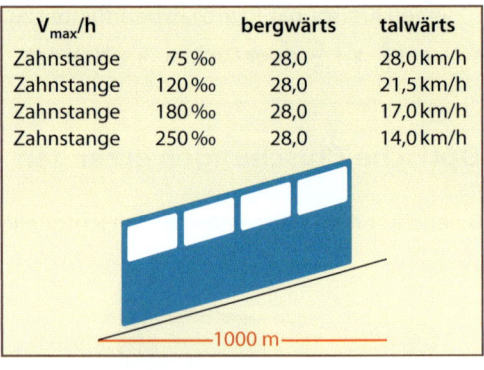

a) Zeichne ein Dreieck im Maßstab 1:10 000 mit einem Anstieg von 75 Promille, und ein zweites Dreieck im gleichen Maßstab mit einem Anstieg von 250 Promille. Miss jeweils den Anstiegswinkel, also den Winkel zwischen der Horizontalen und der tatsächlich zurückgelegten Strecke.
b) Anhand der Zeichnungen aus a) kann man vermuten, dass die tatsächlich zurückgelegte Strecke sich um weniger als 5 % von der horizontal zurückgelegten Strecke unterscheidet. Zeige das durch eine Rechnung. Man kann also statt der tatsächlich zurückgelegten Strecke die horizontale Entfernung als gute Näherung nutzen.
c) Nimm an, dass der Zug mit seiner Maximalgeschwindigkeit bergauf fährt. Zeichne dafür das Streckenprofil vereinfacht als Dreieck. Gib den Anstiegswinkel dafür an. Berechne auch die Steigung in Promille für diesen vereinfachten Fall.
d) Berechne mit Hilfe des Anstiegs aus c) und den Angaben zur maximalen Geschwindigkeit die Dauer der Talfahrt.

Ortsänderungen in der Ebene mit Pfeilen beschreiben

In einem Koordinatensystem kann eine geradlinige Bewegung durch einen Pfeil dargestellt werden. Das Pfeilende gibt den Anfangspunkt und die Pfeilspitze den Endpunkt der Bewegung an. Einen Pfeil mit beliebiger Richtung und beliebiger Länge kann als Summe zweier Pfeile aufgefasst werden, die parallel zu den beiden Koordinatenachsen sind.
Der nebenstehende grüne Pfeil wäre die Summe des blauen und es roten Pfeils, da die Bewegung entlang des grünen Pfeils der Bewegung entlang des blauen und des roten Pfeils entspricht.

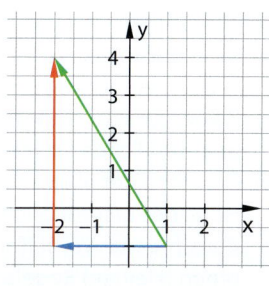

Für 3 Einheiten nach links und 5 Einheiten nach oben kann man schreiben:
$\binom{x}{y} = \binom{-3}{0} + \binom{0}{5} = \binom{-3}{5}$

Für 3 Einheiten nach rechts und 5 Einheiten nach unten kann man schreiben:
$\binom{x}{y} = \binom{3}{0} + \binom{0}{-5} = \binom{3}{-5}$

a) Überprüfe folgende Gleichung zeichnerisch. Überlege, wie man die Werte für x und y erhält.
$\binom{x}{y} = \binom{-4}{3} + \binom{6}{-8} = \binom{2}{-5}$

b) Zeichne die Summe der vier Pfeile $\binom{-3}{5}$; $\binom{-2{,}5}{-7}$; $\binom{4{,}5}{-3{,}5}$; $\binom{-3{,}5}{2}$ und überprüfe rechnerisch.

c) Spiele Geocaching. Skizziere dazu eine Landkarte in einem Koordinatensystem, auf der ein Startpunkt und ein Ort für das geheime Versteck (den sogenannten Cache) markiert sind. Zeichne auch Hindernisse (Mauern, Gewässer, Grundstücke, usw.) zwischen Startpunkt und Versteck ein. Beschreibe einen Weg vom Start zum Versteck mithilfe von Pfeilen.

Sparpläne interpretieren

Für Neukunden bietet eine Bank einen Sparplan für ein Jahr mit folgenden Konditionen an:

> Feste monatliche Einzahlung und ein Zinssatz von 4 % pro Jahr.
> Auszahlung erfolgt am Ende von 12 Monaten.

Patrizia, Carmen und Julia überlegen nun, wie viel Euro Zinsen sie am Ende eines Jahres erhalten könnten, wenn sie monatlich 100 € in den Sparplan einzahlen.

Patrizia murmelt vor sich hin:
„Die erste Einzahlung wird 12 Monate verzinst, die zweite 11 Monate, die dritte 10, ... Die zwölfte Einzahlung wird dann nur noch einen Monat verzinst, also ..."

Carmen rechnet direkt los:
„100 € · 4 % · $\frac{1}{12}$ + 2 · 100 € · 4 % · $\frac{1}{12}$ + ... + 12 · 100 € · 4 % · $\frac{1}{12}$ = ..."

Julia denkt nach und sagt:
„Wir bekommen 100 € · 4 % · 6,5 an Zinsen ausgezahlt."

a) Stelle einen Term auf, der zu Patrizias Überlegungen passt.
b) Was hat sich wohl Carmen bei ihrer Rechnung überlegt?
c) Zeige, dass alle drei Mädchen zum gleichen Ergebnis kommen.
d) Verallgemeinere die drei Terme, indem du die monatliche Einzahlung mit E und den Zinssatz mit p bezeichnest.
e) Zeige mithilfe von Termumformungen, dass Julias Term sowohl zu Patrizias als auch zu Carmens Term äquivalent ist.

Restkörper untersuchen

Schneidet man von einem geraden Kreiskegel parallel zur Grundfläche einen kleinen Kegel ab, so entsteht als Restkörper ein sogenannter Kegelstumpf.

a) Zeige, dass der abgeschnittene (kleine) Kegel zum ursprünglichen Kegel ähnlich ist.
b) Die Höhe des abgeschnittenen Kegels soll $\frac{1}{5}$ der Höhe des ursprünglichen Kegels betragen. Berechne das Verhältnis der Volumina des abgeschnittenen (kleinen) Kegels zum ursprünglichen Kegel.
c) Begründe, warum für eine quadratische Pyramide dasselbe gilt.
d) Untersuche, wie sich das Verhältnis allgemein ändert, wenn man den Schnitt nicht bei $\frac{1}{5}$ der Höhe, sondern bei $\frac{1}{k}$ der Höhe (k < 0) durchführt.

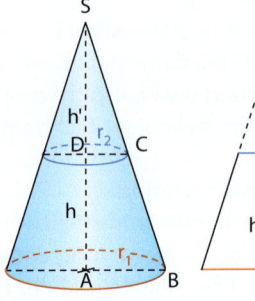
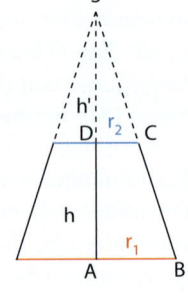

Experimente mit Gefäßen

Für diese Aufgabe benötigt ihr durchsichtige Gläser, Vasen oder andere Gefäße in unterschiedlichen Formen.
Arbeitet in Gruppen, jede Gruppe erhält ein anderes Gefäß.

a) Ermittelt das Fassungsvermögen eures Gefäßes. Füllt es dazu mit einer Flüssigkeit, beispielsweise Wasser, und verwendet zum Abmessen einen Messbecher.
b) Füllt euer Gefäß gedanklich in Zehnerschritten, immer mit jeweils der gleichen Flüssigkeitsmenge. Zeichnet dann für diesen Füllvorgang ein Diagramm: Tragt auf der x-Achse die Anzahl der Schritte und auf der y-Achse die Füllhöhe ab.
c) Führt nun den Gedankenversuch tatsächlich mit zehn gleich großen Flüssigkeitsmengen durch und messt nach jedem Schritt die Füllhöhe. Notiert die Ergebnisse in einer Tabelle.
d) Tragt diese Daten im Diagramm aus Aufgabe b) in einer anderen Farbe ein. Vergleicht die Daten miteinander und wertet, wie gut Schätzungen und Messungen übereinstimmen.
e) Führt das Experiment mit einem anderen Gefäß nochmals durch und bemüht euch um möglichst geringe Abweichungen zwischen Schätzungen und Messungen.

Erinnere dich:
Das Volumen von Flüssigkeiten kann mit Messbechern ermittelt und in Litern angegeben werden.

Nachbarbrüche finden

Brüche $\frac{a}{b} < \frac{c}{d}$ werden als sogenannte „Nachbarbrüche" bezeichnet, wenn gilt: $\frac{c}{d} - \frac{a}{b} = \frac{1}{b \cdot d}$

a) Zeige, dass $\frac{1}{3}$ und $\frac{1}{4}$ Nachbarbrüche sind.
b) Nenne selbst mindestens zwei weitere Beispiele für Nachbarbrüche.
c) Zeige, dass die folgenden Brüche Nachbarbrüche sind:
   ① $\frac{5}{17}$ von $\frac{3}{10}$ und $\frac{2}{7}$ ② $\frac{5}{18}$ von $\frac{2}{7}$ und $\frac{3}{11}$ ③ $\frac{4}{15}$ von $\frac{3}{11}$ und $\frac{1}{4}$
d) Gib ein Verfahren an, wie man zu zwei Nachbarbrüchen einen weiteren Nachbarbruch von beiden finden kann. Wie viele Nachbarbrüche gibt es zu zwei Nachbarbrüchen?

10. Methoden

Die Methodenkarten helfen dir in typischen Unterrichtssituationen. Du darfst sie kopieren und ausschneiden um sie länger zu verwenden und durch eigene Notizen zu ergänzen.

Methodenkarte 8 A: Funktionen grafisch darstellen

Mit einem grafikfähigen Taschenrechner:

1. Wähle aus den Werkzeugen „Funktionenplotter (Graph)" aus.
2. Gib die Funktionsgleichung ein: f(x) = 3*x-1 oder y = 3*x-1
3. Bestätige die Eingabe und lasse den Graphen zeichnen (Draw).
4. Passe die Darstellung an.
   Wähle „Fenstereinstellungen (Window)".
   a) Lege den Bereich fest, der angezeigt werden soll:
      Die Werte für „XMin" und „XMax" legen den Bereich auf der x-Achse fest, die Werte für „YMin" und „YMax" legen den Bereich auf der y-Achse fest.
   b) Lege die Skalierung (Scale) fest:
      Die Werte „xscl" und „yscl" legen die Unterteilung der Koordinatenachsen fest.

Erinnere dich:
Werkzeug zum:

Verschieben der Grafik-Ansicht

Verkleinern und Vergrößern der Grafik-Ansicht

Mit einer dynamischen Geometriesoftware:

1. Gib die Funktionsgleichung in die Eingabezeile ein und bestätige die Eingabe: f(x) = 3*x-1 oder y = 3*x-1
2. Um einen bestimmten Ausschnitt der Grafik-Ansicht zu betrachten, kannst du den dargestellten Bereich verschieben.
3. Mit dem Lupenwerkzeug kannst du diesen Bereich verkleinern oder vergrößern.

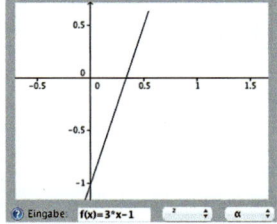

Methodenkarte 8 B: Die Umkehrung vom Satz des Pythagoras mit einer dynamischen Geometriesoftware erkunden

1. Erstelle eine neue Datei in einer dynamischen Geometriesoftware.
2. Zeichne mit dem Werkzeug ein beliebiges Dreieck.
3. Zeichne an jede Dreieckseite mit dem Werkzeug („regelmäßiges Vieleck") ein Quadrrat.
   Nenne diese Quadrate „Quadrat1", „Quadrat2" und „Quadrat3".
4. Miss mit dem Werkzeug alle Innenwinkel des Dreiecks.
5. Trage in die Eingabezeile ein:
   „s = Quadrat1+Quadrat2"
   (Die Summe der Flächeninhalte s kannst du auch in die Geometrie-Ansicht ziehen).
6. Vergleiche den Wert von s mit dem Wert des Flächeninhalts von Quadrat3.
   Achte dabei auch auf die Winkelgrößen.
   Bewege die Eckpunkte des Dreiecks und notiere deine Beobachtungen. Wann kommt ein 90° Winkel vor?

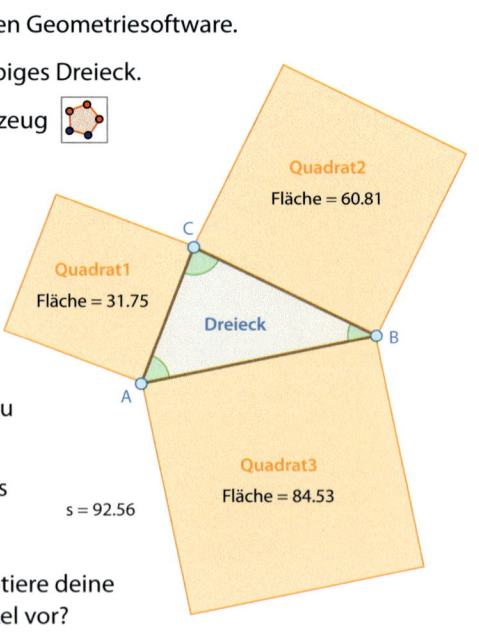

Methodenkarte 8 C: Strategien zum Lösen von Problemen nutzen

Einen Zugang zu komplizierten Aufgaben bekommt man manchmal durch systematisches Probieren. Beim Finden neuer Lösungsideen helfen die Kenntnis und das sinnvolle Nutzen allgemeiner Lösungsstrategien weiter:

1. Entscheide immer, welche Angaben in der Aufgabe gegeben sind und nach welchen Angaben gefragt ist.
2. Erstelle nach Möglichkeit eine aussagekräftige Skizze mit allen Angaben und Bezeichnungen.
3. Überlege, welche Verfahren oder Formeln du zum Thema kennst, mit denen du, ausgehend von den vorgegebenen Angaben, weitere Schlussfolgerungen durchführen kannst. („Vorwärtsarbeiten")
4. Gehe vom Ergebnis aus und überlege, welche Zwischenergebnisse und Zwischenschritte dafür benötigt werden. („Rückwärtsarbeiten")
5. Kontrolliere das Ergebnis am Ausgangssachverhalt, wenn es sich um eine Aufgabe mit Anwendungsbezug handelt. Oft ist eine Probe am Text möglich. Überlege dabei auch, ob die ermittelte Lösung realistisch ist.
6. Prüfe, ob es mehrere Lösungen geben kann und achte, wenn nötig, auf eine sinnvolle Genauigkeit.

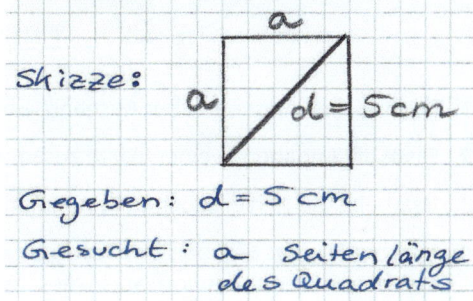

Methodenkarte 8 D: Lösungswege begründen

Achte beim Vorstellen eigener Lösungswege darauf, dass alle Zuhörer deine Arbeitsschritte nachvollziehen können.
Folgende Fragen können bei der Vorbereitung hilfreich sein:

1. Wie bist du auf die Lösung gekommen? (Zwischenschritte, andere Aufgaben, Alltagssituation, …)
2. Welche Hilfsmittel hast du genutzt? (Tabellenkalkulation, Lerntagebuch, Taschenrechner, …)
3. Warum bist du sicher, dass deine Lösung korrekt ist? (Anderer Lösungsweg, Schätzwerte ermitteln, Probe, …)

Methodenkarte 8 E: Mathematische Modelle verwenden

Anwendungsaufgaben lassen sich oft mithilfe eines „Modellierungskreislaufs" vereinfachen:

```
                formalisieren und abstrahieren
   Reales Problem  ─────────────────▶  Mathematisches Problem
         ▲                                       │
    überprüfen                              bearbeiten
         │                                       ▼
   Reale Lösung   ◀─────────────────   Mathematische Lösung
                       interpretieren
```

1. Kennzeichne Angaben über Ausgangswerte und Zusammenhänge im Text.
2. Fasse die Angaben in einer Skizze zusammen.
3. Bearbeite das sich ergebende mathematische Problem.
4. Interpretiere das Ergebnis mit Bezug auf das reale Problem und stelle das Ergebnis in einem Antwortsatz in diesem Kontext dar.
5. Prüfe, ob dein Ergebnis realistisch ist.

Methodenkarte 8 F: Zum Üben und Wiederholen

Zur Festigung von Wissen und Können, beispielsweise vor einer Lernkontrolle, können verschiedene Methoden genutzt werden. Probiere die Methoden aus und nutze die, mit der du dich gut vorbereiten kannst:

1. **Lerntagebuch zum Nachlesen:**
   Notiere die wichtigsten Informationen zu einem Thema, beispielsweise Formeln, Verfahren, wichtige Beispielaufgaben, in einem gesonderten Heft.
   So hast du jederzeit schnellen Zugriff auf Lerninhalte.

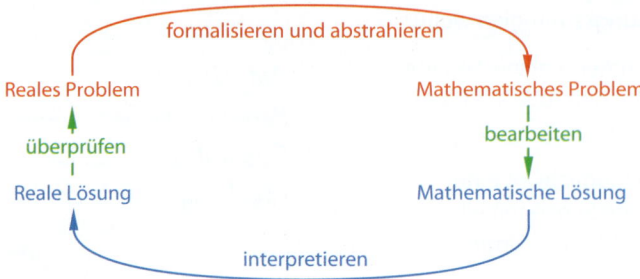

2. **Selbsteinschätzungsbogen:**
   Erstelle, wie rechts abgebildet, eine Tabelle.
   Orientiere dich an den Aufgaben, die du im Unterricht oder als Hausaufgabe bearbeitet hast. Notiere, welche Fähigkeit du zum Lösen der Aufgabe benötigst und schätze deine eigene Leistung hierbei ein.

3. **Karteikarten zum Lernen:**
   Schreibe auf die Vorderseite jeder Karteikarte ein Thema mit wichtigen Begriffen, Definitionen, Sätzen, Formeln oder Verfahren. Du kannst auch Karteikarten mit Fragen, Aufgaben und Stichworten anfertigen. Schreibe auf die Rückseite jeder Karte die Antworten (Lösungen). Wähle zum Lernen eine Karte (zufällig) aus und betrachte die Vorderseite. Versuche alles Wichtige zu erklären. Prüfe mithilfe der Rückseite ob du das Thema schon beherrschst. Lerne die aufgeschriebenen Inhalte auswendig.

11. Anhang

Lösungen zu
- Dein Fundament
- Prüfe dein neues Fundament
- Anforderungen beim Aufgabenlösen im Mathematikunterricht

Stichwortverzeichnis

Bildnachweis

Lösungen

Lösungen zu Kapitel 1: Arbeiten mit Variablen

Dein Fundament (Seite 8/9)

Seite 8, 1.
a) −21   b) −5,3   c) 9   d) −3
e) 0,09   f) −3,5   g) 2,4   h) 5,2

Seite 8, 2.
a) 79   b) −3,99   c) 0,87   d) 1,79
e) 60   f) −24   g) −40   h) 25,5

Seite 8, 3.
a) 57   b) −8   c) 24   d) 3,5

Seite 8, 4.

	2x + 0,5	(0,5 − x)·(−1)	x+x+x	x·x·x	(−1,5 + x)·x
x = 1	2,5	0,5	3	1	−0,5
x = 2	4,5	1,5	6	8	1
x = 3	6,5	2,5	9	27	4,5
x = 4	8,5	3,5	12	64	10

Seite 8, 5.
a)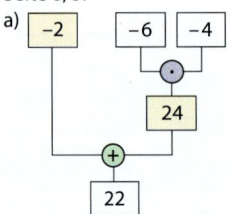

b)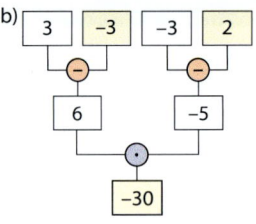

Seite 8, 6.
a) 4x   b) 3x − 3   c) −a − 2,5
d) −2   e) −3,8y + 3,5   f) −1,5x + 1,3

Seite 8, 7.
a) 8a   b) −12x   c) 6x
d) 12b   e) 6a   f) x

Seite 8, 8.
a) 6a − 3 − 4a = 2a − 3
b) 5c · 3 = 15c
c) 3 · 5c + 3 = 15c + 3   (Beispiel)
d) 7b − 5b + 5 + (−3) = 2b + 2   (Beispiel)
e) $\frac{2}{3}$a · 6 = 4a
f) −39y : (−3) = 13y

Seite 8, 9.
a) x + 3; 6   b) 21x − 21; 42   c) x; 3
d) 2x − 2; 4   e) x^2 + 2x; 15   f) 5x − 3; 12
g) −0,5   h) −15 + 5x; 0

Seite 9, 10.
a) u = 22 cm   A = 28 cm^2
b) u = 12 cm   A = 9 cm^2
c) u = 12 cm   A = 6 cm^2

Seite 9, 11.
a)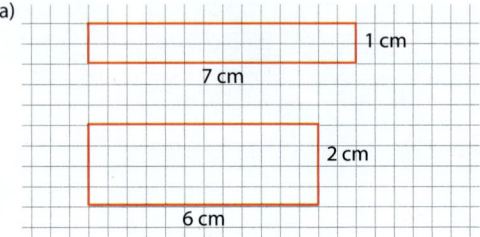

b)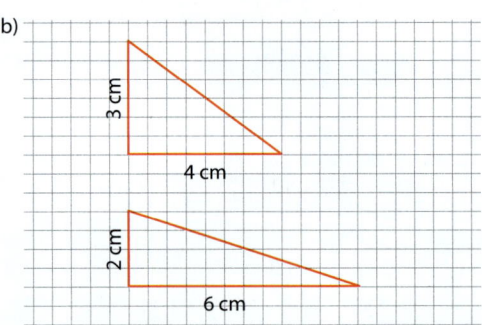

c)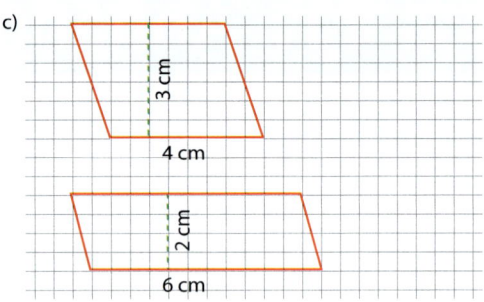

Seite 9, 12.
a) ① A = 3 cm^2
   ② A = 1,5 cm^2
   ③ A = 2,25 cm^2
   ④ A = 2,25 cm^2

b) ① u = 7 cm
   ② u ≈ 5,7 cm
   ③ u ≈ 6,6 cm
   ④ u = 6 cm

Seite 9, 13.
a) A = (a + b) · c
b) A = (x + y) · z
c) A = (a + b + c) · d
d) A = $(a + b)^2$

Lösungen

Seite 9, 14.

·	2 m	3 m	0,5 m
3,2 m	6,4 m²	9,6 m²	1,6 m²
3 m	6 m²	900 dm²	1,5 m²
50 cm	1 m²	1,5 m²	0,25 m²
$\frac{1}{4}$ m	0,5 m²	0,75 m²	0,125 m²
0,45 cm	90 cm²	135 cm²	22,5 cm²
$\frac{1}{5}$ m	$\frac{2}{5}$ m²	$\frac{3}{5}$ m²	0,1 m²

Seite 9, 15.
a) $A = x^2 - y^2$ b) $A = \frac{a+c}{2} \cdot d$

Seite 9, 16.
a) $5x - 3x$; 4 b) $\frac{3x+4}{2}$; 5

Seite 9, 17.
Zweite Seite: $b = (u - 2a) \cdot \frac{1}{2} = 9$ cm;
$A = 63$ cm²

Prüfe dein neues Fundament (Seite 34/35)

Seite 34, 1.
a) $3a - 4b$ b) $3m + 2n$
c) $11r^2 + 4s$ d) $xy^2 + x^2y$
e) $x + 6y$ f) $-2a - b$
g) a h) $2x^2 - 4xy$

Seite 34, 2.
a) $42x$ b) $30r^2$ c) $16u$ d) $\frac{1}{8}xy$
b) $-2x^2y^2$ f) $2st^2$ g) $9x^2$ h) $\frac{ab}{2}$

Seite 34, 3.
a) $2ab + 2b$; 10 b) $5a - 3b$; 9
c) $-5ab$; -30 d) $\frac{5}{2}ab^2$; 30
e) $-2a + b + b^2$; 0 f) $11ab$; 22
g) $b - 2a^2b$; -34 h) $a^2b^2 + ab$; 42

Seite 34, 4.
a) $6a - 6b$ b) $35 + 28x$
c) $a - 5$ d) $-3 + x$
e) $-10m^2 + 4mn$ f) $8x^2 - 4xy + 6xz$
g) $0,6a^2 - 0,9ab$ h) $6x^2y - 5xy^2$

Seite 34, 5.
a) $6x(2 - 8y)$
b) $-3a(1 - 3b + 4c)$
c) $2ab(2c - 4a + 1)$
d) $-1(-2ab + 3c - 4)$
e) $2c(2cd + d^2 + \frac{1}{2}cd^2)$
f) $(u+v) \cdot [(u-v) + (u+v)] = (u+v) \cdot 2u$

Seite 34, 6.
a) $x^2 + 3x + 2$
b) $4a - ab + 4b - b^2$
c) $-4x - 2y - 8xy - 1$
d) $-2r^2 + 8r - 12s + 3rs$

Seite 34, 7.

	Umfang u	Flächeninhalt A
①	$4a + 4b$	$3ab$
②	$24x$	$11x^2$
③	$6x + 2y + 2z$	$3xz + xy = x(y + 3z)$
④	$16x$	$12x^2$

Seite 34, 8.
$(a + 2)^2 = 4 + a^2 + 4a$
$a(4 + a + 1) = a^2 + 5a$
$(1 - 2a)(1 + 2a) - 1 = 2a \cdot (-2a)$

Seite 34, 9.
a) $9 + 6u + u^2$ b) $a^2 - 9b^2$
c) $9b^2 - 6b + 1$ d) $x^2 + 4x + 4$
e) $\frac{1}{16}x^2 - \frac{1}{4}xy + \frac{1}{4}y^2$ f) $0,25a^2 - ab + b^2$
g) $0,01u^2 + 0,1uv + 0,25v^2$ h) $9a^2 - 6ab + b^2$
i) $x^2 - 2xy + y^2$ j) $\frac{4}{9}x^2 - 4x + 9$
k) $x^2 - 0,04$ l) $0,16u^2 + 0,8uv + v^2$

Seite 35, 10.
a) $(x + 9)^2$ b) $(5a - b)^2$
c) $(2y + \frac{1}{4}z)(2y - \frac{1}{4}z)$ d) $(\frac{1}{3}x - 2)^2$
e) $(\frac{1}{2}x + y)^2$ f) $(a + 3)(a - 3)$
g) $(9u - 1)^2$ h) $(a - \frac{1}{2}b)^2$

Seite 35, 11.
a) $-2a + 12b$ b) $6x^2 - 6x + 8y$
c) $2v^2 + 4uv$ d) $x^3 + 7x + 1$
e) $-3ab + b^2$ f) 0

Seite 35, 12.
a) $-1,5$ b) 3; -3 c) -16
d) 1; -1 e) 1,5

Seite 35, 13.
a) x: Anzahl der Wagen 1. Klasse
y: Anzahl der Wagen 2. Klasse
Term: $60x + 90y$
b) Wagen 1. Klasse: 2 5 8 11
Wagen 2. Klasse: 6 4 2 0

Seite 35, 14. (Beispiel)
Wenn man eine natürliche Zahl und ihren Nachfolger addiert, dann ist die Summe stets ungerade.

Voraussetzung:
natürliche Zahl (n);
Nachfolger von n (n + 1)

Behauptung:
Summe ist ungerade

Beweis:
$n + (n + 1) = 2n + 1$
Der Term $2n + 1$ ergibt für beliebiges n eine ungerade Zahl. (w. z. b. w.)

Seite 35, 15. (Beispiel)

Voraussetzung:
$a < b < c$; $a = 2n$; $b = 2n + 1$; $c = 2n + 2$ ($a, b, c, n \in \mathbb{N}$)

Behauptung:
$a \cdot b \cdot c = 4k$ mit $k \in \mathbb{N}$

Beweis:
$a \cdot b \cdot c = 2n \cdot (2n + 1) \cdot (2n + 2)$
$= (4n^2 + 2n) \cdot (2n + 2)$
$= 8n^3 + 8n^2 + 4n^2 + 4n$
$= 8n^3 + 12n^2 + 4n$
$= 4 \cdot (2n^3 + 3n^2 + n)$

Da $2n^3 + 3n^2 + n$ immer eine natürliche Zahl ist, gilt:
$4 \cdot (2n^3 + 3n^2 + n) = 4k$ (w. z. b. w.)

Wiederholungsaufgaben (Seite 35)

Seite 35, 1.
a) 150°; 210°
b) 3 Uhr: 90°; 270°
   8 Uhr: 120°; 240°
   11 Uhr: 30°; 330°

Seite 35, 2.

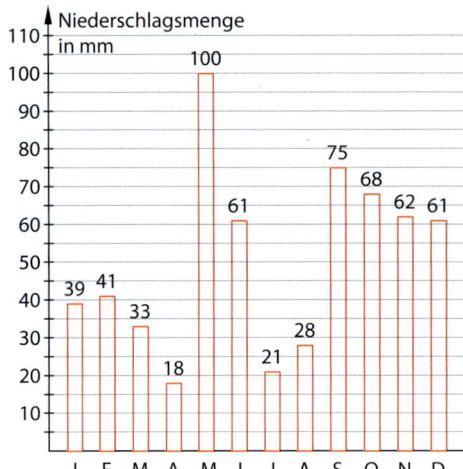

Seite 35, 3.
Absolut gesehen, hat die Klasse 8a die meisten Gewinnlose auch prozentual hat die Klasse 8a die meisten Gewinnlose:
(8a: 42,5% Gewinnlose; 8b: 40% Gewinnlose).
Die Aussage „Bei uns gibt es die meisten Gewinnlose." trifft nur für die Klasse 8a zu.

Seite 35, 4.
a) 0,1566   b) 8,1

Seite 35, 5.

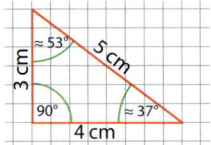

Lösungen zu Kapitel 2: Lineare Funktionen

Dein Fundament (Seite 38/39)

Seite 38, 1.
a) $\frac{1}{3}$ b) -2 c) 0; 3   d) -1; 5

Seite 38, 2.
a) $x = -3$ b) $x = 2$ c) $x = 4$ d) $x = 4,5$

Seite 38, 3.
a) $3x + 6 = 15$; $x = 3$ b) $5x - 2x = 4x$; $x = 0$

Seite 38, 4.
x: Alter von Anja $x + \frac{1}{2}x + x + 3 = 18$ $\Rightarrow$ $x = 6$
Paul ist 6 Jahre und Anja 12 Jahre alt.

Seite 38, 5.
a) Eindeutige Zuordnung: Jedem Monat wird genau eine Niederschlagsmenge zugeordnet.
b) Keine eindeutige Zuordnung: Der Niederschlagsmenge $52 \frac{\ell}{m^2}$ sind beispielsweise zwei Monate zugeordnet.

Seite 38, 6.
a)

x	1	2	3	4	5	6	7
$y = x^2$	1	4	9	16	25	36	49

b) $y = x^2$

c)
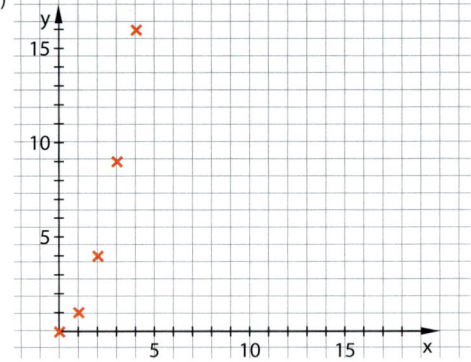

Seite 38, 7.
a) Die Zuordnung $x \mapsto y$ ist eindeutig, denn jedem x ist genau ein y zugeordnet.
b) Jeder Zahl x wird ihr absoluter Betrag zugeordnet. ($y = |x|$)

c)
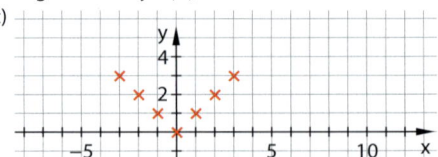

d) Die Zuordnung $y \mapsto x$ ist nicht eindeutig, weil beispielsweise der Zahl 2 zwei x-Werte zugeordnet sind (-2; 2).

Seite 38, 8.
8. (1) – B;   (2) – C;   (3) – A

Seite 39, 9. (Beispiele)
a) Direkt proportionale Zuordnung mit $y = 0,7x$
b) Indirekt proportionale Zuordnung mit $y = \frac{45}{x}$
c) Es liegt weder eine direkt proportionale noch eine indirekt proportionale Zuordnung vor.

Seite 39, 10.
a)
x	1	2	3	6	7	8
y	2	4	6	12	14	16

b) $y = 2x$

c)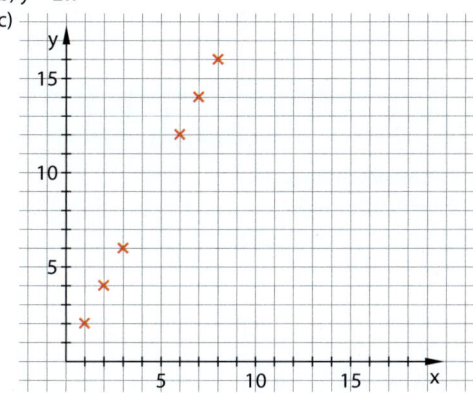

Seite 39, 11.
a)
x	5	18	16	12
y	2,5	9	8	6

$y = 0,5x$

b)
x	5	8	9	12
y	14,4	9	8	6

$y = \frac{72}{x}$

Seite 39, 12.
$14 \cdot 32 = 16 \cdot x \Rightarrow x = 28$
Sie dürfen täglich 28 € ausgeben.

Seite 39, 13.
a)
Länge a in m	1	2	3	4	8	10	18
Breite b in m	36	18	12	9	4,5	3,6	2

b) $b = \frac{36\,m^2}{a}$ c) $a = 6\,m$

Seite 39, 14.
a) $a = 3$ b) $a = -3$ c) $a = 6$
b) $a = \frac{1}{3}$ e) $a = -1$ f) Keine Zahl für a möglich.

Seite 39, 15.
Nach 6 Minuten beträgt die Temperatur des Wassers 80 °C und nach 9 Minuten 100 °C, da bei normalem Luftdruck das Wasser eine Siedetemperatur von 100 °C hat und bei höheren Temperaturen verdampft.

Seite 39, 16.
A(3|4) liegt im I. Quadranten
B(−3|2,5) liegt im II. Quadranten
C(0|4) liegt auf der y-Achse
D($\frac{1}{4}$|−4) liegt im IV. Quadranten
E(3|0) liegt auf der x-Achse
F(−3,2|−4,3) liegt im III. Quadranten

Prüfe dein neues Fundament (Seite 64/65)

Seite 64, 1.
a) ja
b) nein

Seite 64, 2.
a)
x	−2	−1	0	1	2	3	4
f(x) = 1,5x + 1	−2	−0,5	1	2,5	4	5,5	7

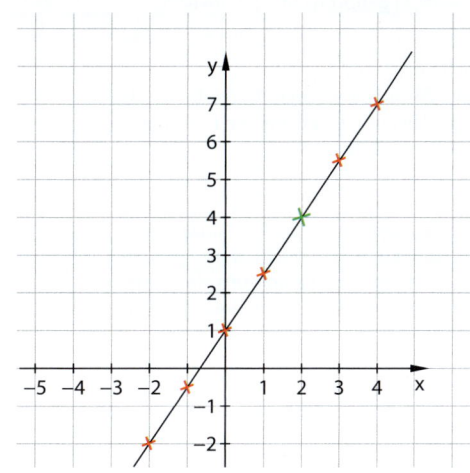

(2|4) gehört zur Funktion.

b)
x	−2	−1	0	1	2	3	4
f(x) = −2x + 1	5	3	1	−1	−3	−5	−7

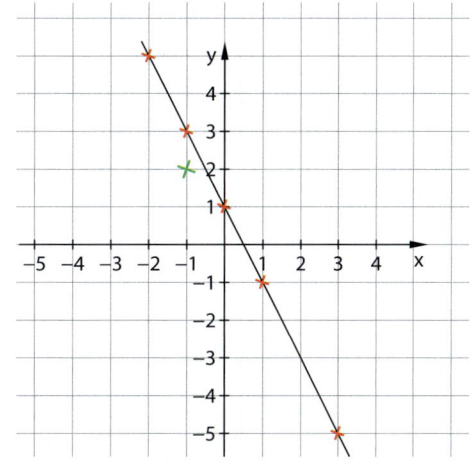

(−1|2) gehört nicht zur Funktion.

c)

x	−2	−1	0	1	2	3	4
f(x) = |0,5x − 1|	2	1,5	1	0,5	0	0,5	1

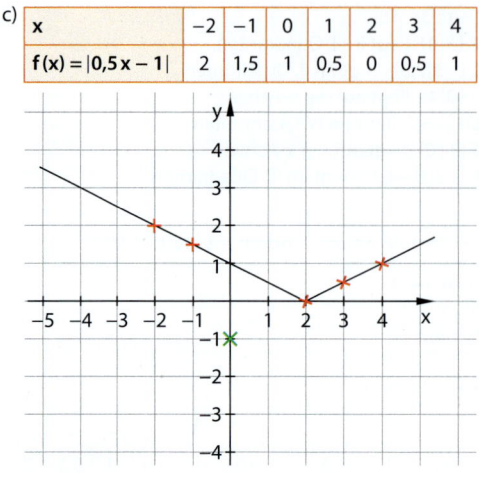

(0|−1) gehört nicht zur Funktion.

Seite 64, 3.
Alle Wertepaare in der Wertetabelle erfüllen die Gleichung einer linearen Funktion:
y = f(x) = −2,5x + 1,5

Seite 64, 4.
a) Die Tabelle passt zum Auto, das 7 Liter auf 100 km verbraucht, denn y = 0,07x
b) Der Graph passt zum Auto, das 8 Liter auf 100 km verbraucht, denn y = 0,08x

Seite 64, 5.
a) f ist monoton steigend.
$S_x(1,5|0)$; $S_y(0|−3)$

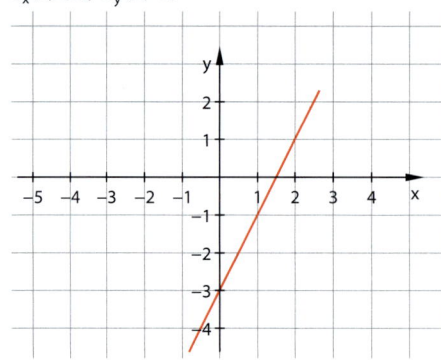

b) f ist monoton fallend.
$S_x(4|0)$; $S_y(0|2)$

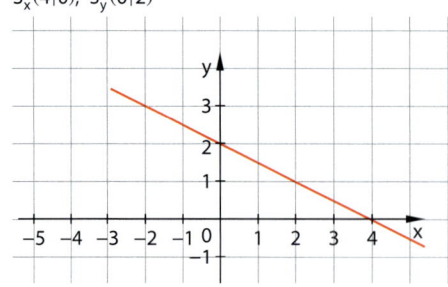

c) f ist monoton fallend.
$S_x(3|0)$; $S_y(0|9)$

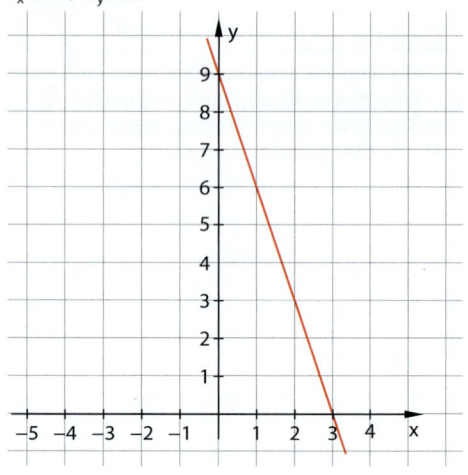

d) f ist monoton steigend.
$S_x(−2|0)$; $S_y(0|0,5)$

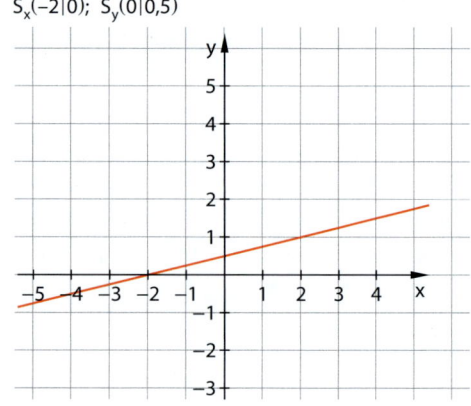

Seite 64, 6.
a) $x_0 = 4,5$ b) $x_0 = −3$
c) $x_0 = 4$ d) $x_0 = −2$

Seite 64, 7.
a) $f(x) = 0,5x − 1$ b) $f(x) = -\frac{1}{3}x + 1$
c) $f(x) = 1,25x + 1,5$

Seite 64, 8.
a) $\frac{\Delta y}{\Delta x} = 0,5$; $f(x) = 0,5x + 3$
b) $\frac{\Delta y}{\Delta x} = \frac{5}{12}$; $f(x) = \frac{5}{12}x - \frac{3}{2}$
c) $\frac{\Delta y}{\Delta x} = \frac{-8}{3}$; $f(x) = -\frac{8}{3}x - 1$

Seite 64, 9. (Beispiele)
a) x = 3   b) x = 5   c) x = −2   d) x = 6

Seite 65, 10.
a) x = 60; Nach 60 min setzt das Flugzeug auf der Landebahn auf (Höhe Null).
b) Das Flugzeug befindet sich 5 min vor der Landung in 1000 m Höhe.

Seite 65, 11.
a) S(6|0)   b) S(1|0,5)

Seite 65, 12.
a)
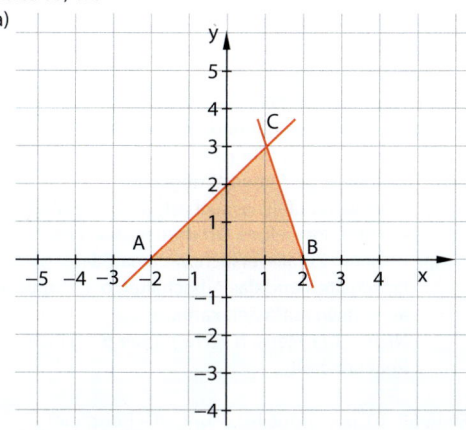

b) $A = \frac{1}{2} \cdot 4 \cdot 3 = 6$
Der Flächeninhalt beträgt 6 Flächeneinheiten.
c) Längen $\overline{AC}$ und $\overline{BC}$ messen.
u = 4 + 4,2 + 3,2 = 11,4
Der Umfang beträgt 11,4 Längeneinheiten.

Seite 65, 13.
a) $y = f(x) = \begin{cases} -0,5x & \text{für } x < 0 \quad \text{(monoton fallend)} \\ 0,5x & \text{für } x \geq 0 \quad \text{(monoton steigend)} \end{cases}$

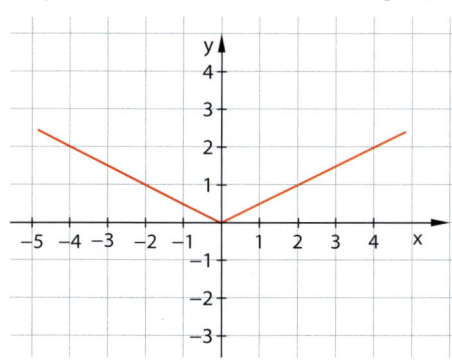

b) $y = f(x) = \begin{cases} -x - 4 & \text{für } x < 0 \quad \text{(monoton fallend)} \\ x - 4 & \text{für } x \geq 0 \quad \text{(monoton steigend)} \end{cases}$

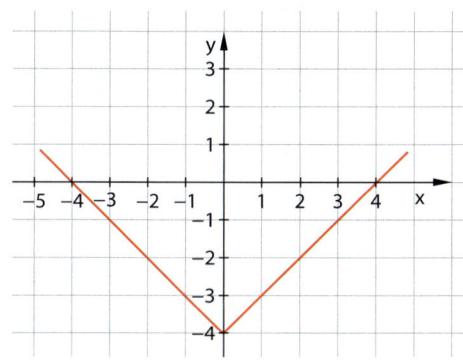

c) $y = f(x) = \begin{cases} -x + 4 & \text{für } x < 4 \quad \text{(monoton fallend)} \\ x - 4 & \text{für } x \geq 4 \quad \text{(monoton steigend)} \end{cases}$

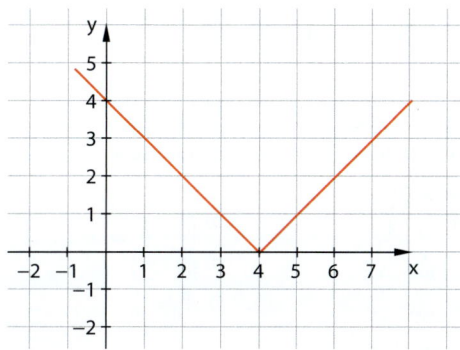

Seite 65, 14.
a) y = f(x) = 10x + 20
b) y (die Temperatur in °C) ist die abhängige Größe.
   x (die Zeitdauer in min) ist die unabhängige Größe.
   Zwischen beiden Größen besteht
   ein linearer Zusammenhang.
c) D: $x \in \mathbb{R}$ mit $0 \leq x \leq 8$
   W: $y \in \mathbb{R}$ mit $20 \leq y \leq 100$

Wiederholungsaufgaben (Seite 65)

Seite 65, 1.
a) 28 €   b) 45 kg   c) 52 min

Seite 65, 2.
a) 1000   b) 15   c) −31,5

Seite 65, 3.
a) $0,6x - 0,3x^2$ b) $6a^2b^2$ c) $4,5x^2y^2$

Seite 65, 4.
4. 3,40 m

Seite 65, 5.
a) Beispiel im Maßstab 1 : 4

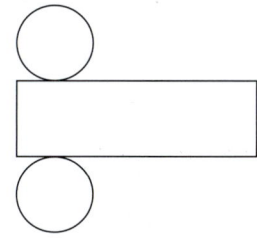

b) Beispiel im Maßstab 1 : 4

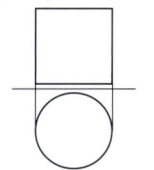

Lösungen

Lösungen zu Kapitel 3: Mehrstufige Zufallsversuche

Dein Fundament (Seite 68/69)

Seite 68, 1.
a) $0{,}25 = 25\,\%$
b) $0{,}75 = 75\,\%$
c) $0{,}7 = 70\,\%$
d) $0{,}06 = 6\,\%$
e) $0{,}9 = 90\,\%$
f) $0{,}3 = 30\,\%$

Seite 68, 2.
a) $\frac{2}{10} = \frac{1}{5}$
b) $\frac{25}{100} = \frac{1}{4}$
c) $\frac{2}{100} = \frac{1}{50}$
d) $\frac{125}{1000} = \frac{1}{8}$
e) $\frac{72}{100} = \frac{18}{25}$
f) $\frac{6}{100} = \frac{3}{50}$

Seite 68, 3.
a) $0{,}10 = \frac{10}{100} = \frac{1}{10}$
b) $0{,}25 = \frac{25}{100} = \frac{1}{4}$
c) $0{,}75 = \frac{75}{100} = \frac{3}{4}$
d) $0{,}40 = \frac{40}{100} = \frac{2}{5}$
e) $0{,}22 = \frac{22}{100} = \frac{11}{50}$
f) $0{,}30 = \frac{30}{100} = \frac{3}{10}$

Seite 68, 4.

Prozent-angabe	Bruch mit Nenner 100	Bruch (gekürzt)	Dezimal-zahl
10 %	$\frac{10}{100}$	$\frac{1}{10}$	0,1
20 %	$\frac{20}{100}$	$\frac{1}{5}$	0,2
80 %	$\frac{80}{100}$	$\frac{4}{5}$	0,8
75 %	$\frac{75}{100}$	$\frac{3}{4}$	0,75
8 %	$\frac{8}{100}$	$\frac{2}{25}$	0,08
6 %	$\frac{6}{100}$	$\frac{3}{50}$	0,06
150 %	$\frac{150}{100}$	$\frac{3}{2}$	1,5
125 %	$\frac{125}{100}$	$\frac{5}{4}$	1,25

Seite 68, 5.
a) $\frac{5}{9}$
b) $\frac{5}{6}$
c) $\frac{1}{54}$
d) $\frac{9}{10}$
e) $\frac{3}{8}$
f) $\frac{3}{256}$
g) $\frac{3}{8}$
h) $\frac{1}{10}$
i) $\frac{3}{40}$
j) $\frac{24}{25}$

Seite 68, 6.
a) 0,4
b) 0,12
c) 0,075
d) 0,014
e) 0,0051

Seite 68, 7.
a) $\frac{11}{30}$
b) $\frac{3}{4}$
c) $\frac{7}{6}$
d) $\frac{7}{20}$
e) $\frac{1}{8}$

Seite 68, 8.
a) $\frac{11}{4}$
b) $\frac{8}{9}$
c) $\frac{32}{21}$
d) $\frac{53}{12}$
e) $\frac{7}{3}$

Seite 68, 9.
a) Es ist ein Zufallsversuch.
   Die Auswahl erfolgt mit verbundenen Augen und somit zufällig.
b) Es ist ein Zufallsversuch.
   Die Karten werden ohne hinzusehen gezogen und somit zufällig.
c) Es ist kein Zufallsversuch.
   Am 24.12. (zu Heiligabend) ist in allen Bundesländern schulfrei ist.
d) Keine eindeutige Antwort möglich.
   (1) Es ist kein Zufallsversuch ist, weil die Fallzeit an ein und demselben Ort immer gleich ist.
   (2) Es ist ein Zufallsversuch, weil man das Einschalten und das Ausschalten der Stoppuhr als zufällig auffassen kann.
   Nicht jeder Mensch verfügt über die gleiche Reaktionszeit.

Seite 69, 10. (Individuelle Lösungen – Beispiele)
a) Der Zeiger bleibt auf dem blaue Feld stehen.
b) Es wird eine gerade Zahl geworfen.
c) „Zahl" liegt oben.

Seite 69, 11.
a) {2; 3; 5}
b) Individuelle Lösung (Beispiel): Es wird eine gerade oder eine ungerade Zahl geworfen.
c) Individuelle Lösung (Beispiel):
   Es wird eine negative Zahl geworfen.

Seite 69, 12.
a) Wenn es sich um eine „ideale" Münze handelt, so liegt ein Laplace-Experiment vor, denn die Wahrscheinlichkeiten für „Kopf" bzw. „Zahl" sind dann jeweils gleich 0,5.
b) Das Werfen einer Reißzwecke ist kein Laplace-Experiment, denn die Wahrscheinlichkeiten dafür, dass sie auf dem Rücken oder auf der Seite landet, sind verschieden.
c) Es liegt kein Laplace-Experiment vor, denn die Wahrscheinlichkeit für das Ziehen eines Buben ist nicht gleich der Wahrscheinlichkeit beispielsweise das Kreuz-As zu ziehen.

Seite 69, 13.
a) Drehen von Glücksrad 1:
   Es ist Laplace-Experiment, denn die Sektoren für die vier Farben sind alle gleichgroß und es gibt für jede Farbe genau einen Sektor.
   Drehen von Glücksrad 2:
   Es ist kein Laplace-Experiment, denn alle Sektoren sind zwar gleich groß, aber die Anzahl der Sektoren für die Farben ist nicht gleich.
b) Glücksrad 1: P(gelb) = 0,25
   Glücksrad 2: P(gelb) = 0,125
c) Individuelle Lösung (Beispiel):

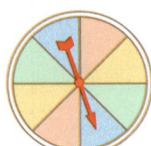

Seite 69, 14. (Individuelle Lösungen; Beispiele)
a) Werfen einer idealen Münze und beobachten, ob „Wappen" oder „Zahl" fällt.
b) Werfen eines sechsseitigen regelmäßigen Spielwürfels mit den Seitenflächenbezeichnungen 1, 2, 3, 4, 5, 6 und beobachten, welche Zahl oben liegt.
c) Werfen eines regelmäßigen Tetraederwürfels, dessen Seitenflächen unterschiedlich beschriftet sind und notieren, welche Zahl unten liegt.
d) Werfen zweier (beispielsweise) durch ihre Farbe unterscheidbarer sechsseitiger regelmäßiger Spielwürfel, von denen jeder mit den Seitenflächenbezeichnungen 1, 2, 3, 4, 5, 6 versehen ist und notieren, welches Zahlenpaar bei Beachtung der Würfelfarben geworfen wurde.

Seite 69, 15. (Individuelle Lösungen; Beispiele)
a) Werfen einer idealen Münze:
   Das Werfen von „Kopf" simuliert eine Mädchengeburt.
b) Werfen eines sechsseitigen regelmäßigen Spielwürfels mit den Seitenflächenbezeichnungen 1, 2, 3, 4, 5, 6:
   Das Werfen einer 1 oder 2 simuliert die Zuordnung zur Klasse 8a, bei 3 oder 4 eine Zuordnung zur Klasse 8b und das Werfen einer 5 oder 6 eine Zuordnung zur Klasse 8c.
c) Mit dem Computer werden gleichverteilte Zufallszahlen zwischen 0 und 1 erzeugt:
   Gilt für eine dieser Zahlen z, dass $z \leq 0{,}8$ gilt, simuliert das einen Treffer.

Seite 69, 16. (Individuelle Lösungen; Beispiel)

	A	B	C	D
1	1	1	2	0,504
2	1	1	2	
3	0	0	0	
4	0	1	1	

A1: = Zufallsbereich(0;1)
B1: = Zufallsbereich(0;1)
C1: = A1 + B1
Befehle aus A1, B1 und C1 bis in die Zeile 500 kopieren.
D1: = Zählenwenn(C1:C500;1)/500

Seite 69, 17.
a) 50 %; 0,7; $\frac{9}{8}$; $1\frac{3}{4}$ b) $0{,}1^2$; $\frac{1}{10}$; 0,75; 120 %; $1\frac{1}{4}$

Seite 69, 18. (Beispiel)
Es sind insgesamt zehn Möglichkeiten:
(1) Alle Flaschen (gleiche Sorte):
    ooo; kkk; aaa
(2) Zwei Flaschen (gleiche Sorte), eine Flasche (andere Sorte):
    ook, ooa, kko, kka, aao, aak
(3) Alle Flaschen (verschiedene Sorten):
    oka

Seite 69, 19.
Für die Hunderterstelle kann man genau eine der drei Ziffern wählen, für die Zehnerstelle noch genau eine von den zwei verbliebenen Ziffern und für die Einerstelle bleibt dann genau eine Ziffer übrig.
Es sind insgesamt $3 \cdot 2 \cdot 1 = 6$ Möglichkeiten:
321; 312; 231; 213; 132; 123

Prüfe dein neues Fundament (Seite 86/87)

Seite 86, 1.
a) 4 Möglichkeiten
b) 6 Möglichkeiten
c) $4 \cdot 6 = 24$ Möglichkeiten

Seite 86, 2.
Es gibt $4 \cdot 3 = 12$ Möglichkeiten.
Baumdiagramm:

```
        2   12
   1 <  3   13
        4   14
        1   21
   2 <  3   23
        4   24
        1   31
   3 <  2   32
        4   34
        1   41
   4 <  2   42
        3   43
```

Seite 86, 3.
Beide Scheinwerfer sind gleichzeitig zu 0,25 Prozent defekt. $(0{,}05 \cdot 0{,}05 = 0{,}0025)$

Seite 86, 4.
a) Baumdiagramm:
   H: Ziehen einer Herz-Karte
   $\overline{H}$: Ziehen keiner Herz-Karte

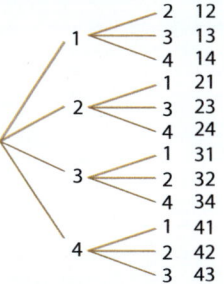

b) P(drei Herz-Karten) $= \frac{1}{4} \cdot \frac{1}{4} \cdot \frac{1}{4} = \frac{1}{64}$
c) P(genau eine Herz-Karte) $= 3 \cdot \frac{1}{4} \cdot \frac{3}{4} \cdot \frac{3}{4} = \frac{27}{64}$

Seite 86, 5.
a) Baumdiagramm:

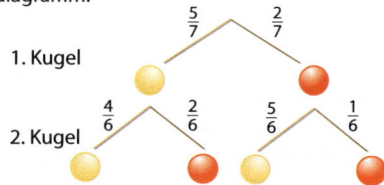

b) Nein, es ist ein Ziehen ohne Zurücklegen, denn die Nenner der Pfadwahrscheinlichkeiten in der 2. Stufe sind um 1 kleiner als in der 1. Stufe.

c) $\frac{5}{7} \cdot \frac{2}{6} + \frac{2}{7} \cdot \frac{5}{6} = \frac{20}{42} = \frac{10}{21}$

Seite 86, 6.
Es gibt 36 mögliche Zahlenpaare, von denen drei „günstig" sind:
(5; 6), (6; 5) und (6; 6)
P(Augensumme mindestens 11) $= \frac{3}{36} = \frac{1}{12}$

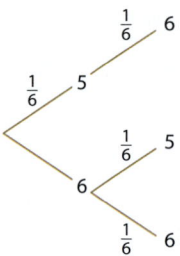

Seite 86, 7.
a) $\frac{1}{10} \cdot \frac{1}{9} = \frac{1}{90} \approx 0{,}011$
b) $\frac{1}{10}$
c) $\frac{1}{10}$

Seite 87, 8.
a) $\frac{1}{6} \cdot \frac{1}{5} = \frac{1}{30} \approx 0{,}033$

b) Individuelle Lösung; Beispiel:
Man nimmt sechs schwarze und sechs rote Spielkarten, die jeweils für die blauen bzw. schwarzen Socken stehen.
Die Karten werden gut gemischt.
Ohne Zurücklegen und ohne hinzusehen (mit einem Griff) werden zufällig zwei Karten gezogen. Ihre Farbe wird festgestellt.
Nur wenn beide Karten rot sind, zählt das als Treffer. Die gezogenen Karten werden zurückgelegt, gut untergemischt und die Ziehungen werden nun in der wie eben beschriebenen Art n-mal wiederholt.
Der Anteil der Treffer an der Gesamtzahl n der Ziehungen ist ein Schätzwert für die esuchte Wahrscheinlichkeit.

Seite 87, 9.
Alle Kinder haben die gleiche Chance.

Seite 87, 10.
Berechnung und Erläuterung:
a) P(mehr als zweimal Zahl)
= P(dreimal Zahl) $= \frac{1}{2} \cdot \frac{1}{2} \cdot \frac{1}{2} = \frac{1}{8} = 0{,}125$

b) P(mindestens einmal Zahl) =
1 − P(keinmal Zahl) $= 1 - \frac{1}{2} \cdot \frac{1}{2} \cdot \frac{1}{2} = \frac{7}{8} = 0{,}875$

c) P(höchstens zweimal Wappen) =
1 − P(dreimal Wappen) $= 1 - \frac{1}{2} \cdot \frac{1}{2} \cdot \frac{1}{2} = \frac{7}{8} = 0{,}875$

d) P(genau einmal Wappen) =
P(wzz, zwz, zzw) $= 3 \cdot \frac{1}{2} \cdot \frac{1}{2} \cdot \frac{1}{2} = \frac{3}{8} = 0{,}375$

Hinweis: P(mindestens einmal Zahl) =
P(höchstens zweimal Wappen)
P(genau einmal Wappen) =
P(zweimal Zahl)

Simulation (Individuelle Lösung; Beispiel):
Es werden ganzzahlige Zufallszahlen 0 oder 1 erzeugt: „1" steht für „Zahl"

	A	B	C	D	E	F
1	1	0	1	2	P(mehr als zweimal Z)	0,084
2	0	0	0	0	P(mindestens einmal Z)	0,866
3	1	1	0	2	P(höchstens zweimal W)	0,866
4	0	0	1	1	P(genau einmal W)	0,386
5	1	1	1	3		
6	0	1	1	2		
7	1	1	0	2		

A1; B1 und C1: =ZUFALLSBEREICH(0;1)
D1: =A1+B1+C1
Folgende Formeln bis in die Zeile 500 kopieren:
F1: =ZÄHLENWENN($D$1:$D$500;">2")/500
F2: =ZÄHLENWENN($D$1:$D$500;">=1")/500
F3: =ZÄHLENWENN($D$1:$D$500;">=1")/500
F4: =ZÄHLENWENN($D$1:$D$500;"=2")/500

Seite 87, 11.
Wahrscheinlichkeit, eine der Fragen zufällig richtig zu beantworten:

p $= \frac{1}{3}$

P(mindestens eine Frage falsch beantwortet) =
1 − P(alle Fragen richtig beantwortet) =
$1 - (1/3)^4 = \frac{80}{81} \approx 0{,}99$

Urnenmodell:
Eine Urne enthält drei Kugeln, von denen genau eine Kugel rot und zwei Kugeln schwarz sind.
Aus dieser Urne wird mit Zurücklegen viermal je eine Kugel gezogen.
Nur wenn diese Kugel rot ist, simuliert dies das Erraten der richtigen Lösung.
Es wird für jede Viererserie ermittelt, wie groß die Anzahl der gezogenen schwarzen Kugeln ist. Ist diese Zahl gleich oder größer 1, so hat man simuliert, dass mindestens eine Frage falsch beantwortet wurde.
Man zählt, wie oft dieses Ereignis bei n Versuchsserien eintritt und ermittelt den Anteil dieser Ereignisse an allen n Serien als Schätzwert für die gesuchte Wahrscheinlichkeit.

Seite 87, 12.

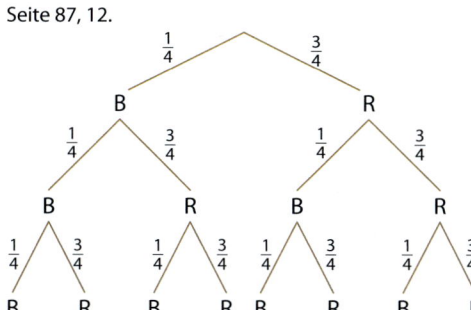

Wahrscheinlichkeit für mindestens einmal Blau bei drei Drehungen:
$\frac{1}{4} + \frac{3}{4} \cdot \frac{1}{4} + \frac{3}{4} \cdot \frac{3}{4} \cdot \frac{1}{4} = \frac{37}{64} \approx 0{,}578$

Wiederholungsaufgaben (Seite 87)

Seite 87, 1.
$(2a - 3b)^2 = 4a^2 - 12ab + 9b^2$
$121x^2 - 256y^2 = (11x - 16y)(11x + 16y)$

Seite 87, 2.
a)

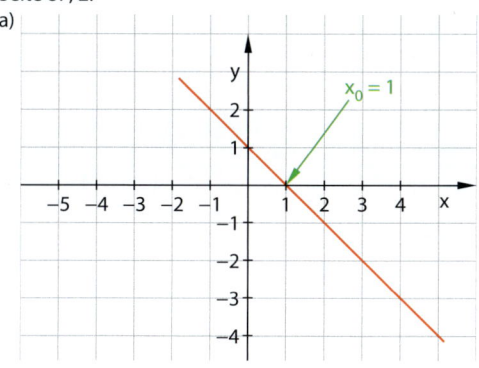

$f(-0{,}5) = -(-0{,}5) + 1 = 0{,}5 + 1 = 1{,}5$
b) Für $x = -4{,}5$ gilt $f(x) = 5{,}5$.
c) $0 = -x + 1 \Rightarrow x = 1 \Rightarrow$ Nullstelle $x_0 = 1$
d) 0,5 Flächeneinheiten

Seite 87, 3.
Jeder bekommt für 30 Minuten einen Betrag von 3 €.
Das sind insgesamt: $(6 + 4 + 3) \cdot 3\,€ = 13 \cdot 3\,€ = 39\,€$
Chris bekommt zusätzlich noch die restlichen 1 €, weil sie am längsten gearbeitet hat.
Chris erhält 19 €, Yannik erhält 12 €, Tom erhält 9 €.

Seite 87, 4.
Solche ein Dreieck gibt es nicht:
Das Dreieck ABC ist gleichschenklig mit $\gamma = 60°$.
Da Basiswinkel im gleichschenkligen Dreieck gleich groß sind und der Innenwinkelsatz für Dreiecke gilt, folgt $\alpha = \beta = 60°$ (Das Dreieck muss gleichseitig sein.) Somit muss gelten: $\overline{AB} = 40\,cm$

Seite 87, 5.
Dora hat eine Körpergröße von 1,45 m, da aus
$\frac{1{,}45 + 1{,}54 + 1{,}52 + x}{4} = 1{,}49$ folgt: $x = 1{,}45$

Lösungen zu Kapitel 5: Ähnlichkeit

Dein Fundament (Seite 98/99)

Seite 98, 1.
a) $x = 6$ b) $x = 19{,}8$ c) $x = 0{,}2$
d) $x = 5$ e) $x = 2{,}5$ f) $x = 2$

Seite 98, 2.
a) $x = 2$ b) $x = -3$ c) $x = -2{,}5$
d) $x = 3$ e) $x = 10$ f) $x = -24$

Seite 98, 3. (Individuelle Lösung; Beispiel)

	a	b	c
a)	12	4	32
b)	12	120	2
c)	12	10	24
d)	12	10	6

Seite 98, 4.

	Maßstab	Entfernung	
		Karte	Wirklichkeit
a)	1 : 100 000	3 cm	3 km
b)	1 : 250 000	3 cm	7,5 km
c)	1 : 250 000	10 cm	25 km
d)	1 : 1 000 000	5 cm	50 km

	Maßstab	Entfernung	
		Karte	Wirklichkeit
e)	1 : 25 000	2 cm	500 m
f)	1 : 25 000	4 cm	1 km
g)	1 : 50 000 000	4 mm	200 km
h)	1 : 100	1 cm	1 m

Seite 98, 5.

	a	u	A
Original	3 m	12 m	9 m²
Verkl. Quadrat	3 cm	12 cm	9 cm²

Seite 98, 6.
① 1 : 100 ② 10 : 1 ③ 1 : 10 000 ④ 1 : 1

Seite 98, 7.
a) 3,3 cm (16,5 km)   b) 2,8 cm (14 km)

Seite 99, 8.
Deckungsgleich sind folgende Figuren:
Figuren ① und ④
Figuren ③ und ⑤
Sie gehen durch Verschieben und Drehen auseinander hervor.

Seite 99, 9.
a) Nach Kongruenzsatz (wsw) sind beide Dreiecke zueinander kongruent.
b) Beide Dreiecke sind nicht kongruent zueinander, weil kein Kongruenzsatz gilt.
c) Nach Kongruenzsatz (wsw) sind beide Dreiecke zueinander kongruent.

Seite 99, 10.
Nach Kongruenzsatz (sws) sind die Dreiecke ③ und ④ zueinander kongruent.

Seite 99, 11.
a) $A = 0{,}49\,m^2$
b) $A = 12\,m^2$
c) $A = 10\,cm^2$
d) $A = 100\,cm^2$

Seite 99, 12.
Franks Behauptung ist falsch.
Beide Zimmer haben jeweils einen Umfang von 11,2 m.

Seite 99, 13.
Zeichne zunächst eine der gegebenen Seiten und trage die beiden anderen Seitenlängen mit dem Zirkel an den Endpunkten ab. Der Schnittpunkt der Kreise ist der dritte Eckpunkt des Dreiecks.
Es ergeben sich die Winkel:
$\gamma = 22{,}6°$; $\beta = 67{,}4°$; $\alpha = 90°$

Seite 99, 14.
a) Zeichne die gegebene Strecke und trage je einen Strahl im angegebenen Winkel an den Endpunkten ab. Der Schnittpunkt der Strahlen ist der dritte Eckpunkt.
Es ergibt sich:
$b = 5{,}5\,cm$; $a = 2{,}8\,cm$; $\beta = 105°$
b) Sind drei Winkel gegeben, so ist eine eindeutige Konstruktion nicht möglich. Eine Seite muss zunächst frei gewählt werden. Alle so entstehenden Dreiecke sind ähnlich zueinander.

Seite 99, 15.
a) Wahr:
(Kongruenzsatz sss)
b) Falsch:
(Diese Dreiecke sind ähnlich zueinander, aber nicht notwendig kongruent.)
c) Falsch:
(Gegenbeispiel:
Die Rechtecke mit $a = 5\,cm$, $b = 1\,cm$ sowie $a = 2\,cm$, $b = 4\,cm$ haben zwar den gleichen Umfang, sind aber nicht kongruent zueinander.)

Prüfe dein neues Fundament (Seite 120/121)

Seite 120, 1.
Nur Vieleck ③ stimmt in den Winkeln mit ① überein, ist also zu ① ähnlich.

S. 120, 2.
a) $k = 0{,}5$ ähnl. Fig.

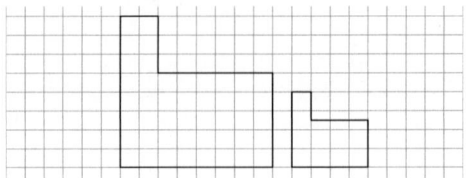

b) $k = 2$

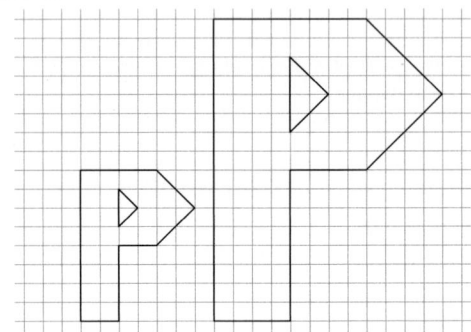

S. 120, 3.
a)

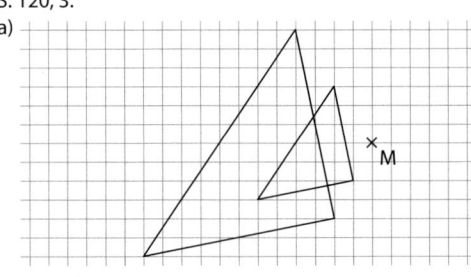

b)

c)

Seite 120, 4.
a) $k = 0{,}5$ b) $k = 0{,}25$ c) $k = 2$

Seite 120, 5.
a) Einander ähnlich, Ähnlichkeitsfaktor 0,5 (2):
$\overline{AB}$ entspricht $\overline{DE}$, $\overline{AC}$ entspricht $\overline{EF}$, $\overline{CB}$ entspricht $\overline{DF}$
b) Einander nicht ähnlich
c) Einander ähnlich, Ähnlichkeitsfaktor 1,5 ($0{,}\overline{6}$):
$\overline{AC}$ entspricht $\overline{DE}$, $\overline{AB}$ entspricht $\overline{EF}$, $\overline{BC}$ entspricht $\overline{DF}$

S. 120, 6.
a) Die Dreiecke sind ähnlich zueinander.
   Der Ähnlichkeitsfaktor beträgt 1,5.
   a entspricht a', b entspricht b'.
b) Die Dreiecke sind nicht ähnlich zueinander,
   da alle Winkel gleich sind.
   Die gleichnamigen Winkel entsprechen einander.
   Der Ähnlichkeitsfaktor beträgt k.
c) Die Dreiecke sind ähnlich zueinander, α entspricht
   γ'; β entspricht β'; γ entspricht α', also gilt auch:
   a entspricht c', b entspricht b', c entspricht a',
   Ähnlichkeitsfaktor: 1,25.

Seite 120, 7.
a)

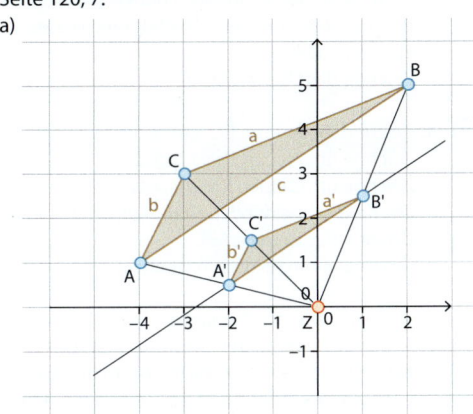

b)

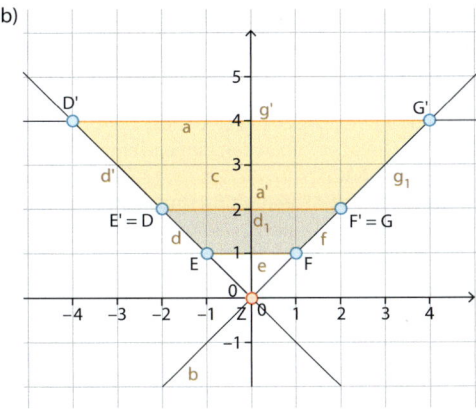

Seite 120, 8.
a) Gleichseitige Dreiecke haben drei Innenwinkel
   der Größe 60°. Sie entsprechen sich also in den
   Winkeln und sind alle (nach dem Hauptähnlichkeitssatz) zueinander ähnlich.
b) Gleichschenklig- rechtwinklige Dreiecke haben
   immer einen Innenwinkel der Größe 90° und zwei
   der Größe 45°. Da die Winkel einander entsprechen, sind sie alle (nach dem Hauptähnlichkeitssatz) zueinander ähnlich.

Seite 121, 9.
a) Es sind zwei Trapeze. Die Verhältnisse einander
   entsprechender Seiten sind gleich groß.

b) k = 3
c) Die Verhältnisse einander entsprechender Seiten
   sind gleich dem Streckungsfaktor.

Seite 121, 10.
a) 4 m   b) etwa 26,33 m

Seite 121, 11.
Das Modell ist etwa 10,8 Meter hoch.

Wiederholungsaufgaben (Seite 121)

Seite 121, 1.
a) x = 63   b) k = 4
c) z = 3   d) x = −14

Seite 121, 2.
$f_1(x) = y = 2x + 1$
$f_2(x) = y = -0,5x + 3$
$f_3(x) = y = -\frac{4}{3}x + 4$

Seite 121, 3.
Englisch: 72°
Geschichte: 60°
Mathematik: 108°
Sport: 120°

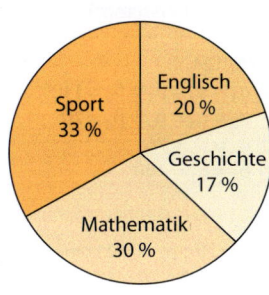

Seite 121, 4.
Der Eintrittspreis hat sich um 1 € verteuert.
1 € von 4 € sind 25 %. Somit hat sich der
Eintrittspreis hat sich um 25 % verteuert.

Seite 121, 5.
a) Maßstab 1 : 200

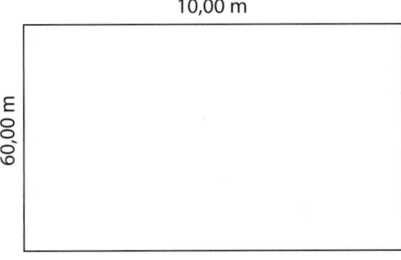

b) 210 m³

Lösungen zu Kapitel 6: Satzgruppe des Pythagoras

Dein Fundament (Seite 124/125)

Seite 124, 1. z. B.
a) 30°
b) 120°
c) 90°

Seite 124, 2.
a) 45° (spitz)　　　　b) 135° (stumpf)
c) 225° (überstumpf)　d) ≈ 26,56° (spitz)

Seite 124, 3.
a) $\alpha_1 = \alpha_3 = \beta_1 = \beta_3 = 110°$
　　$\alpha_2 = \alpha_4 = \beta_2 = \beta_4 = 70°$
b) $\alpha_4 = \beta_2 = 76°$
c) $\beta_1 = \alpha_1 = 100°$

Seite 124, 4.
a) u = 20 cm; A = 21 cm²
b) u = 44 cm; A = 121 cm²
c) u = 24 cm; A = 24 cm²

Seite 124, 5.
a) ① unregelmäßig; ② unregelmäßig;
　③ gleichschenklig; ④ gleichseitig;
　⑤ unregelmäßig; ⑥ gleichschenklig
b) ① rechtwinklig; ② stumpfwinklig;
　③ spitzwinklig; ④ spitzwinklig;
　⑤ spitzwinklig; ⑥ rechtwinklig

Seite 124, 6.
a) γ = 72°　(längste Seite: c)
b) γ = 50°　(längste Seite: b)
c) α = 60°　(alle Seiten gleich lang)
d) β = γ = 45°　(längste Seite: a)
e) α = 30°; β = 60°; γ = 90°　(längste Seite: c)

Seite 124, 7.
a) Zeichnen einer Seite, abtragen der anderen beiden Seiten mit dem Zirkel von den beiden Endpunkten der ersten Seite. Der Schnittpunkt der Kreise ist der dritte Eckpunkt des Dreiecks.
b) Zeichnen der beiden gegebenen Seiten mit dem gegebenen eingeschlossenen Winkel, verbinden der Endpunkte. Seite a ist ca. 1,6 cm lang.

Seite 124, 8.
a) 5 cm　　b) 1,3 dm　　c) 0,9 m　　d) 0,2 km

Seite 125, 9.
① a) Zeichne die Strecke $\overline{AB}$ = c = 6 cm.
　Zeichne über c den Thaleskreis.
　Trage an c im Punkt A einen Winkel von 75° an.
　Der Schnittpunkt des freien Schenkels mit dem Thaleskreis ist der Punkt C. Zeichne das Dreieck ABC.
b) Zeichne einen rechten Winkel mit dem Scheitel C.
　Trage auf einem Schenkel eine Strecke von 6 cm ab und bezeichne den Endpunkt mit B.
　Trage an dem anderen Schenkel an beliebiger Stelle einen Winkel von 75° an.
　Verschiebe dessen freien Schenkel parallel durch B. Benenne den Scheitelpunkt dieses Winkels mit A.
　Zeichne das Dreieck ABC.

② a) Zeichne die Strecke $\overline{BC}$ = a = 6 cm.
　Zeichne über a den Thaleskreis.
　Zeichne um C einen Kreis (r = 4 cm).
　Der Kreis schneidet den Thaleskreis im Punkt A.
　Zeichne das Dreieck ABC.
b) Zeichne einen rechten Winkel mit dem Scheitelpunkt A.
　Trage auf einem Schenkel eine Strecke von 4 cm ab und benenne den Endpunkt mit C.
　Zeichne um C einen Kreis (r = 6 cm) und benenne den Schnittpunkt des Kreises mit dem freien Schenkel des rechten Winkels mit B.
　Zeichne das Dreieck ABC.

Seite 125, 10.
a) Es sind drei Dreiecke:
　Dreieck ABC; Dreieck AFE; Dreieck CDA
b) Beide Dreiecke haben den gemeinsamen Winkel ∢ BAC.
　Die Winkel ∢ EAF und ∢ CBA sind rechte Winkel. Damit sind die Dreiecke nach dem Hauptähnlichkeitssatz zueinander ähnlich.

Seite 125, 11. (Beispiel)

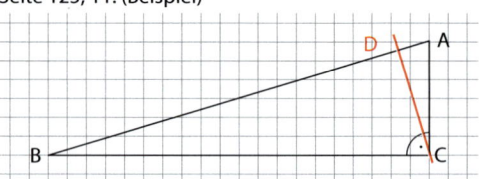

Seite 125, 12. (Beispiele)
Falsche Aussage (a)
Wahre Aussagen (b, c, d, e)

Seite 125, 13.
a) x = −4,5　　　　　　b) $x_1 = 3$; $x_2 = -3$
c) x = 3　　　　　　　 d) x = 2

Seite 125, 14.
a) $a = b - \frac{2}{c}$; $c = \frac{2}{b-a}$　　b) $a = dc - 2$; $c = \frac{a+2}{d}$
c) $a = 12,5 c$; $c = \frac{a}{12,5}$　　　　d) $a = 2c - b$; $b = 2c - a$

Seite 125, 15.
a)
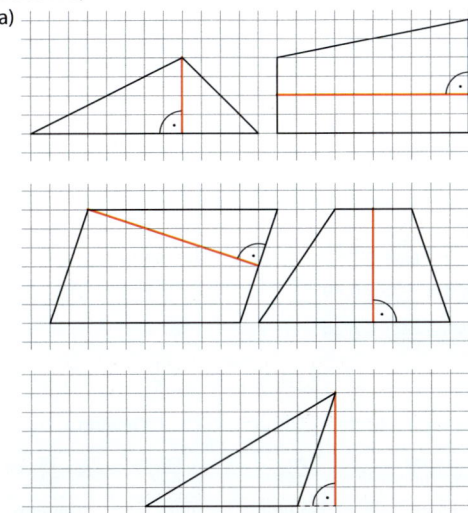

b) ① A = 1,5 cm² ② A = 3,125 cm²
   ③ A = 3,75 cm² ④ A = 2,625 cm²
   ⑤ A = 1,5 cm²

Seite 125, 16.
a) Wenn eine Zahl durch 6 teilbar ist,
   dann ist sie auch durch 3 teilbar.
   Voraussetzung: Die Zahl ist durch 6 teilbar.
   Behauptung: Die Zahl ist durch 3 teilbar.
b) Wenn drei Winkel die Innenwinkel eines Dreiecks
   sind, dann beträgt ihre Summe 180°.
   Voraussetzung: Drei Winkel sind Innenwinkel
                    eines Dreiecks.
   Behauptung: Summe beträgt 180°.
d) Wenn zwei Zahlen Quadratzahlen sind,
   dann ist auch ihr Produkt eine Quadratzahl.
   Voraussetzung: Zwei Zahlen sind Quadratzahlen.
   Behauptung: Ihr Produkt ist eine Quadratzahl.
e) Wenn zwei Winkel Wechselwinkel an geschnitte-
   nen Parallelen sind, dann sind sie gleich groß.
   Voraussetzung: Zwei Winkel sind Wechselwinkel
                    an geschnittenen Parallelen.
   Behauptung: Sie sind gleich groß.

Seite 125, 17.
Wahre Aussage:
$5^2 + 12^2 = 25 + 144 = 169 = 13^2$.
Weitere Beispiele:
$3^2 + 4^2 = 9 + 16 = 25 = 5^2$
$6^2 + 8^2 = 36 + 64 = 100 = 19^2$

Prüfe dein neues Fundament (Seite 144/145)

Seite 144, 1.
a) c = 10 cm
b) b ≈ 29 mm
c) c ≈ 3,8 cm
d) b ≈ 5,3 dm
e) a ≈ 5,5 cm
f) b ≈ 14,2 cm

Seite 144, 2.
a) $\sqrt{8^2 + 15^2} = 17$:
   Das Dreieck ist rechtwinklig, der rechte Winkel ist γ.
b) $\sqrt{2^2 + 1^2} \neq 5$:
   Das Dreieck ist nicht rechtwinklig.
c) $\sqrt{13^2 + 84^2} = 85$:
   Das Dreieck ist rechtwinklig, der rechte Winkel ist β.
d) $\sqrt{3,8^2 + 4,5^2} \approx 5,89$:
   Das Dreieck ist rechtwinklig, der rechte Winkel ist γ.
e) $\sqrt{4,1^2 + 5,7^2} \neq 53,4$:
   Das Dreieck ist nicht rechtwinklig.
f) $\sqrt{0,5^2 + 0,29^2} \neq 0,7$:
   Das Dreieck ist nicht rechtwinklig.

Seite 144, 3.
Das Dreieck ist nicht rechtwinklig. Bei einer Hypotenuse (4 cm) und einer zugehörigen Höhe (2 cm) ergibt
der Höhensatz für p = q = 2 cm. Kathi muss C auf
dem Thaleskreis wählen.

Seite 144, 4.

	a	b	c	α	β	γ
a)	3 cm	4 cm	5 cm	34°	56°	90°
b)	4 cm	5 cm	3 cm	53,13°	90°	36,87°
c)	2 cm	3 cm	4 cm	34°	67°	79°
d)	5 cm	7,1 cm	5 cm	45°	90°	45°
e)	10,15 cm	4,1 cm	6,43 cm	89,94°	41,72°	48,34°

a), b) und d) sind rechtwinklig (je ein Winkel 90°).

Seite 144, 5.
a) Zeichne das Rechteck und trage an b die
   Strecke a an. Die Strecke a + b stellt die
   Hypotenuse eines rechtwinkligen Dreiecks dar.
   a und b die Hypotenusenabschnitte. Zeichne für
   die Konstruktion des Scheitels des rechten Winkels
   über der Strecke a + b den Thaleskreis.
   Errichte am Punkt A die Senkrechte auf a + b.
   Durch den Schnitt mit dem Thaleskreis wird die
   Höhe h über der Hypotenuse im Dreieck bestimmt.
   Es gilt: $h^2 = a \cdot b$
   Über h kann man das Quadrat zeichnen.
b) $a \cdot b = 15\,cm^2 = h^2 \Rightarrow h = \sqrt{15\,cm^2} \approx 3,87\,cm$
   Die zeichnerische und die rechnerische Lösung
   stimmen überein.

Seite 144, 6.
98,42 m

Seite 144, 7.
a) Es sind alles pythagoreische Zahlentripel.
b) Es muss gelten:
   $a^2 + b^2 = c^2$
c) (15; 20; 25), (18; 24; 30), (21; 28; 35)
d) (5; 12; 13)

e) $(4n^2 - 1;\ 4n^2;\ 4n^2 + 1)$ – ja
   $(2n + 1;\ 2n^2 + 2n;\ 2n^2 + 2n + 1)$ – nein

Seite 144, 8. (Beispiel)
a) Wenn für ein Dreieck ABC mit dem Höhenfußpunkt D auf $\overline{AB}$ die Gleichung $\overline{CD}^2 = \overline{AD} \cdot \overline{BD}$ gilt, dann ist das Dreieck ABC rechtwinklig mit $\overline{AB}$ als Hypotenuse.
b) Individuelle Lösung

Seite 145, 9.

	a	b	c	p	q
a)	8 cm	6 cm	10 cm	6,4 cm	3,6 cm
b)	7,4 cm	8,1 cm	11 cm	5 cm	6 cm
c)	13,3 cm	11 cm	17,3 cm	10,3 cm	7 cm
d)	7,3 cm	5,25 cm	9 cm	5,9 cm	3,1 cm
e)	12,4 cm	9,1 cm	15,4 cm	10 cm	5,4 cm

Seite 145, 10.

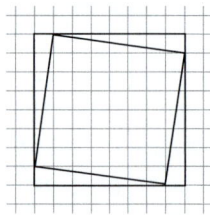

Die Seitenlängen des einbeschriebenen Quadrates ergeben sich aus den zugeordneten Abschnitten der Seiten des großen Quadrates (1 cm und 7 cm). Damit gilt für die Seitenmaßzahlen s des kleinen Quadrates:
$s^2 = 1^2 + 7^2$, also $s = \sqrt{50}$
Der Flächeninhalt beträgt daher 50 cm².

Seite 145, 11. (Netze verkleinert.)
Herr Richtig spannt das Maßband als Diagonale im Rahmen zwischen zwei entsprechenden Ecken. Mit der Länge des halben Abstandes befestigt Herr Richtig das Ende einer Schnur im Mittelpunkt der Diagonale. Beschreibt er mit dem anderen Schnurende einen Kreis um den Mittelpunkt, müssen die beiden anderen Ecken des Rahmens auf diesem Kreis liegen.

Seite 145, 12. (Netze verkleinert.)
a) Luca (111,8 m); Jan (150 m)
b) 38,2 m

Wiederholungsaufgaben (Seite 145)

Seite 145, 1.
Mittelwert: ca. 58,59
Median: 58

Seite 145, 2.

Grundkapital	Zinssatz	Zinsen
150 €	3 %	4,50 €
250 €	4 %	10 €
350 €	4 %	14 €

Seite 145, 3.
$P(A) = \frac{4108}{8085} \approx 0{,}51$
$P(B) = \frac{632}{1617} \approx 0{,}39$
$P(C) = \frac{3977}{8085} \approx 0{,}49$

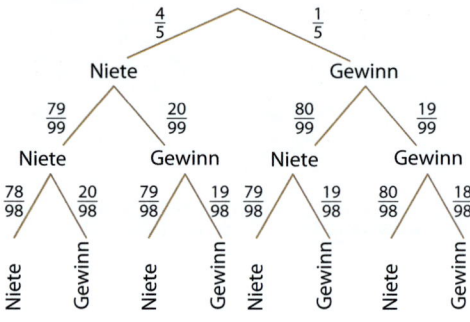

Seite 145, 4. Beispiele
Prisma mit rechtwinkligem Dreieck als Grundfläche
Netz:

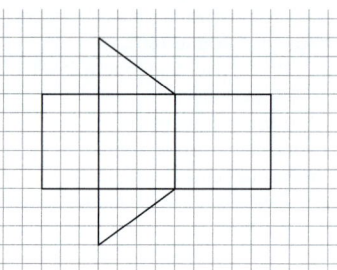

Zweitafelbild:

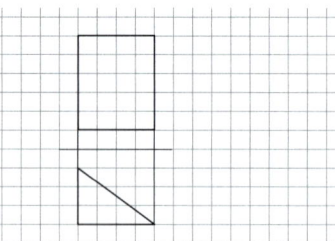

Schrägbild:

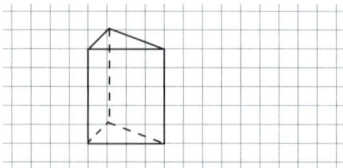

Lösungen

Lösungen zu Kapitel 7: Körperberechnung

Dein Fundament (Seite 148/149)

Seite 148, 1.
Parallelogramme (1; 3; 4; 5)
Parallelogramme sind Vierecke mit zwei Paar paralleler Seiten.

Trapeze (1; 3; 4; 5; 6)
Trapeze sind Vierecke mit einem Paar paralleler Seiten.

Rechteck (1; 3)
Rechtecke sind Parallelogramme mit einem rechten Innenwinkel

Quadrat (3)
Quadrate sind Rechtecke mit gleich langen Seiten

Rhomben (3; 5)
Rhomben sind Vierecke mit vier gleich langen Seiten.

Drachenvierecke (2; 3; 5)
Drachenvierecke sind Vierecke mit zwei Paar gleich langen, nebeneinander liegenden Seiten.

Seite 148, 2.

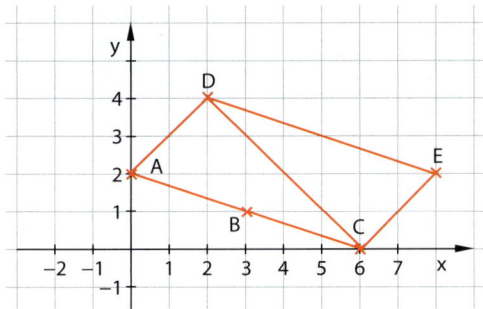

Seite 148, 3.
a) Flächeneinheit　　b) Volumeneinheit
c) Flächeneinheit　　d) Volumeneinheit
e) Flächeneinheit　　f) Flächeneinheit
g) Volumeneinheit　　h) Volumeneinheit

Seite 148, 4.
a) $300\,dm^2$　　b) $7{,}89\,m^3$
c) $100\,a$　　d) $9{,}8908\,m^2$
e) $0{,}559\,\ell$　　f) $30\,mm^2$
g) $70\,000\,cm^3$　　h) $12\,\ell$

Seite 148, 5.
a) $3{,}03\,m^2 = 303\,dm^2$　　b) $120\,m^2 = 1{,}2\,a$
c) $3{,}25\,m^3 = 3250\,dm^3$　　d) $2\,m^3 = 2\,000\,dm^3$

Seite 148, 6.
a) $15\,cm^2$　　b) $25\,cm^2$
c) $16\,cm^2$　　d) $21\,cm^2$

Seite 148, 7.
a) $6\,cm$　　b) $2{,}4\,mm$
c) $30\,cm$　　d) $200\,m$

Seite 148, 8.

	Länge des Rechtecks	Breite des Rechtecks	Umfang	Flächeninhalt
a)	2 cm	3 cm	10 cm	$6\,cm^2$
b)	5 dm	4 dm	180 cm	$20\,dm^2$
c)	20 cm	20 cm	80 cm	$4\,dm^2$

Seite 149, 9.
a) $u \approx 6{,}28\,cm$; $A \approx 3{,}14\,cm^2$
b) $r = 2\,cm$; $u \approx 12{,}57\,cm$; $A \approx 12{,}57\,cm^2$
c) $u \approx 8{,}80\,cm$; $A \approx 6{,}16\,cm^2$
d) $r = 1{,}3\,cm$; $u \approx 8{,}17\,cm$; $A \approx 5{,}31\,cm^2$

Seite 149, 10.
a) $r \approx 6{,}7\,cm$
b) $r \approx 1\,cm$

Seite 149, 11.
a) Setzt man den rechten Halbkreis in die linke Lücke, entsteht ein Quadrat.
$A = 4\,cm^2$; $u \approx 10{,}28\,cm$
b) Die Figur besteht aus einem Quadrat und einem Halbkreis.
$A \approx 22{,}28\,cm^2$; $u \approx 18{,}28\,cm$

Seite 149, 12.

	a)	b)	c)	d)
Länge des Quaders	1 cm	3 cm	2,5 cm	4 m
Breite des Quaders	2 cm	3 cm	1 cm	1,5 m
Höhe	3 cm	3 cm	1 cm	5 m
Kantenlänge (Quader)	24 cm	36 cm	18 cm	42 m
Volumen (Quader)	$6\,cm^3$	$27\,cm^3$	$2{,}5\,cm^3$	$30\,m^3$
Oberflächeninhalt (Quader)	$22\,cm^2$	$54\,cm^2$	$12\,cm^2$	$67\,m^2$

Seite 149, 13.
$V_{Wasser} = 50\,cm \cdot 30\,cm \cdot 28\,cm$
$V_{Wasser} = 42\,000\,cm^3 = 42\,dm^3 = 42\,\ell$
$n = \frac{42\,\ell}{2\,\ell} = 21$
Im Aquarium sollten maximal 21 Fische gehalten werden.

Seite 149, 14.
a) $b = \frac{A}{a}$　　b) $c = \frac{V}{a \cdot b}$　　c) $a = \frac{u}{4}$

Seite 149, 15.
Maßstab 1 : 2

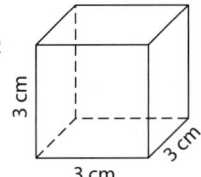

Lösungen

Seite 149, 16.

a)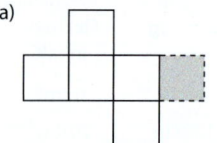

b)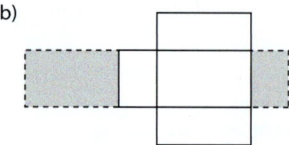

Prüfe dein neues Fundament (Seite 176/177)

Seite 176, 1.
Prismen (1; 3; 4; 6; 7)   Pyramide (5)
Würfel (7)   Kreiszylinder (2)
Quader (1; 6; 7)   Kreiskegel (–)
Kugel (8)

a) $V = A_G \cdot h_K$ (1; 2; 3; 4; 6; 7)

$V = \frac{(a+c)}{2} \cdot h_a \cdot h_K$ (1; 3; 6; 7)

$V = \pi r^2 \cdot h_K$ (2)

$V = \frac{a \cdot b}{3} \cdot h_K$ (5)

$V = \frac{\pi}{6} \cdot r^3$ (–)

$V = l \cdot b \cdot h_K$ (1; 6; 7)

$V = \frac{4}{3} \pi \cdot r^3$ (8)

$V = \frac{g \cdot h_g}{2} \cdot h_K$ (4)

$V = \frac{\pi}{4} d^2 \cdot h_K$ (2)

$V = a^3$ (7)

b) Individuelle Lösung

c) (1): $A_O = 2 \cdot (a \cdot b + a \cdot c + b \cdot c)$
(2): $A_O = 2 \cdot \pi \cdot r^2 + 2 \cdot \pi \cdot r \cdot h$
(3): $A_O = 2 \cdot \frac{a+c}{2} \cdot h + u \cdot h_k$
(4): $A_O = 2 \cdot \frac{a \cdot h_a}{2} + u \cdot h_k$
(5): $A_O = a \cdot b + A_M$
(6): $A_O = 2 \cdot (a \cdot b + a \cdot c + b \cdot c)$
(7): $A_O = 6 \cdot a^2$
(8): $A_O = 4 \cdot \pi \cdot r^2$

Seite 176, 2.

	V	A_O
(1)	55 000 mm³	9150 mm²
(2)	36 750 mm³	≈ 7395 mm²
(3)	≈ 8787 mm³	≈ 2853 mm²
(4)	≈ 466 527 mm³	≈ 40 181 mm²

Seite 176, 3.

	V	A_O
a)	≈ 113,1 cm³	≈ 131,9 cm²
b)	≈ 58,9 cm³	≈ 86,4 cm²
c)	≈ 159,0 cm³	≈ 197,9 cm²

Seite 176, 4.
a) h ≈ 29,8 cm   b) h ≈ 57,7 m   c) h ≈ 7,5 dm

Seite 176, 5.
a) V ≈ 197,9 m³   b) V ≈ 904,8 cm³   c) V ≈ 269,4 dm³

Seite 176, 6.
a) h ≈ 1,9 cm   b) h ≈ 2,043 mm
c) r ≈ 1,22 m   d) r ≈ 0,56 m

Seite 176, 7.
Für den Ballon werden mindestens 124,7 m² Folie benötigt.

Seite 176, 8.
a)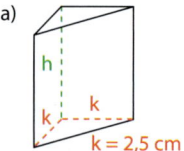

b) h = 7,1 cm

Seite 177, 9.
a) d = 19,7 m   b) 1218,6 m²

Seite 177, 10.
a) 286,7 g   b) 28,67 kg (lässt sich heben)

Wiederholungsaufgaben (Seite 177)

Seite 177, 1.
Dauer eines Spielfilms   (100 min)
Entfernung Berlin - München   (500 km)
Gewicht eines Pkw   (1 t)
Flächengröße von Deutschland (350 000 km²)
Oberfläche einer 1-Euro-Münze (10 cm²)
Dicke einer 1-Euro-Münze   (2 mm)
Volumen eines Wassereimers   (10 Liter)
Fassungsv. eines Schiffscontainers (70 m³)
Fassungsv. einer Zahnpastatube (75 ml)
Gewicht eines Brotes   (1 kg)
Größe eines Fussballplatzes   (7000 m²)

Seite 177, 2.
23,94 €

Seite 177, 3.
a) α = 50°   b) β = 40°

Seite 177, 4.
14 000 €

Anforderungen beim Aufgabenlösen im Mathematikunterricht

Beim Lösen von Aufgaben im Mathematikunterricht ergeben sich sowohl aus den gewählten Inhalten als auch aus den gestellten Aufträgen unterschiedliche Anforderungen. Problemsituationen müssen beispielsweise analysiert, Lösungsstrategien ausgewählt, angewendet und gewertet sowie Lösungsideen beurteilt werden.

Eine gute Ausdrucksfähigkeit und ein exakter Sprachgebrauch sind insbesondere beim Nutzen der mathematischen Fachsprache wichtig. Kenntnisse über mögliche Lösungsverfahren und Sicherheit beim Anwenden dieser Verfahren sind wichtige Grundlagen für ein erfolgreiches Aufgabenlösen im Mathematikunterricht.

Es werden sowohl allgemeine als auch mathematik-spezifische Arbeitsweisen gefordert, die auch immer Einfluss auf die Art und Weise der Lösungsdarstellung haben. Daher ist es wichtig und hilfreich, bestimmte Signalworte für verlangte Tätigkeiten genau zu beachten und die damit verbundenen Anforderungen zu erfüllen.

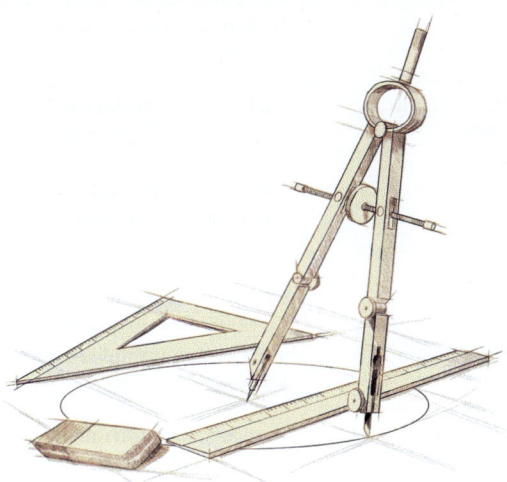

Die folgende Übersicht enthält Signalworte und ihre Beschreibungen für wichtige Tätigkeiten, die beim Aufgabenlösen im Mathematikunterricht oft vorkommen.

Signalwort	Beschreibung
Gib an … Nenne …	Ergebnisse, Sachverhalte, Begriffe, … mitteilen.
Formuliere …	Etwas mündlich oder schriftlich (verständlich) ausdrücken Aussagen (beispielsweise Antwortsätze, Begründungen) als vollständige Sätze formulieren.
Stelle dar …	Sachverhalte, Zusammenhänge, Verfahren mit eigenen Worten (auch in Stichworten) wiedergeben.
Stelle grafisch dar …	Daten oder Funktionsgraphen in geeigneten Diagrammen (beispielsweise Säulen- oder Kreisdiagramme oder Koordinatensysteme) darstellen.
Skizziere …	Wesentliche Eigenschaften von Sachverhalten und Objekten zeichnerisch korrekt darstellen (Freihandskizzen sind möglich).
Zeichne …	Objekte maßgenau oder maßstäblich zeichnerisch darstellen.
Konstruiere …	Objekte (wie beim Zeichnen) darstellen, in der Regel nur mit Zirkel und Lineal oder zusätzlich auch mit dem Geodreieck.
Berechne …	Rechnerisches Lösen einer Aufgabe und Darstellen des Lösungsweges.

Signalwort	Erläuterung
Löse … Ermittle … Bestimme …	Finden der Lösung bei frei gewähltem Lösungsweg (beispielsweise konstruktiv, rechnerisch oder grafisch). Der Lösungsweg muss erkennbar dargestellt werden.
Begründe … Weise nach … Beweise … Zeige …	Erkenntnissicherung, bei der Aussagen durch lückenloses, schlüssiges und nachvollziehbares Darstellen von Argumentationsschritten unter Verwenden von Definitionen, Gesetzmäßigkeiten, bekannten Aussagen und äquivalenten Umformungen bestätigt werden.
Schlussfolgere … Leite her …	Erkenntnisfindung und Erkenntnissicherung durch Schließen von bekannten Sachverhalten (Zusammenhängen) auf neue (wahre) Aussagen, dabei Nutzen von Definitionen, Gesetzmäßigkeiten, bekannten Aussagen, und äquivalente Umformungen und lückenloses, schlüssiges und nachvollziehbares Darstellen aller Überlegungen.
Untersuche … Prüfe …	Sachverhalte (Probleme, Fragestellungen, …) unter Beachtung von Begriffen, Sätzen und Verfahren analysieren und Untersuchungsergebnisse formulieren.
Beurteile … Werte … Entscheide …	Sachverhalte (Aussagen, Lösungen, Lösungswege, …) unter Beachtung von Begriffen, Sätzen und Verfahren analysieren und einschätzen.
Erläutere … Erkläre … Beschreibe …	Sachverhalte mithilfe eigener Kenntnisse (auch unter Verwendung von Fachbegriffen zu grundlegenden Gesetzmäßigkeiten, Beziehungen, Regeln) verständlich formulieren, wobei auch selbstgewählte Beispiele hilfreich sein können.
Vergleiche …	Gemeinsamkeiten und Unterschiede nach vorgegebenen oder frei gewählten Gesichtspunkten ermitteln und darstellen.
Interpretiere …	Sachverhalte (Daten, grafische Darstellungen, …) nach eigenen Maßstäben auslegen oder deuten.

Manche Signalworte können auch in anderen Zusammenhängen vorkommen und sind dann sinngemäß anzuwenden.
Beispielsweise wird beim Auftrag *Skizziere die Arbeitsschritte beim Lösen einer Gleichung* keine zeichnerische Darstellung gefordert. Hier ist eine knappe, aber vollständige Beschreibung wichtiger Lösungsschritte anzugeben.

Stichwortverzeichnis

abhängige Größe 56
Abhängigkeit 56
absolutes Glied 43, 45
Achseneinteilung 41
Addieren
  von Summen 13, 36
Ähnlichkeitsbeweise 114
Ähnlichkeitsfaktor 102, 106
Ähnlichkeitssätze
  für Dreiecke 109
Ähnlichkeit von
  Figuren 102, 106, 122
Anstieg 43, 45, 46, 66
Antwortsatz 180
Argument 40, 66
Argumentationskette 26
arithmetische Aussage 26, 36
Auflösen von Klammern 13
Ausklammern 36
– von Summen 17
– von Termen 18
Ausmultiplizieren 20, 36
– von Produkten 17
– von Termen 17
Aussage 27
Auswahl 88
– geordnete 70, 88
– ungeordnete 70, 88

Baumdiagramme 70, 88, 90
  verkürzte 76, 88
Behauptung 26, 27, 36, 114, 134
Berechnungen 150, 156
beschreiben 180
Bestimmungsstücke
– Kreiszylinder 164
– Prisma 164
– Pyramide 168
– rechtwinklige
  Dreiecke 126
Betragsfunktion
– beschreiben 54, 66
– darstellen 54, 66
Beweis 26, 36
Beweisen 26, 27, 36
– arithmetische
  Aussagen 26

Beweisidee 114
Binom 22
binomische Formeln 22, 36
Bruch 68
Bruchterm 11

Darstellungsformen von
  Funktionen 41, 66
Deckfläche 150, 151, 178
Definitionsbereich 40, 66
Dezimalbruch 68
Differenz 10
Differenzenquotient 46, 66
direkt proportionale
  Zuordnungen 39
Distributivgesetz 13, 20, 36
Dividieren von
  Produkten 15, 36
Dreiecke 109, 122, 124
Durchmesser 162
dynamische Geometrie-
  software 142, 198

Ebene 180
Eigenschaften linearer
  Funktionen 45
eindeutige Zuordnung 40, 66
Einheit 180
Einzelwahrscheinlichkeit
  von Produkten 74

Figuren
– ähnliche 102
– flächeninhaltsgleiche 132
Flächeninhalt von
  Figuren 9, 142
Formel 164, 168, 180
Funktionen 40, 66
– darstellen 41, 43
– Eigenschaften 45
– erkennen 40, 43
– grafisch darstellen 198
– lineare 43, 45, 62, 66
– monoton fallende 66
– monoton steigende 66
– Nullstelle 48
Funktionsgraph 62
Funktionswert 40, 48, 66

gegebene Größe 136, 168
Gegenereignis 77, 88
Gegenzahl 20
Genauigkeit 180
geometrische Objekte 180
geordnete Auswahl 70, 88
Gerade 43, 66
gesuchte Größe 136, 168
gleichseitiges Dreieck 113
Gleichung 38, 41, 51, 66, 90, 98, 136
grafikfähiger Taschen-
  rechner 198
Graph 41, 43, 66
Größen 56, 180
– abhängige 56
– am rechtwinkligen
  Dreieck 146
– gegebene 164, 168
– gesuchte 164, 168
– unabhängige 56
Grundbereich 11
Grundfläche 150, 151, 153, 156, 178

Hauptähnlichkeitssatz von
  Dreiecken 109, 122
Höhensatz 127, 132, 146
Hypotenuse 126, 132
Hypotenusenab-
  schnitte 126

indirekt proportionale
  Zuordnungen 39
Innenwinkel 109, 122
Intervall
– abgeschlossen 46
– offen 46

Kathete 126
Kathetensatz 127, 132, 146
Klammern auflösen 13
Koeffizient 15
Konstruktion 132
Koordinatensystem 90
Körper
– Netz 150, 151
– Restkörper 170
– zusammengesetzte 170

Kreiskegel 156
– Körpernetz 157
– Oberflächeninhalt 157, 178
– Volumen 158, 178
Kreiszylinder 150, 165, 166
– Bestimmungsstücke 164
– Körpernetz 151
– Oberflächeninhalt 151, 178
– Volumen 153, 178
Kugel 161
– Oberflächeninhalt 162, 178
– Volumen 161, 178

Laplace-Experiment 69
linear abhängig 56
lineare Funktion 48, 62, 66
– Anstieg 45
– darstellen 43
– Eigenschaften 45
– erkennen 43
– Gleichung 51
– Größen 56
– monoton fallend 45
– monoton steigend 45
– Nullstelle 48
logisches Schließen 27
Lösungswege
  begründen 199

Mantelfläche 150, 151, 156, 178
Maßstab 100, 122
maßstäbliches
– Vergrößern 122
– Verkleinern 122
mathematische
  Darstellungen 90
mathematisches
  Modell 180, 200
Menge geordneter
  Paare 41, 66
Messen
– Flächeninhalte 142
– Streckenlängen 142
– Winkelgrößen 142
Mittelpunkt 162
monoton fallend 45, 66
Monotonie 45

monoton steigend 45, 66
Multiplizieren
– von Produkten 15, 36
– von Summen 20, 36

Nullstelle 48, 66

Oberfläche 178
Oberflächeninhalt
– Kreiskegel 157, 178
– Kreiszylinder 151, 178
– Kugel 162, 178
– Prisma 150, 178
– Pyramide 156, 178
Objekte, geometrische 180

Pascal, Blaise 32
pascalsches Dreieck 32
Pfad 74
Pfadregel 74, 88
Planfigur 136
Potenz 10, 36
Prisma 150, 164
– Bestimmungsstücke 164
– Körpernetz 150
– Oberflächeninhalt 150, 178
– Volumen 152, 178
Produkte 10, 17, 23, 88
– dividieren 15
– multiplizieren 15
Produkt von Einzelwahr-
  scheinlichkeiten 74
Prozentangabe 68
Pyramide 156
– Bestimmungsstücke 168
– Körpernetz 156
– Oberflächeninhalt 156, 178
– Volumen 158, 178
pythagoreische Zahlen-
  tripel 137

Quadrat 132
Quotient 10

Radius 162
Raum 180
Rechenbaum 12
Rechnung 180
Rechteck 132

rechtwinkliges Dreieck 146, 178
– Berechnungen 136
– Bestimmungsstücke 126
– Höhensatz 127
– Kathetensatz 127
– Satz des Pythagoras 127
– Seitenlängen 129
Reihenfolge 88
Restkörper 170, 171

Satz des Pythagoras 127, 146, 178
– Umkehrung 134, 146, 198
Satzgruppe des
  Pythagoras 146
– Konstruktionen 131
Schnittpunktkoordina-
  ten 57
Seitenlänge 109
Sierpinski-Dreieck 33
Sierpinski, Waclaw 33
Simulation 69, 80, 88
Strategien zum Lösen
  von Problemen 199
Streckenlänge 142
Streckenverhältnis 103
Streckungsfaktor 106, 107, 122
Streckungszentrum 106, 107, 122
Subtrahieren 36
– von Summen 13
Summen 10, 17, 20, 22, 32, 36, 88
– addieren 13
– multiplizieren 20
– subtrahieren 13
Summe von Wahrschein-
  lichkeiten 74

Tabellen 90
Tabellenkalkulation 142
Tabellenmodus 142
Teilkörper 170
Terme 10, 90
– ausklammern 17, 18, 36
– ausmultiplizieren 17
– multiplizieren 36
– umformen 22, 23
– vereinfachen 8, 36

Stichwortverzeichnis

Termstrukturen 10, 11
Termwerte 8
Treppenfunktionen 62
Tripel 137

Umfang von Figuren 9
Umkehrung vom Satz des Pythagoras 146, 198
unabhängige Größe 56
ungeordnete Auswahl 70, 88
Ungleichung 90
Urnenmodell 80, 88

Variable 7, 90
Variablengrundbereich 11
Variablen ordnen 15
Vereinfachen 36
Vergrößern, maßstäblich 100, 122
Verhältnis 109
Verkleinern, maßstäblich 100, 122
verkürzte Baumdiagramme 76
Vierecke 124

Volumen
– Kreiskegel 158, 178
– Kreiszylinder 153, 178
– Kugel 161, 178
– Prisma 152, 178
– Pyramide 158, 178
Voraussetzung 26, 27, 36, 114, 134
Vorgänge 80
Vorzeichen 13

Wahrscheinlichkeit 88
– für ein Ereignis 88
– von Gegenereignissen 77
– von Summen 74
„Wenn-dann-Form" 26
Wertebereich 40, 66
Wertepaare 51
Wertetabelle 41, 66
Winkel 124
Winkelgröße 142
Wortvorschrift 41

x-Werte 40, 66

y-Werte 40, 66

Zahl 48
zentrische Streckung 106, 122
– Streckungsfaktor 106, 107, 122
– Streckungszentrum 106, 107, 122
Ziehen
– mit Zurücklegen 74, 80
– ohne Zurücklegen 75, 80
zueinander ähnlich 109, 122
Zufallsversuche 68, 74
– mehrstufige 67, 70, 88
– simulieren 80
Zuordnungen 38
– direkt proportionale 39
– eindeutige 40, 66
– indirekt proportionale 39
zusammengesetzte Körper 170
Zusammenhänge
– beschreiben 40
– erkennen 40

Bildnachweis

Einband: Action Press/TRAX | **7** Fotolia/vencav | **11** Fotolia/schinsilord | **13** Fotolia/grounder o.; Fotolia/M. Schuppich o. h.; Fotolia/M. Schuppich o. v. | **14** Fotolia/schinsilord | **17** Buchkorpus: Fotolia/panuwatsexy; Cover: Cornelsen Schulverlage GmbH | **18** Fotolia/schinsilord | **23** Fotolia/schinsilord | **25** Fotolia/schinsilord | **27** Fotolia/schinsilord | **32** Cornelsen Verlagsarchiv o.; rebelpeddler Chocolate Cards l. | **37** Fotolia/xy | **40** Fotolia/Alexandr Vasilyev | **43** Fotolia/AKS | **48** Fotolia/Anatolii | **50** Fotolia/Olexandr | **56** Fotolia/Fotosasch | **58** Fotolia photo 5000 o. h.; Fotolia/gena96 o. v.; Fotolia/cirquedesprit u. | **60** fotolia/Beboy | **61** Fotolia/Graphithèque o.; Gernot Weiser Mitte; Fotolia/pit24 u. | **63** Fotolia/McCarony l.; Fotolia/Naeblys Mitte; Fotolia/Jose Ignacio Soto r. | **65** Fotolia/vitals | **67** Fotolia/astefanei | **68** Fotolia/industrieblick | **69** Fotolia/Matthew Cole | **70** Fotolia/Rogatnev | **71** Fotolia/Puchalt o.; Fotolia/janvier u. | **72** Fotolia/by-studio | **73** Shutterstock /Fotyma o.; Fotolia/VRD u. | **74** Fotolia/IckeT o. ; Fotolia/Taffi u. | **76** Fotolia/gomolach o.; Bjoern Wylezich u. | **77** Fotolia/gomolach | **78** Fotolia/Valerie Potapova o. l.; Fotolia/sunt o. r.; Fotolia/sunt u. | **79** Fotolia/mallinka1 | **80** Fotolia/julien tromeur o.; Fotolia/WoGi u. | **82** Cornelsen Schulverlage GmbH, Ludwig Heyder | **84** Fotolia/Grum_l l.; Fotolia/mictoon u. l.; Fotolia/valentint u. r. | **85** Fotolia/Dark Vectorangel o.; Fotolia/Texelart u. | **86** Fotolia/zizar2002 | **88** Fotolia/Matthew Cole | **89** Fotolia/Petr Ciz | **91** Fotolia/stockWERK | **92** Fotolia/Scriblr | **93** Fotolia/Schlierner r.; Fotolia/Denis Prikhodov u. | **96** Fotolia/jokatoons o. l.; Fotolia/rodnikovay o. r.; Fotolia/losw Mitte l.; Fotolia/medicograph Mitte r.; Fotolia/yurakp u. r.; Fotolia/Jyll o. u. r.; musri o. u. l. | **97** Fotolia/Sergey Skleznev | **100** Fotolia/Leonid Andronov o.; Fotolia/by-studio u. | **101** fotolia/Sascha_Bergmann | **111** G. Liesenberg, Berlin | **112** Fotolia/kouptsova o.; Fotolia/janvier u. l.; Fotolia/al85 u. r. | **116** Fotolia/dd | **121** Fotolia/doomu u. Mitte; Fotolia/stephvalentin u. h.; Fotolia/dny3d u. v. | **123** Fotolia/blende11.photo | **137** fotolia/blueringmedia u. h.; fotolia/piai u. v. | **147** Fotolia/lucadp | **149** Fotolia/blueringmedia Mitte l.; Fotolia/rcfotostock Mitte r. | **150** Fotolia/sorapolujjin | **155** Stephanie Charlotte Benner, Berlin u. Mitte; Stephanie Charlotte Benner, Berlin u. l.; Stephanie Charlotte Benner, Berlin u. r. | **160** Fotolia/Aleksey Nikonchuk | **161** Fotolia/Atelier W. | **163** Prof. Dr. Ralf Benölken, Münster o. l.; Fotolia/imagine.iT o. r.; Fotolia/robu_s Mitte o.; Fotolia/Nemiro Vyacheslav Mitte u.; Fotolia/Meike Felizitas Netzbandt u. | **164** Günter Liesenberg, Berlin | **167** Günter Liesenberg, Berlin | **170** Fotolia/akf o.; Fotolia/Marta P. (Milacroft) u. Mitte; Fotolia/zozulinskyi u. l.; Fotolia/koya979 u. r. | **171** Fotolia/sommai | **174** Fotolia/svetamart o. l.; Fotolia/Jiri Hera o. r. | **175** Fotolia/sdecoret Mitte; Matthias Haas u. | **179** Fotolia/Gunnar Assmy | **182** Fotolia/schinsilord Mitte; Fotolia/kange_one u. | **183** Fotolia/schinsilord o. l.; Fotolia/Fotosasch o. r.; Fotolia/madgooch Mitte; Fotolia/penphoto u. Mitte l.; Fotolia/alexlmx u. Mitte r.; Fotolia/Giambra u. r. | **184** Fotolia/kontur-vid | **185** Fotolia/yustus Mitte; Fotolia/Pixelmixel u. | **186** Fotolia/schinsilord | **187** Fotolia/joserpizarro | **189** Fotolia/hobbitfoot o.; Fotolia/Alexandr Mitiuc o. Mitte; Fotolia/Konstantinos Moraiti o. l.; Fotolia/obelicks u. | **190** Fotolia/Kayros Studio | **191** Fotolia/Grum_l o.; Fotolia/by-studio u. | **192** Dr. Ulrich Rasbach, Ansbach o.; Fotolia/Matthias Krapp Photography Mitte l.; Fotolia/Michael Flippo Mitte r. | **193** Fotolia/Brovchenko Iulia | **195** Fotolia/trueffelpix.com | **196** Fotolia/Vasily Merkushev o.; Fotolia/Vasily Merkushev u. | **197** Fotolia/pkstock | **199** Fotolia/trueffelpix.com | **201** Fotolia/Coloures-pic